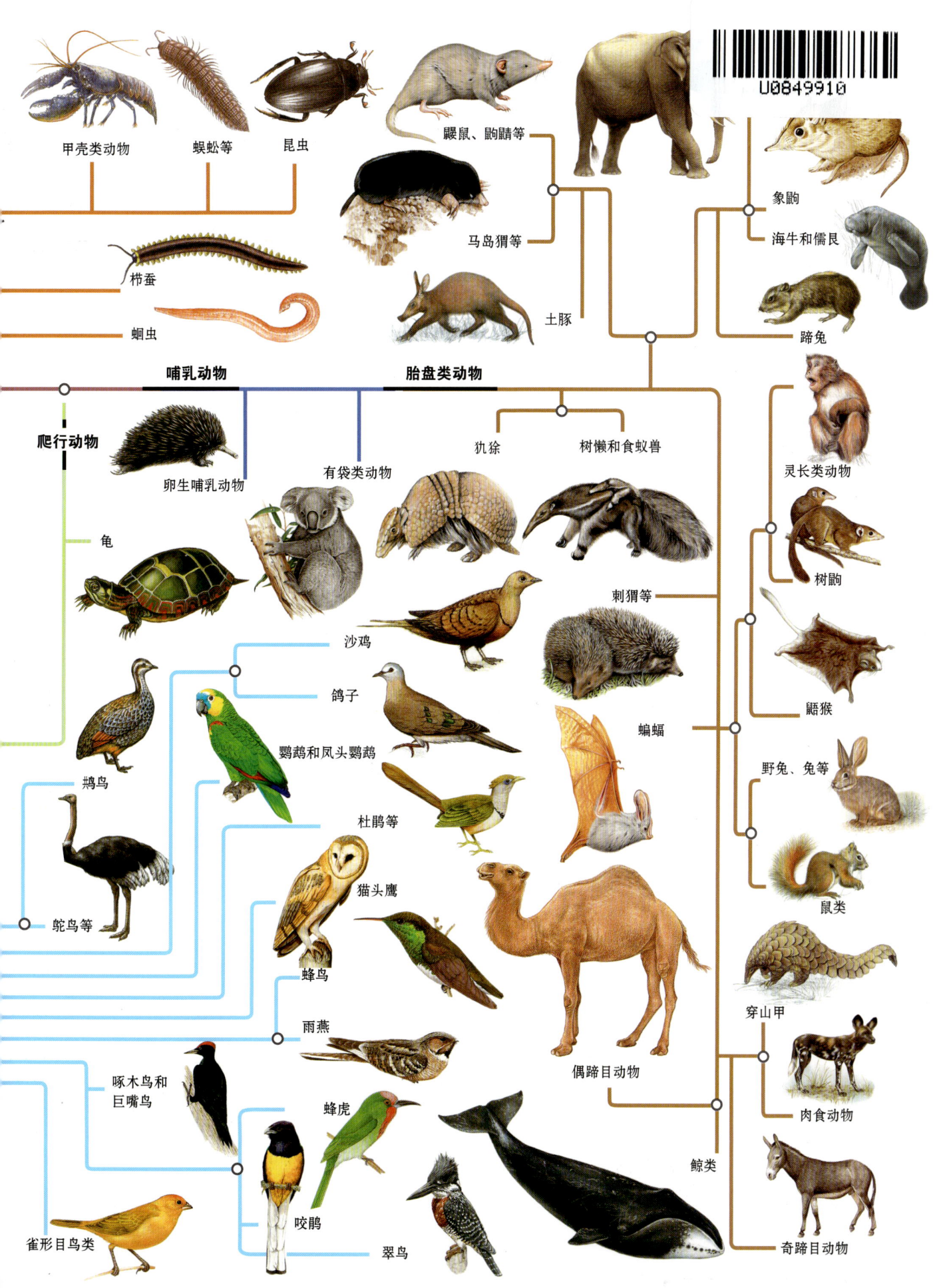

目录

涉禽
- 什么是鸻形目鸟类 　4
- 滨鸟 　6
- 海鸥及其他 　12

鸽子与沙鸡
- 一般特征 　14
- 鸽子 　16
- 沙鸡 　23

鹦鹉
- 一般特征 　24
- 凤头鹦鹉 　26
- 鹦鹉 　27

杜鹃与蕉鹃
- 一般特征 　32
- 蕉鹃 　34
- 杜鹃与大杜鹃 　35
- 麝雉 　37

夜行鸟
- 一般特征 　38
- 猫头鹰和雕鸮 　40
- 夜鹰及其他 　44

蜂鸟和雨燕
- 一般特征 　46
- 雨燕 　48
- 凤头雨燕 　49
- 蜂鸟 　50

咬鹃
一般特征	*54*
咬鹃	*56*

翠鸟及其他
一般特征	*60*
饮食	*62*
翠鸟	*64*
佛法僧科	*70*
犀鸟	*72*
蜂虎与翠鸲	*76*
戴胜鸟及其他	*80*

巨嘴鸟和啄木鸟
一般特征	*82*
饮食	*84*
喷䴕及其近亲	*86*
鹟䴕	*87*
拟䴕和须䴕	*88*
响蜜䴕	*93*
巨嘴鸟	*94*
啄木鸟及其近亲	*102*
鼠鸟	*109*

雀形目鸟类
什么是雀形目鸟类	*110*
饮食	*112*
羽毛和颜色	*114*
伴侣与鸟巢	*116*
擅长歌唱的鸟类	*118*
濒危的雀形目鸟类	*120*

科与种
世界性鸟类	*122*
攀禽	*128*
不显眼的鸟类	*132*
食虫鸟	*138*
食种子鸟	*146*
多彩的鸟类	*152*
食花蜜鸟	*158*
擅长鸣唱的鸟类	*160*

涉禽

大海和陆地的边缘栖息着多种非凡的物种，尽管它们之间有所差异，但都有共同的特点。例如它们的腿通常都很长，从而避免弄湿羽毛；脚趾之间都有蹼相连，使它们能在柔软和泥泞的地面站稳。

什么是鸻形目鸟类

鸻形目鸟类种类繁多，且形态各异，主要由生活在海岸和淡水或咸水水体沿岸的鸟类所组成。它们几乎遍布全世界，甚至包括极地区域。它们大多数为迁徙物种，往往会迁徙数千千米。它们通常体形不等，头形为圆形，喙的形状相当多样。羽毛颜色大多是不鲜艳的，主要为白色、黑色、棕色和肉桂色。它们都是飞行高手，其中一些还擅长游泳。

门：	脊索动物门
纲：	鸟纲
目：	鸻形目
科：	17
种：	367

描述

鸻形目是一个由众多鸟类所组成的目，包含多种类型的鸟类群体，像海鸟、滨鸟和涉禽。它们遍布世界各地，某些被人较为熟知，如海鸥、鸻鸟、丘鹬、贼鸥、海雀、北极海鹦等。它们的体形大小不一，从小体形至大体形皆有。它们与其他鸟类的主要不同之处体现在它们的脚和喙上，喙通常细且长，但某些物种的喙较短且粗。这些鸟类在海岸和海滩的湿泥地觅食，它们的腿细且长，有三只脚趾，脚趾之间至少有半趾通过蹼相连在一起，后脚趾通常都会退化或完全消失。它们大多数都擅于飞行，也能迅速地在沙滩或在石子间奔跑，某些也擅于潜水和游泳。它们的羽毛密集，主要为灰色、棕色和白色。除了某些特定物种繁殖期时雄鸟和雌鸟的外观不同外，一般情况下无明显差异。它们通常将鸟巢筑于地面，大部分为群居。它们

绝种

大海雀为鸻形目的一种鸟类，身高约1米，外观和企鹅相似。最后一组观测大海雀的数据是1844年在冰岛产生的，在1852年最后一次发现单独个体。据推测，在它们灭绝前的几十年间，科学家采集样本可能是加速它们灭绝的原因之一。

多样性
鸻形目由不同种类的鸟类所组成，像海雀科、籽鹬科、反嘴鹬科。海鸥和田鸡是其中被人较为熟知的鸟类。

大海雀
Pinguinus impennis

的主要食物为水生动物和陆地的昆虫。某些体形较大的物种偶尔会吃腐肉，或专吃某些生活在泥土或沙子中的生物群体，如贝类、鱼类和无脊椎动物。白鹬（长脚鹬属）有细长的喙，能深入泥中觅食，同样也能避免跟其他鸟类竞争。北极海鹦（*Fratercula arctica*）使用它们特殊的舌头和肥厚的喙在飞行中能一次性地携带好几条鱼。除了海鸥和燕鸥为群居鸟类之外，其他鸻形目鸟类都以成对的方式居住。大部分物种的雄鸟和雌鸟都会一起照顾自己的后代。

栖息地

它们生活在水域中，淡水和咸水水域都有。在全世界各大洲都能找到它们的身影，甚至包括亚南极岛屿和北极。水雉、籽鹬、海鸥和燕鸥栖息于世界各地。三趾鹬和黑剪嘴鸥栖息于热带和温带地区，而南极海鸥和一些盗鸟、海雀、贼鸥则于寒冷的极地环境中栖息。大多数的物种在沿海水域地区筑巢，像悬崖或海滩，它们选择较具战略性的位置，使掠食者无法入侵。同样它们也在湿地区域筑巢，像湖泊的苔原或河川，或其他水域。

迁徙

滨鸟的迁徙自古以来就被认为是鸟类之间最引人注目的行为。这些鸟类迁徙的路程最远可达洲际之间的数千千米。有些物种在夏季飞至温带或北极地区并在那里繁殖，在冬季开始前飞至亚洲、非洲或南美洲最温暖的区域越冬，之后再返回。而某些物种会在南极照顾其后代，之后在冬季往更北方迁徙。某些物种有能力飞行数千千米，并在来年飞回同一地点。北极燕鸥是每年迁徙过程中行进距离最长的物种，从它们的繁殖地至避冬的地点来回距离约4万千米。它们的一生中，迁徙飞行所累积的距离相当惊人，大约可达80万千米。某些物种一天的飞行距离可达1万千米，且某些特定的鸻形目鸟类在不休息的情况下一天飞行可长达3000千米。斑尾塍鹬（*Limosa lapponica*）是迁徙飞行纪录的保持者，它们可以从阿拉斯加飞往新西兰，飞行超过1万千米不休息。迁徙的成功取决于鸟类能在飞行的旅途间暂停并补给食物。

进化

鸻形目起源于白垩纪末期，明显没有受到6500万年前生物大灭绝和恐龙灭绝事件的影响。有14个谱系幸存下来，在始新世时期各有不同的变化。当全球气温上升时，生态系统变得更具生产力。它们可能跟鹤科和鸨鸟有密切的关系。

依水聚集
鸻形目鸟类中的北极海鹦（*Fratercula arctica*）和其他鸟类较不同的是它们成群居住，并成群迁徙。

觅食与方式

鸻形目鸟类为了觅食，其身体能适应多种变化，以利于取得或捕获食物。这种变化主要在于它们的腿、喙和体形的变化，用于潜水、捕鱼或在泥沙中翻找食物。

在水中取得
主要的食物由水生生物组成，例如鱼类和无脊椎动物。

盗鸟与食腐鸟
贼鸥和盗鸟专门偷取腐肉以及其他鸟类的食物。它们的喙相当强劲有力。海鸥在水面游水的同时将头部和颈部深入水中捕鱼。

从空中俯冲捉鱼
燕鸥从一定的高度向水面俯冲，用其长而锋利的喙捕鱼。黑剪嘴鸥的喙更长，从泛着波纹的水面区域深入水中捕获鱼类。

潜水专家
海雀和北极海鹦都能适应潜水和浮潜，凭着其强而有力的喙追捕鱼类。它们通过脚蹼或拍动翅膀在水中移动前进。

滨鸟

| 门: 脊索动物门 |
| 纲: 鸟纲 |
| 目: 鸻形目 |
| 科: 17 |
| 种: 367 |

这个组别由田凫、斑鸻、棕塍鹬、海滩鸟、籽鹬,以及其他鸟类所组成。它们在海岸边栖息,主要栖息区域为潮间带,但也有数种鸟类经常在湖泊的淡水区和沿岸牧草区栖息。它们之中的许多物种为迁徙鸟类,某些只有半蹼,且有适合在湿地和沿海地区移动的身体特征。

Haematopus ostralegus
蛎鹬

体长: 39~45厘米
翼展: 73~85厘米
体重: 449~800克
社会单位: 可变
保护状况: 无危
分布范围: 欧亚大陆和非洲

蛎鹬是其所栖息环境中体形最大的滨鸟之一,可在海岸边的岩石或沙滩上发现它们的踪迹,它们同样也栖息于河流和河口。在繁殖季节,它们可能撤退至草本植被区栖息。不同于常见的其他蛎鹬科鸟类,它们可以远离水域生活。雄鸟和雌鸟的外观相似,但雄鸟的喙较短且宽。它们的羽毛颜色是呈对比的黑色和白色,有力的喙为橙色,用于觅食时捕捉和破坏软体动物。蠕虫和蜗牛也是它们食物中的一部分。它们在4~7月间寻找伴侣繁殖或小群体共同繁殖。在陆地筑巢,通常会产2~4枚奶白色的卵。雌雄鸟共同孵卵,孵化期持续24~27天。雏鸟在出生一天之后离巢,但仍受雌雄亲鸟照顾约5周。

红眼 一般蛎鹬的眼睛呈对比色:红色的虹膜和黄色的眼睑。

对比 腹部为白色,背部为黑色。

腿 成鸟为玫瑰色,雏鸟为灰色。

Haematopus ater
南美蛎鹬

体长: 36~45厘米
体重: 500~700克
社会单位: 群居
保护状况: 无危
分布范围: 南美洲的南部和西部

南美蛎鹬栖息于海滩的巨石和岩石上,以软体动物、螃蟹和鱼为主要食物;在涨潮线区域的岩石露头区、孔洞或裂缝中筑巢,通常会产2~3枚卵;习惯信任他人,即使是在繁殖季节也一样信任他人。起飞时会发出强大的鸣叫声。

伪装 羽毛能使它们在栖息时融入海滩上的暗色岩石。

Nycticryphes semicollaris
半领彩鹬

体长: 17~23厘米
体重: 65~86克
社会单位: 独居或与同种群居
保护状况: 无危
分布范围: 南美洲南部

半领彩鹬同样也被称为美洲半领彩鹬,有脚蹼和长而稍弯曲的喙。雌鸟的体形可能稍大,羽毛颜色略呈对比。它们在黄昏时较活跃,通常藏身于某处。它们的飞行低、短、直且安静,栖息于沼泽和淹没的草原,以泥中或水中的种子和小动物为食。一夫一妻制,筑巢期为每年的7月至次年2月,产2~3枚卵。

Himantopus himantopus
黑翅长脚鹬

体长：33~36 厘米
翼展：67~83 厘米
体重：180 克
社会单位：群居
保护状况：无危
分布范围：非洲、欧亚大陆、澳大利亚和新西兰

黑翅长脚鹬的身体为白色，翅膀为黑色，喙直且长。它们分布广泛，有 48 万~78 万只，分布于全世界。一夫一妻制，在繁殖期间形成小群落。使用草建造鸟巢，建于靠近水的地面上，在那里孵化 3~4 枚卵。为了繁殖，它们会选择淡水或咸水水体附近的开放式泥土地形进行繁殖。雏鸟在 28~37 天后离巢。冬季时可居住于淡水区域和广阔的海岸区。以水生昆虫、甲壳类动物、蠕虫、两栖类动物、小鱼为主食，偶尔也吃种子。

脚的进化
腿很长，让它们有足够的高度在浅水中行走，寻找食物。

Pluvialis dominica
金斑鸻

体长：22~24 厘米
翼展：55~59 厘米
社会单位：群居
保护状况：无危
分布范围：美洲，偶见于非洲和欧洲

金斑鸻也被称为美洲金鸻，在繁殖期间雄鸟的羽毛颜色较特别。它们的正面和眉毛呈白色，沿着脖子两端延伸至顶部两侧。腹部区域为黑色，背部为黑色并有很多金黄色斑点。主要吃无脊椎动物。它们在北半球繁殖，在南半球过冬。迁徙的过程中几乎不需要休息，在旅途中通过逐渐消化保存于消化系统中的种子维持体能。求偶飞翔的动作由雄鸟开始。雌鸟会产 4 枚卵，孵化期 26~27 天。

Recurvirostra andina
安第斯反嘴鹬

体长：39~43 厘米
社会单位：群居，有时独居
保护状况：无危
分布范围：南美洲西部

安第斯反嘴鹬的喙长且向上弯曲。跟其他反嘴鹬一样，羽毛的颜色为白色和黑色，腿明显呈蓝色。它们有引人注目的红色眼睛。雄鸟和雌鸟的外观相似。栖息于安第斯山脉的潟湖和咸水水体的浅水区，也经常于某些河流沿岸的泥泞地栖息。主要食物为昆虫（或其幼虫）以及从水中或泥土中捕获的甲壳类动物。为定居型鸟类，但部分群体在冬季时会迁往低纬度地区。巢穴位于地面，与水源的距离不超过 20 米。

Charadrius collaris
领鸻

体长：13~18 厘米
体重：35 克
社会单位：群居
保护状况：无危
分布范围：美洲，从墨西哥至阿根廷

领鸻敏捷、活跃且吵闹。其名称来源于它们位于脖子、分离喉咙和白色肚子、形状像黑色领子的区块。雄鸟的额头为白色，额头两侧的颜色不同，分别为黑色和棕色，背部为褐色。栖息于沙滩、泥泞的河口、河流沙洲和内陆地区沙化的稀树草原。为定居型鸟类，吃各种无脊椎动物。雄鸟追逐雌鸟求欢时会触碰雌鸟胸前竖起的羽毛。鸟巢的结构很简单，筑于地上。雌鸟会产 2 枚有清晰褐色斑点的卵。

Arenaria interpres
翻石鹬

体长：21~26 厘米
体重：84~190 克
社会单位：独居
保护状况：无危
分布范围：全世界

翻石鹬是鸻形目中颜色最多彩的一种鸟类。为了觅食，它们会沿着海滩上的石块和其他物品行走寻找食物。在沿海附近的区域，可以发现它们各种不同位置的栖息地。它们在苔原地带繁殖，为一夫一妻制，雌鸟产 2~5 枚卵，由双方共同孵化 22~24 天。鸟巢筑于地面，使用叶子建造而成，重量很轻。主要食物为昆虫、蜘蛛和一些蔬菜，在非繁殖季节也吃贝类、蠕虫、小鱼和腐肉。

Vanellus vanellus
凤头麦鸡

体长：29~33 厘米
翼展：62~72 厘米
体重：115~280 克
社会单位：群居
保护状况：无危
分布范围：欧亚大陆和北非

凤头麦鸡的额头有黑色的冠毛。喉部和胸部的颜色相同，腹部为白色。白色的尾羽带有黑色的条带，背部为棕绿色，翅膀泛着虹彩。栖息于开放的区域，最好为潮湿且有矮草的区域。此外，也栖息于草地、灌木地、沿海地区和农作物种植区。它们在田野间穿梭飞行，寻找昆虫及其幼虫、蠕虫和其他无脊椎动物作为食物，也吃少量的小型脊椎动物。繁殖期接近时，雄鸟会进行一些求偶的动作吸引雌鸟，且变得较具领地意识。跟其他相同物种一样，它们的鸟巢简陋，直接筑于地面的小凹陷内，雌鸟会产 3~4 枚卵，由双方共同孵化 24~34 天。在冬季它们会集结成群，数量可达 5000 只。雏鸟可在一年后达到成熟阶段，但也有在第二年或第三年才达到成熟阶段的。据估计，在每个繁殖季节，约有 70% 的鸟会回到它们出生的地方进行繁殖。

面部特征
额头上有黑色长毛，眼睛下方的两侧呈深色，脸颊为白色。

泛着虹彩
当它们停歇时可清楚地被看见。

对比
胸部为黑色，与白色的腹部形成对比。

物种之间的竞争
当它们在寻找食物时，红嘴鸥（*Chroicocephalus ridibundus*）经常会抢走它们寻得的食物。

Gallinago gallinago
扇尾沙锥

体长：24~27 厘米
体重：80~140 克
翼展：44~47 厘米
社会单位：成对或群居
保护状况：无危
分布范围：北半球和东南亚

扇尾沙锥的颜色通常为棕色，有白色和深棕色的斑纹。其最鲜明的特点是有长且直的喙，长度约 7 厘米。栖息于各种淡水或咸水水域的湿地。黄昏觅食的时候是它们最活跃的时段，所吃的食物包括昆虫、蠕虫、甲壳类动物、蜗牛、蜘蛛、小型两栖动物，偶尔也吃一些植物和种子。繁殖方式分为单对繁殖和小群体繁殖。它们将鸟巢安全地隐藏在植被中。雌鸟产 4 枚卵，孵化的时间为 18~21 天。繁殖期之后它们会成群一同撤离，前往越冬的区域。

鸟巢的特点
鸟巢是一个在湿地干燥地区的浅孔，位于苔藓、芦苇灌木丛和其他沼泽植被中。

体格
身体结实，头部较小。

喙
长且相当灵活。

Phalaropus tricolor
赤斑瓣蹼鹬

体长：22.3~24.3 厘米
体重：30~128 克
翼展：38.1~44.5 厘米
社会单位：群居
保护状况：无危
分布范围：美洲

赤斑瓣蹼鹬有几个特点使它们有别于其他迁徙的滨鸟，如性别二态性：雌鸟的颜色较多彩，且会去吸引雄鸟。它们在北美洲温带地区繁殖，在南美洲的安第斯山脉和巴塔哥尼亚地区的半咸水湖过冬。用环状方式游水以利翻动水底，捕捉昆虫和甲壳类动物作为食物。鸟群飞行时相当协调。

Limosa lapponica
斑尾塍鹬

体长：37~41 厘米
翼展：70~80 厘米
体重：190~630 克
社会单位：成对或群居
保护状况：无危
分布范围：欧洲、亚洲、非洲、大洋洲和阿拉斯加

斑尾塍鹬的喙长且薄，略向上弯曲。繁殖方式为单对繁殖，但也可能组成小群体繁殖。繁殖之后，成鸟会组成一大群共同飞往越冬区。它们的饮食依季节而变，在繁殖期主要食物为昆虫、蠕虫、软体动物、种子和苔原浆果；在冬季主要食物为环节动物、双壳类动物、甲壳类动物、小型两栖类动物以及在沿海的潮间带捕抓的鱼类。筑巢时选择湿地内有苔藓和苔原灌木的沼泽地带；冬季时栖居于沿海的开放地区，像河口、海滩和沿海潟湖。迁徙时以内陆湿地作为休憩的地点。

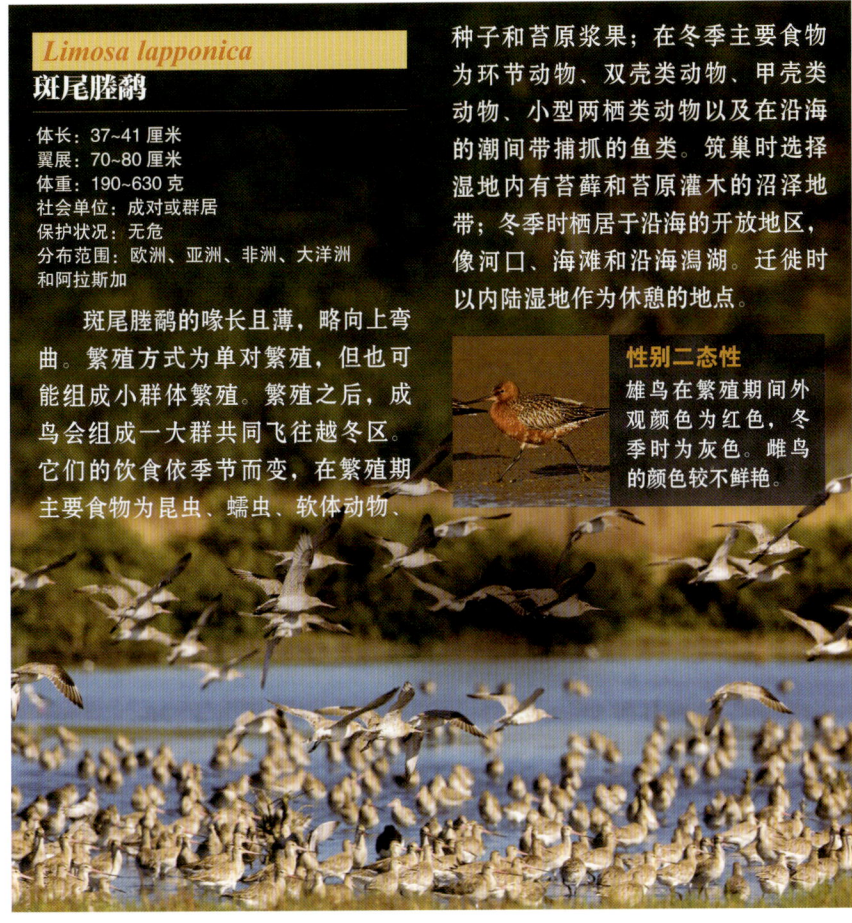

性别二态性
雄鸟在繁殖期间外观颜色为红色，冬季时为灰色。雌鸟的颜色较不鲜艳。

Calidris minuta
小滨鹬

体长：12~14 厘米
翼展：28~32 厘米
社会单位：群居
保护状况：无危
分布范围：欧洲、亚洲和非洲。偶见于北美洲和澳大利亚

在繁殖期间，小滨鹬身体的颜色会变成深桂皮色，带有斑点和黑色条纹，背部有黄色似"V"字形斑纹。冬季时背部的羽毛呈灰色，腹部的羽毛呈白色。主要食物为水生无脊椎动物。栖息于沿岸地区和淡水湖泊。在欧洲北部和亚洲进行孵化，在非洲和亚洲南部过冬。在冻原和邻近栖地的干燥区域进行繁殖，雌鸟产 3~5 枚卵。

Tringa melanoleuca
大黄脚鹬

体长：29~40 厘米
翼展：60 厘米
体重：111~250 克
社会单位：独居
保护状况：无危
分布范围：美洲

大黄脚鹬的腿为黄色且很长，喙呈暗色。在浅水湿地涉水，也在海岸地区用喙在水中搅拌，捕捉昆虫、甲壳类动物、小型鱼类和水生昆虫作为食物。在加拿大和阿拉斯加森林内的湿润地区筑巢，将鸟巢隐藏于地面上，然后迁徙到南美洲。雌鸟产 3~4 枚卵，孵化期约 23 天。

Burhinus bistriatus
双纹石鸻

体长：43~51 厘米
体重：780~787 克
社会单位：群居
保护状况：无危
分布范围：中美洲和南美洲北部

双纹石鸻是一种体格结实的斑鸻，棕色的外观使它们容易藏身。眼睛为黄色，眉毛为白色，棕色的冠上有两条显著的黑色条带。

跟其他同类鸟不同的是，它们主要在黄昏和夜晚活动。可以在牧场的干旱区、草原，以及其他干燥的开放空间发现它们。在白天，可以发现它们藏身于牧草中休憩。当它们感觉受威胁时，一般不会起飞躲避，而是宁愿藏身于植物当中。它们将鸟巢筑于光秃的地面上，且相当明显，产 1~2 枚橄榄色且有黑色、咖啡色以及灰色斑点的卵。孵化时间为 25~27 天，一旦孵化完成便立刻放弃鸟巢。使用坚固的喙捕捉昆虫、蠕虫、蜗牛、蝎子、爬行类动物和小青蛙作为食物，也吃种子和新芽。

Attagis gayi
棕腹籽鹬

体长：27~32 厘米
体重：300~400 克
社会单位：成对或群居
保护状况：无危
分布范围：南美洲安第斯山脉的普纳高原和山区

棕腹籽鹬的身体结实，头小，喙短且厚。羽毛为褐色、白色和黑色组成的斑驳色。栖息于岩石坡的植被稀疏区，以及呈垫子状的区域，通常是高山的潮湿地区或植被高度较低的草本植被区域。主要食物为种子和植物。一夫一妻制，雌鸟产 2~4 枚卵。如果雄鸟和雌鸟一同暂时离开，它们会用泥土覆盖卵。

Jacana jacana
肉垂水雉

体长：18~25厘米
体重：90~125克
社会单位：可变
保护状况：无危
分布范围：南美洲和中美洲南部

外观
背部为肉桂色，头部颜色较暗，腹部为白色。

肉垂水雉栖息于沼泽、池塘和漂浮性水生植物（例如凤眼莲和水芙蓉）所处的积水池，喜欢行走于睡莲上方。农业的土地排水是影响该物种的主要风险之一。

性别二态性
雌鸟的体形比雄鸟大。雌鸟首先负责产卵，之后由跟它交配的雄鸟负责孵化和哺育雏鸟，最后雌鸟负责防止鸟巢被入侵的防御工作。

繁殖
它们所产的卵相当引人注目，为明亮的赭黄色，且有黑色的网格，易于生成拟态隐藏于环境中。它们将卵产于漂浮性水生植物（特别是水芙蓉）上方。这类水生植物的形状跟鸟巢相似，且稍微凹陷，可预防卵掉落。

步行于水中
在某些地方有人称它们为"睡莲快脚"，因为脚的特性使它们能在睡莲上行走。此外，它们减轻体重的能力也有利于其在水面上行走。

面部特征
喙相当长，颜色为明亮的黄色。在喙基处至额头，可以明显看见形状如同盾牌的鲜红色区域，这是区分这类物种的标志。

黑色颈部
颈部区域，包括背部的前半段和腹部，为深褐色或黑色，与身体其他区域羽毛的颜色呈对比。

与众不同的腿
通过将脚趾伸长，将体重分布于脚趾表面，它们可以在漂浮的植物上行走而不下沉。这类物种的脚趾长度是涉禽中脚趾长度最长的物种。

20厘米
脚趾伸长可扩展的最长长度。

比较
肉垂水雉的足部和脚趾比其他涉禽物种的大且长，例如黑尾鹳（*Ciconia maguari*），它们的腿虽是最长的，但脚爪却是最短的。

黑尾鹳 85厘米 | 肉垂水雉 22厘米

寻找食物
昆虫和其他无脊椎动物为它们的主要食物，它们会用喙翻动植被寻找食物。

行为
肉垂水雉为一妻多夫制，它们将漂浮的植物作为鸟巢，由雄鸟负责孵化和喂食。面临危险时，它们会起飞并大声鸣叫作为警报。

交配
它们的生殖习性与大多数物种不同。为一妻多夫制，雌鸟与多只不同的雄鸟交配（每季3~4只），每只雄性各有其领地。这种行为被称为一妻多夫。

鸟类（下） 11

羽毛
羽毛的颜色为褐色，背部为棕褐色。当肉垂水雉飞行时，我们看不到其初级飞羽的颜色，而是看到其黄绿色的次级飞羽。

3~4 枚卵
平均产卵数。快要产卵时会在漂浮植物上行走。

短尾巴
尾巴的长度较短，被覆盖于背部的羽毛下方，尾尖为黑色。由十几片尾翎或尾羽组成。

防御方式
这种鸟和其他类型的滨鸟属的物种相同，在翅膀折叠处长有锋利的金黄色骨质距，只有在它们展开翅膀或者在防御掠食者时才能看见。

骨质距

孵化
通常鸟巢位于漂浮植物上方，由雄鸟负责孵化和哺育雏鸟，雌鸟不协助雄鸟，雏鸟出生几个小时后即有能力跟随着雄鸟的脚步在水面上第一次步行。

飞行
没有任何一种水雉擅于飞行。肉垂水雉只在需要时才会飞行，且飞行距离短。相反的，它们擅长游泳，甚至在遇到危险情况时也可以潜入水中躲避危险。

海鸥及其他

| 门：脊索动物门 |
| 纲：鸟纲 |
| 目：鸻形目 |
| 科：7 |
| 种：129 |

它们为中等体形的鸟类，体重较重，翅膀长且尖。喙相当多样，从短至长皆有，通常强而有力。它们基本有脚蹼。它们栖息于众多的水生环境区域，在内陆水域、沿海地区和海岸地区可以发现这类物种的踪迹。

Chionis alba
白鞘嘴鸥

体长：34~41 厘米
翼展：75~80 厘米
体重：460~780 克
社会单位：可变
保护状况：无危
分布范围：南极洲和南美洲（巴塔哥尼亚地区和布宜诺斯艾利斯的海岸）

白鞘嘴鸥身材矮小，颜色为全白，喙和脚强而有力。雄鸟的体形比雌鸟略大。一整年都栖息于南极半岛以及南极地区的小岛屿。某些族群在冬季会迁徙至巴塔哥尼亚地区和布宜诺斯艾利斯的海岸。较喜欢栖息于潮间带的岩沙区。同样，它们也经常往返于其他海鸟（如企鹅、鸬鹚和信天翁）的栖息地，以及海豹和海狮休息的区域。通常可以在马尔维纳斯群岛的人类居住区附近看见它们。它们是机会主义者，有什么就吃什么，会吃卵、其他鸟类的雏鸟、无脊椎动物，甚至连雏鸟的粪也是它们饮食的一部分。它们经常偷取其他鸟类寻得的食物。为一夫一妻制，且具领地性。繁殖期在 11~12 月，在它们过冬的区域繁殖。雌鸟产 1~3 枚卵，孵化期为 28~32 天。

用脚行走
跟大多数南极鸟类不同的是，它们的脚上没有脚蹼。

Leucophaeus scoresbii
海豚鸥

体长：43 厘米
翼展：38 厘米
体重：524~540 克
社会单位：群居
保护状况：无危
分布范围：南美洲南部

海豚鸥也被称为巴塔哥尼亚海豚鸥，栖息于任何海岸区、岩石区、沙地区和靠近其他海鸟栖息地的泥泞地区。它们的头部、颈部和腹部为灰色，背部颜色较深。主要的食物为在潮间带捕获的无脊椎动物，同样也吃其他鸟类的卵、腐肉和排泄物。10~11 月间在栖息地筑巢。使用草、海藻、羽毛、棍棒和骨头筑巢。雌鸟产 1~3 枚卵，雏鸟出生后不久即有飞行的能力。

Sterna maxima
橙嘴凤头燕鸥

体长：44~50 厘米
翼展：125~135 厘米
体重：350~450 克
社会单位：群居
保护状况：无危
分布范围：美洲

橙嘴凤头燕鸥是最大的燕鸥之一。有冠，冠毛至后颈部羽毛为黑色。喙为红色，长且结实。在自己的领地内繁殖，最多可达 4000 对一起繁殖。它们栖息于海岸、河口、海岸潟湖和红树林，主要食物为鱼、鱿鱼、虾和螃蟹。将巢筑于珊瑚礁岛和盐沼，以及植被较少且无掠食性哺乳动物的海滩。

外观
全身羽毛为纯白色。外观略像鸡。

面部特征
裸露的区域皮肤为粉红色。

喙
底部具有角质鞘，尖端为黑色。

鸟类（下）13

Stercorarius parasiticus
短尾贼鸥
体长：41~46 厘米
翼展：108~118 厘米
体重：330~610 克
社会单位：可变
保护状况：无危
分布范围：南半球和北半球温带与寒带的沿岸地区

短尾贼鸥也被称为"寄生鸟"，羽毛为黑褐色，翅膀末端有白色斑点，中央尾羽比其他位置的羽毛还要长，飞行时外观与老鹰相似。一夫一妻制，在苔原繁殖，雌鸟产 2~4 枚橄榄棕色的卵。当鸟巢面临威胁时，它们会进行恐吓式的飞行捍卫鸟巢。筑巢的地点由雄鸟选择，选定凹洞之后由雌鸟放置草和地衣筑巢。冬季时迁徙至热带地区和南半球地区过冬。

Catharacta antarctica
棕贼鸥
体长：58~63 厘米
翼展：120~160 厘米
体重：980~1900 克
社会单位：可变
保护状况：无危
分布范围：南极圈和巴塔哥尼亚地区

棕贼鸥也被称为"亚南极贼鸥"，体形大而结实，颜色为均匀的深褐色，且有清晰的斑点。它们是机会主义者，使用各种不同的技能在陆地或海面获取腐肉，以及劫掠食物。

翅膀特点
在飞行时可以观察到其底端偏白色的羽毛。

羽毛斑点
分布均匀，特别是在头部、颈部、胸部和背部。

钩状喙
为黑色，长且相当有力。

主要的食物包括企鹅卵、企鹅雏鸟、小型海鸟和海狮的胎盘。它们在马尔维纳斯群岛繁殖，也在其他位于南大西洋的岛屿繁殖，10~11 月间从那里往北飞行进行交配。在这期间，它们积极地捍卫自己的领地。雌鸟在筑于岩石地面上的鸟巢中产 2 枚卵，孵化期在 11 月至次年 1 月之间，孵化天数大约为 30 天。雄鸟与雌鸟共同照顾雏鸟，之后在 3~4 月间与雏鸟分离。

Fratercula arctica
北极海鹦
体长：26~32 厘米
翼展：47~63 厘米
社会单位：群居
保护状况：无危
分布范围：北美洲、欧洲、北大西洋

北极海鹦的体形饱满结实，与企鹅相似。背部为黑色，腹部为白色，脸部为白色或黑色，喙高且薄，颜色为深色，喙基部为三角形，三角形的边线为黄色。它们擅长游泳，主要的食物为小鱼，同样也吃甲壳类动物、鱿鱼和海洋蠕虫。它们会游于水面上捕获食物，也会潜入水中寻找食物。为一夫一妻制。将鸟巢筑于山坡上，并积极地捍卫自己的鸟巢。雌鸟只产 1 枚卵，由双方共同孵化 39~40 天。

喙
上颚的末端呈钩状。

脚
它们有橙色的蹼足。

Rynchops niger
黑剪嘴鸥
体长：40~50 厘米
翼展：100~127 厘米
体重：235~325 克
社会单位：群居
保护状况：无危
分布范围：美洲

黑剪嘴鸥的外形酷似海鸥或体形结实的大型燕鸥，下颌明显长于上颌，飞行在水面觅食时其下颌可深入水中，碰触并抓取小鱼。它们在白天时成群一起休憩。褐色虹膜呈垂直状，同样也是一种较稀有的鸟类。

鸽子与沙鸡

除了极地区域之外，全球的其他地区都是鸽子的栖息地。它们在城市中生活，饮食种类相当广泛，主要为天然的种子和果实。其中最受欢迎的是野生鸽，它们被驯化之后可听从指令做其他事，如送信。沙鸡无其他演化的相关近亲，它们只分布于非洲和欧亚大陆。

一般特征

鸽子主要分布在茂密的森林，而沙鸡则主要栖息于较干燥的亚非拉地区。它们体形中等，身体笨重，腿和脖子较短，拥有利于飞行的强壮肌肉。为一夫一妻制，双方共同照顾雏鸟。某些物种因为遭受过度猎捕而濒临灭绝，如渡渡鸟和北美旅鸽。

门：	脊索动物门
纲：	鸟纲
目：	鸽形目
科：	1
种：	308

描述

栖息于沙漠地区的鸽子和沙鸡的头形较小，脖子和腿较短，身体结实且身形较大。它们的翅膀形状为圆形，大部分物种的食物是种子、果实和叶子。很少吃昆虫和其他无脊椎动物。雄鸟比雌鸟稍大。通常两者的羽毛颜色相同，为棕色、灰色或奶油色。鸽子和沙鸡有着非常相似的解剖特征，但可通过小部分的特征区分，沙鸡的头部略大，身体也较结实。此外，沙鸡的喙较短且锋利，但缺乏蜡膜，而鸽子的喙通常有蜡膜。某些物种有显著的长尾巴，某些物种有着引人注目且具特色的冠毛。该种类的其他成员还包括渡渡鸟和罗德里格斯渡渡鸟。它们是不会飞行的大型鸟类，栖息于马斯克林群岛和马达加斯加附近，在17世纪末期因人类活动而灭绝。北美旅鸽（*Ectopistes migratorius*）是鸽形目另一种已灭绝的鸟类，全世界最后一只北美旅鸽于1914年死亡。

栖息地

鸽子栖息于除了两极地区和高山地区外的全球所有区域，但也有很多物种栖息于海拔4500米的区域。大多数的物种栖息于澳大利亚和亚洲，尤其是靠近印度洋和太平洋的热带地区。60%的

灭绝

渡渡鸟（*Raphus cucullatus*）的体重最重可达25千克。它们的腹部很大，腿较短，喙厚且呈钩状，翅膀和尾巴都很小。羽毛颜色通常为蓝色或灰褐色。它们因为外来物种的入侵以及人类的屠杀活动而完全消失。

遍布于世界各地
鸽子的栖息地除了寒冷的地区之外，分布于世界各地。沙鸡分布于非洲和欧亚大陆。

渡渡鸟
Raphus cucullatus

鸽子栖居于远离大陆的小岛。沙鸡栖息于欧亚大陆和非洲的沙漠和草原，它们总是栖息于跟水源相关的区域。鸽子的栖息环境相当多样，但大多数栖息于森林和热带雨林，在那里栖息、觅食以及筑巢。少数的物种栖息于陆地或悬崖。原鸽（*Columba livia*）原产于亚洲和北非，其在原生环境中的悬崖上筑巢。目前该物种已遍布于全世界，通常不栖居在城市或郊区，因为在那里可能会产生严重的健康问题。

属于同目？

鸽子和沙鸡的外观相似，并且有时候会被混淆。然而这并没有得到某些专家的认可，他们认为它们之间有着显著的差异和不同的亲缘关系。

食物

鸽子主要的食物为种子、果实、浆果、叶子和幼芽，也吃小型无脊椎动物。它们中的某些物种是种子的重要传播者，因为种子经过它们的消化系统时并未遭受破坏，所以它们是乔木和灌木种子的重要传播者。它们的食物中有一个最重要的组成部分——胃石，它们食入"胃石"，通过肌胃的肌肉将食物磨碎；用同样的方式，也可以将较硬的种子磨碎。鸽子在开放的空间觅食，很容易被它们的天敌锁定位置，出于这个原因，它们快速摄取大量食物，储存于嗉囊中之后再慢慢消化。沙鸡的主要食物为沙漠植物的小种子，它们可以将大量的种子储存于嗉囊，由于这些食物的水分含量较低，因此它们必须每天摄取水分。它们的雏鸟虽然还不会飞，但也需要摄取种子。雄鸟能够飞行好几千米寻找种子，之后将胸前的羽毛弄湿，以便吸收大量的水分，然后开始长途跋涉飞回鸟巢，这样水分的蒸发流失对它们来说就不是那么重要了。这些鸟类通常将巢筑于水域附近。在繁殖期间，鸽子从嗉囊腺分泌出一种半消化食物的混合物，它们使用这种流质食物哺育雏鸟，这类食物因其颜色而被命名为"鸽乳"。

行为

某些种类的鸽子是独居的，但大部分的鸽子跟沙鸡一样都是各种大小不同的个体成群生活在一起，甚至连筑巢也成群聚在一起。同样，它们也会因为食物的来源聚集在一起，如聚集在食物种植区附近。某些物种会发出声音，而另一些则几乎无声。它们低沉且单音调的歌唱方式相当有名。作为一种防御策略，它们的羽毛容易脱落。使用这种方式，当掠食者想要吃它们时，它们便会将羽毛留在掠食者的嘴中之后逃脱。鸽子和沙鸡是仅存的两种喝水时头部无须向后仰的鸟类。它们是一夫一妻制，也就是说在繁殖期间跟同一伴侣居住在一起。它们的鸟巢相当简易，使用小树枝将鸟巢建于树木或灌木的树冠中，或建于地面上的小凹洞中。雌鸟通常产1~3枚卵，由雌雄亲鸟共同照顾雏鸟。鸽子和沙鸡一样，都能快速地飞行，且通常都是直线飞行。这项特点让它们能逃离许多天敌，如游隼（*Falco peregrinus*）的追捕。

差异

通常沙鸡和鸽子的外观相似，但可以从它们的身体形状分辨，沙鸡的身体较结实；也可通过喙分辨，鸽子的喙较发达，且在喙基部有蜡膜；沙鸡的眼睛占头部的比例较大。

鸽子
有被称为"蜡膜"的肉质结构，位于喙基部，环绕在鼻子周围，可能会影响繁殖。

沙鸡
跟鸽子的外观非常相似，但它们的身体较健壮和结实。此外，它们的喙相当短，翅膀和尾巴是尖的。

鸽子

| 门：脊索动物门 |
| 纲：鸟纲 |
| 目：鸽形目 |
| 科：鸠鸽科 |
| 种：308 |

鸽子的体形健壮结实，头形较小，腿短且有鳞片。喙能让它们吸水时无须抬头。通常，它们的眼睛周围被裸露的皮肤包围。除了南极洲之外，它们栖息于世界各地的温带和热带地区，习惯栖居于陆地和树上，并且拥有利于飞行的肌肉。

Columba palumbus
斑尾林鸽

体长：40~42厘米
体重：450~520克
社会单位：群居
保护状况：无危
分布范围：欧洲、非洲北部和亚洲中部

斑尾林鸽是体形最大且最常见的欧洲鸽子。背部的羽毛为蓝灰色，胸部的羽毛为深粉红色。

栖息于多种环境，如树上、田野和花园。主要食物为谷物、果实、种子、根和芽，有时候也吃无脊椎动物。

它们的鸣叫声较特别，全年都可唱出由5个音符组成的歌曲，传播的距离很远，且在繁殖期会加强其鸣叫声。在夜晚同样也可听到它们特殊的鸣叫声。

繁殖期雄鸟会进行引人注目的求偶飞行，借由拍打翅膀发出声音，并将翅膀朝上后快速降落，跟其他同类型的鸟类使用的方式相似。

雌鸟使用雄鸟所寻得的树枝将鸟巢简易地筑在树上。雌鸟产下2枚白色的卵，由双方共同孵化15~18天。孵化完成之后由双方共同哺育雏鸟，在第一个月用储存在嗉囊的鸽乳喂食雏鸟，直到雏鸟长毛、有能力离开鸟巢为止。

翅膀的斑块
翅膀上方的白色区域在飞行时非常明显。

Streptopelia semitorquata
红眼斑鸠

体长：34~36厘米
体重：200~250克
社会单位：独居
保护状况：无危
分布范围：撒哈拉沙漠以南的非洲地区、阿拉伯半岛

红眼斑鸠的眼睛周围的皮肤裸露，呈红色，因此而得名红眼斑鸠。全身羽毛为褐色，腹部和脸部的羽毛略呈微红色调，脖子两侧的羽毛呈黑色。

它们不太合群，通常单独或成对地在树下觅食。主要的食物为种子、坚果和花朵，很少吃昆虫。栖息于森林区或草原区。它们可以适应人类改造过的环境，特别是松树和桉树的种植园。为一夫一妻制。鸟巢由雌鸟建造，但材料由雄鸟寻找。鸟巢的形状呈杯状，内层铺上柔软的草。一整年皆为它们的繁殖期，但较频繁的繁殖月份为9月至次年1月。雌鸟产下2枚球形的卵，由双方共同孵化14~17天。雏鸟孵化完成之后在鸟巢中接受双亲的照料，时间大约为2周。

Oena capensis
小长尾鸠

体长：22~26 厘米
体重：28~54 克
社会单位：群居
保护状况：无危
分布范围：撒哈拉沙漠以南的非洲地区、马达加斯加、阿拉伯半岛

小长尾鸠相当长的尾巴让人易于辨认。其外观有性别差异，雄鸟的脸部和胸前羽毛为黑色，喙部为金黄色混合亮红色，整体羽毛主要为红褐色，在飞行时明显可见。雌鸟的颜色较单调简单，几乎看不出黑色的存在。它们为杂食性鸟类，主要食物为在植物中寻得的种子，也习惯吃昆虫。雌鸟产 2 枚卵，由双方共同孵化。雏鸟出生 15 天后羽毛即生长完成。

Patagioenas fasciata
斑尾鸽

体长：34~39 厘米
体重：250~340 克
社会单位：群居
保护状况：无危
分布范围：北美洲、中美洲、南美洲西北部

斑尾鸽颈部的白色带是其特征。颜色通常为蓝灰色，头部和胸部的部分区域呈微红色。颈部为带虹彩的绿色，侧面为蓝白色，尾巴为白色。喙和脚为金黄色且有黑色斑点。栖息于橡木区和针叶林区，一般不栖息于市区，是一种看起来较害羞的鸟类。

习惯组成小群体共同繁殖，由双方共同筑巢，雌鸟产 1~2 枚白色的卵，由双方共同哺育雏鸟。橡子是它们的主食（主要在北美洲），但它们同样也吃其他种子、浆果、花、芽、树皮以及昆虫。它们的鸣叫声跟某些猫头鹰相似，比其他同类型鸟类的声音低沉。

Geophaps plumifera
冠翎岩鸠

体长：20~24 厘米
体重：68~98 克
社会单位：群居
保护状况：无危
分布范围：澳大利亚

冠翎岩鸠的颈部和背部为桂皮色，且背部有黑色条纹。腹部为白色，胸部为肉桂色。胸部周围下方有两条小条纹，一条为黑色，另一条为白色。眼睛周围有红色斑块。栖息于岩石区和半沙漠附近的水源区。习惯于陆地生活，飞行时只会低空飞行。它们几乎吃各种干燥的草种子。它们是游牧式的，成对或成群聚集于水源附近栖息。繁殖期通常是在雨季过后的春天或夏天。在求偶时期，雄鸟低头鸣叫，并展示其冠羽和尾巴，通常会自愿性地缩小瞳孔，展现出金黄色的虹膜。雌鸟产 2 枚白色的卵，并将卵产在地面或低矮的灌木丛中。

冠羽
细而直立，是其最显著的特征。

Phaps chalcoptera
普通铜翅鸠

体长：30~36 厘米
体重：317 克
社会单位：群居
保护状况：无危
分布范围：澳大利亚和塔斯马尼亚

普通铜翅鸠颇具设计感的翅膀相当引人注目，有着多种包括红褐色、蓝色、绿色和黄色的斑点。雄鸟可由其前额黄色的羽毛和胸部粉红色的羽毛来区别。它们需要经常摄取水分，因此总是栖息于水域附近。它们会组成小群体一同觅食，主要的食物为草和种子。它们的警觉性很高，在任何有轻微威胁的情况下都会立即飞行逃离。雌鸟产 2 枚白色的卵，由双方共同孵化 15 天。

Columba livia
原鸽

体长：36 厘米
翼展：70 厘米
体重：400~600 克
社会单位：群居
保护状况：无危
分布范围：世界各地

住所
使用墙壁上的孔来保护自己，并在此筑巢。

原鸽是一种分布于世界各地的鸟类，可以和人类一同生活。可在广场和公园发现它们的踪迹，是城市常见的动物之一。它们是充满自信的，但只要感受到一点危险就会马上拍动翅膀飞行。它们的鸣叫声声调低沉，在繁殖期间雄鸟使用鸣叫声来吸引雌鸟的注意。

鸟巢
鸟巢相当简单：由积聚的一些干树枝交织在一起建造而成，有时候会加入一些羽毛。

于城市中觅食
主要的食物为谷物类的种子。根据居住的地点来调整它们的饮食习惯，且它们经常吃人类离开之后留下的剩余食物。

城市生活
栖居在城市的优点是食物和住所固定。但同样也有缺点，即它们可能会被视为有害者。

飞行与美丽
看一只鸽子能否作为信鸽来饲养，要从它们能够飞行时开始观察，观察它们是否有能力在固定的方向来回长途飞行且不迷失方向。赛鸽，通过技术性的养育和训练，以及人工筛选、培育而成，数量超过 300 种，其中包括我们熟悉的家中所饲养的家鸽，其学名也以此名称命名。

多样的羽毛
主要颜色是灰色，通常伴随着斑点以及黑色、白色和红色的条纹。除了这些主要羽毛的混色之外，也有一些呈对比色的羽毛，如黑色、白色或红色。大多数泛着虹彩，胸部颜色可为绿色和淡红色。

蓝色条纹
尾巴和翅膀的末端为深黑色。

红色条纹
跟蓝色条纹相似，但条纹的颜色较淡。

白色
羽毛欠缺深色的色素。

花斑
它们身体有大面积的范围为白色。

棋盘状
颜色分布的形式如同棋盘。

红色
红色羽毛。

散状
黑色或灰色均匀分布于全身。

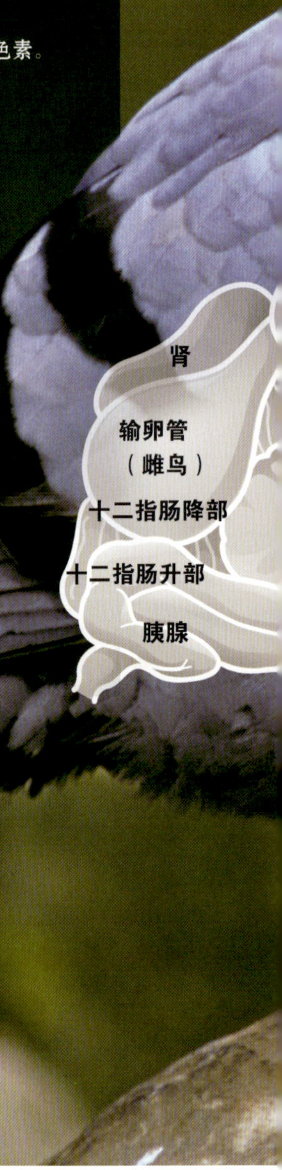

15%
它们所需要吃的食物分量为体重的15%。

肾
输卵管（雌鸟）
十二指肠降部
十二指肠升部
胰腺

鸟类（下） 19

眼睛
成鸟的眼睛为橙黄色或橙红色，雏鸟的眼睛从出生至8个月以前为褐色或灰色。

蜡膜
雏鸟蜡膜的颜色为灰色，成鸟蜡膜的颜色为白色。有白化症的鸽子其蜡膜为粉红色。

1000
信鸽一天可飞行1000千米。

颈段食管

嗉囊

胸段食管

肺

心脏

肝

胃

内脏
大部分的器官靠近身体的中心或重心处。这个位置可使身体维持平衡，有助于飞行。

下肢
鸽子的腿和脚的颜色通常是从红色、粉红色到灰黑色。趾甲通常为灰黑色，但可能因缺乏色素变成白色。

求偶行为
全年都表现出典型的求偶行为。但是，在冬季末期和整个春季这些行为会增加。求偶的过程可以用一系列的动作来表达。首先由雄鸟发出鸣叫声吸引雌鸟。一旦交配，雄鸟会以炫耀式的典型飞行方式飞走。当它们交配之后，对方就是其终身伴侣。

1 尊重
雄鸟发出"咕咕咕"的鸣叫声，并将头倾斜，将鸣叫声环绕于雌鸟周围。

2 拖尾
将身体直立，展开尾巴，并把尾巴拖在地上。同时，正视雌鸟。

3 包围
当雌鸟展现出"不感兴趣"时，它的行为是想刺激雄鸟跟随它。

4 亲吻
交配之前它们会"亲吻"，雌鸟将其喙放入它新伴侣的喙中。

5 交配
接着，雄鸟用它的脚直接站在雌鸟身上。双方进行交配。

6 炫耀
雄鸟在与雌鸟完成交配之后，以响亮的声音飞行离去，翅膀拍击时偶尔相撞在一起。

Geopelia cuneata
姬地鸠

体长：19~24 厘米
体重：34 克
社会单位：群居
保护状况：无危
分布范围：澳大利亚

姬地鸠的名称源自于分布在翅膀和背部的小斑点。栖息于灌木丛和辽阔的开放式草原。黄昏的时候，它们会成群或成对地聚集在某个露天的饮水处。

它们主要的食物为在陆地上找到的谷类种子，同样也吃花蕾、果实和叶子。繁殖期从春雨过后开始。雌鸟在一个简易且藏匿于树叶中的小平台上产下2枚白色的卵。孵化的时间为13~14天，由双方共同照顾并哺育雏鸟。

颜色
眼睛周围有橙色环。

背部
颜色呈石板灰。

翅膀
被白色且明亮的斑点覆盖。

基色
主要羽毛颜色为棕色，羽毛尖端为黑色。

Zenaida macroura
哀鸽

体长：23~31 厘米
翼展：45 厘米
体重：86~170 克
社会单位：群居
保护状况：无危
分布范围：北美洲与中美洲；南美洲北部至哥伦比亚

哀鸽中等体形，头部较小，尾巴很长。眼睛周围为蓝绿色的裸露的皮肤所包围。它们主要的食物为在地面上寻得的种子，也经常吃一些植物。习惯吃一些沙子，因为沙子有助于磨碎较硬的种子。浆果也是它们的食物，偶尔也吃昆虫和蜗牛。在求偶时期，雄鸟会发出一系列的鸣叫声，并喧闹地进行飞行展示。之后雄鸟和雌鸟双方紧密结合进行交配。

Columbina passerina
普通地鸠

体长：14~17 厘米
体重：31~38 克
社会单位：群居
保护状况：无危
分布范围：美国南部、中美洲、南美洲北部

雄鸟的头部、颈部和腹部为粉红色，背颈部呈鳞片状。雌鸟的羽毛为灰色，翅膀上有明显的棕色斑纹，在飞行时可以清楚地看见。它们主要的食物为谷物，但也经常吃昆虫。成群移动，较喜爱开放的植被剥离土壤的空间。它们的鸣叫声单调且温和。

Zenaida auriculata
斑颊哀鸽

体长：22~26 厘米
翼展：31~33 厘米
体重：112 克
社会单位：群居或成对
保护状况：无危
分布范围：分布于南美洲和加勒比部分地区，亚马孙地区除外

斑颊哀鸽的羽毛为灰色，雄鸟有粉红色的色调。栖息于热带草原、草原和农作物种植区，在城市和乡村同样也可发现它们的踪迹。它们一般不栖息于茂密的森林和雨林，较喜欢开放式的空间。主要的食物为在地面上寻得的种子。鸟巢建得相当简易，通常直接筑于地面上。繁殖期跟它们所吃的食物有关，在一年之中的任何时间都可能繁殖。雌鸟产2枚卵，孵化期为15~18天。聚集成群共同居住，数量可达数千只。在某些地方，它们被认为是农作物的破坏者。

颈部
在两侧有带虹彩的羽毛。

斑点
翅上覆羽有斑点。

Metriopelia melanoptera
黑翅地鸠

体长：21~23 厘米
体重：119 克
社会单位：群居
保护状况：无危
分布范围：南美洲安第斯山脉

黑翅地鸠的颜色一般为灰色，在肩部有白色斑纹，飞行时更加清晰可见。腿的颜色为泛白的黑色，以此可以把它们和外观相似的同类物种如斑颊哀鸽（*Zenaida auriculata*）区别开来。栖息于南美洲安第斯山脉地区，海拔介于1000~4500米之间，但在冬季时通常会飞往山谷地区寻找气候条件较好的地区避寒。

它们的个性较害羞且冷漠。习惯在陆地栖息，但只要有一点威胁便会立即飞至不远的地方再度停下休憩。繁殖期跟雨季和所吃的食物相关。通常它们在夏季群体筑巢，有10~20对将要繁殖的伴侣聚集，在灌木丛或河岸边一起筑巢。雌鸟产2枚白色的卵。

眼环
白色或蓝色。

黑色羽毛
初级与次级羽毛皆为黑色。

Columbina squammata
鳞斑地鸠

体长：18~22 厘米
体重：51 克
社会单位：群居
保护状况：无危
分布范围：南美洲

鳞斑地鸠是一种羽毛与众不同且引人注目的鸽子，羽毛颜色为灰色或褐色，边缘为黑色，外观看起来很像鳞片。它们天然的栖息环境包括亚热带灌木丛、热带潮湿地区以及季节性水淹草原。主要食物为谷类。它们吃各式各样在地面上寻得的种子。它们只在隐藏时发出鸣叫声，拍打翅膀时，会发出奇特的声音，让人联想到响尾蛇（响尾蛇属）。

Caloenas nicobarica
尼柯巴鸠

体长：33~40 厘米
体重：600 克
社会单位：群居
保护状况：近危
分布范围：尼柯巴岛和印度尼西亚

尼柯巴鸠为尼柯巴鸠属中的唯一物种，是目前已经绝种的渡渡鸟（*Raphus cucullatus*）的近亲。颜色为蓝灰色，其特征在于颈部和背部的带虹彩的羽毛，羽毛很长，且有金属铜及绿色调。它们白天会成群地在岛上移动觅食，寻找谷物、果实和小型节肢动物，夜晚在个别地点休憩。

Leptotila verreauxi
白额棕翅鸠

体长：25~31 厘米
体重：99~230 克
社会单位：群居
保护状况：无危
分布范围：美国南部、中美洲和南美洲北部

白额棕翅鸠也被称为白尾梢棕翅鸠或本布纳鸟。它们的分布范围很广，每个区域都有几个常见的名称。它们的眼环可以为红色或蓝色。习惯栖息于陆地，一天中的大部分时间都躲藏在树林和丛林间，因此听到它们鸣叫声的次数比看到它们还多。种子是它们主要的食物，此外也吃果实和昆虫。在觅食时展现出它们好斗的个性，会跟踪同类，并用喙攻击同类。它们将鸟巢筑在高度较低的树上，用粗树枝建造一个平台。跟大多数鸽子不同，它们会维持鸟巢的干净整洁。雌鸟产1~3枚奶油色的卵。

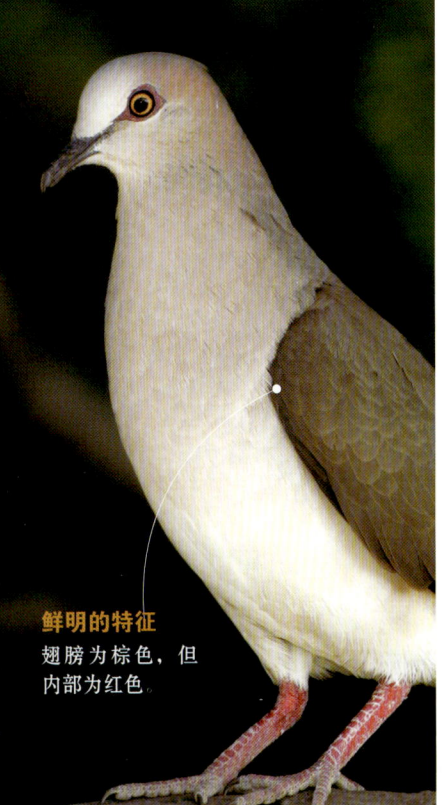

鲜明的特征
翅膀为棕色，但内部为红色。

Hemiphaga novaeseelandiae
新西兰鸠

体长：46~50 厘米
体重：600~800 克
社会单位：群居
保护状况：近危
分布范围：新西兰

有力的喙
使它们能吃大的果实。喙的尖端明显更加有力。

新西兰鸠是新西兰的特有鸟类，共有两个亚种，一种是新西兰鸠，另一种为诺福克岛鸽，其中后者已经绝种。典型的上层羽毛颜色为带虹彩的绿色，并有铜色、紫色和银灰色的色调。腹部的羽毛为纯白色。栖息于森林内部地势较低的区域，在那里以果实、叶子和嫩芽为食。发情期的雄鸟会进行飞行展示。伴侣之间一整年都生活在一起。通常在春季或是夏季交配，双方共同轮流孵化唯一一枚卵。孵化期约为1个月，之后由雌鸟使用存于嗉囊的鸽乳哺育雏鸟35~45天。

它们是受当地法律保护的鸟类，但依然受到偷猎者的威胁。另外，栖息地的破坏和外来掠食者的入侵也是其面临的主要威胁。

生态位
在当地的生态系统中扮演着重要的角色：它们可以散播种子，因为它们以当地的各种果实和核果为食。

Ducula aenea
绿皇鸠

体长：43~45 厘米
体重：460~600 克
社会单位：群居
保护状况：无危
分布范围：东南亚地区

绿皇鸠名称的命名源自于其翅膀、背部和尾巴的金属绿色的羽毛，跟头部、胸部和腹部的灰色羽毛形成鲜明的对比。背颈部区域的羽毛为红色。树栖性，栖息于热带丛林和红树林。它们在树林中觅食，主要的食物为果实、核果和浆果。将鸟巢简单地筑于较低的树上，雌鸟只产1枚白色卵，孵化时间为18天。它们不是很合群，但有可能会组成小群体。有时候可以看到它们跟民岛犀鸟（*Penelopides mindorensis*）聚集在一起。

Treron calvus
非洲绿鸠

体长：30 厘米
体重：240 克
社会单位：群居
保护状况：无危
分布范围：撒哈拉沙漠以南的非洲地区

非洲绿鸠的羽毛整体为绿色，背部的颜色为较深的橄榄绿。喙基部为红色，眼睛偏白。栖息的区域广泛，如草原、茂密的森林和海岸沙丘。它们的主要食物为果实，但同样也吃小种子和腐肉。雌鸟使用雄鸟寻得的树枝和树叶将鸟巢筑于树上。

Ducula bicolor
斑皇鸠

体长：38~44 厘米
体重：456 克
社会单位：群居
保护状况：无危
分布范围：东南亚地区及大洋洲

斑皇鸠的羽毛颜色为对比鲜明的黑色和白色，栖息于热带红树林及太平洋和印度洋的沿岸森林。它们从筑巢的岛屿经长途飞行至大陆沿岸地区，在那里繁殖并觅食，其主要食物为果实。在繁殖期它们会成群聚集，通常有10~30只个体聚集在一起。

Goura victoria
维多利亚凤冠鸠

体长：66~74 厘米
体重：2.5 千克
社会单位：群居
保护状况：易危
分布范围：巴布亚新几内亚

维多利亚凤冠鸠的颜色通常为浅蓝色，有一个独特的鸟冠，是世界上体形最大的鸽子。其主要食物为在地面上寻得的水果和种子。通常结成小群体一起行动。一夫一妻制。雌鸟所产的唯一一枚卵由双方共同孵化约1个月。哺育雏鸟也是由双方共同负责的。

沙鸡

- 门：脊索动物门
- 纲：鸟纲
- 目：沙鸡目
- 科：沙鸡科
- 种：16

沙鸡科只有两个属，为沙鸡属和毛腿沙鸡属。其物种主要分布于亚非拉地区的开放地带和半干旱地区。它们的身体强壮且结实，颜色为带有斑点的棕色或绿色。它们的身体外观跟鸽子相似。其为群居性物种，主要食物为谷物，雌鸟产2~3枚卵，并将卵直接产于地面上。

Pterocles senegallus
斑沙鸡

- 体长：30~35厘米
- 体重：263克
- 社会单位：群居
- 保护状况：无危
- 分布范围：意大利、非洲北部、亚洲南部

斑沙鸡的羽毛为深色，基色为赭色。它们很容易与环境融合在一起。在喉咙和脸的两侧有斑纹。它们的名称命名源自于雌鸟翅膀末端深棕色的圆斑。雄鸟的斑纹延伸到背部和尾部。栖息于植被稀少的半干旱区、沙地或岩石区，但总是靠近水源区。主要的食物为较硬的种子。雌鸟产2~4枚深色的卵，它们会选择一个天然的凹陷处或挖很浅的洞产卵。孵化期为28~31天，雄鸟负责在夜晚育雏。雌鸟负责在白天育雏。因为雌鸟的皮肤蒸发功能良好，所以它能保持干燥凉爽。雏鸟出生后1小时就有能力跟随它们的父母移动，但需要6~8周才具备独自飞行的能力。它们在10月份开始迁徙至阿尔及利亚和摩洛哥过冬。

颜色
它们身体的颜色让它们很容易融入沙漠环境。

生命能源
它们需要喝水，每天至少两次。它们可以飞行60千米寻找水源 雄鸟可将水储存在羽毛里。

Pterocles orientalis
黑腹沙鸡

- 体长：30~35厘米
- 体重：470克
- 社会单位：群居
- 保护状况：无危
- 分布范围：欧洲、非洲北部和中东地区

黑腹沙鸡跟其他沙鸡不同的是腹部的颜色为黑色。雄鸟和雌鸟的背部都有密密麻麻的黄棕色和黑色的斑纹，在喉咙和脸颊有棕色斑纹。栖息于干旱且植被稀少的地区。主要食物为种子和昆虫，需要经常摄取水分。

Pterocles decoratus
黑脸沙鸡

- 体长：33厘米
- 体重：184克
- 社会单位：群居
- 保护状况：无危
- 分布范围：非洲东部

黑脸沙鸡的特征是脸部颜色为黑色。羽毛整体颜色为棕褐色，每片羽毛都有黑色和橙色的条纹，胸部为白色，上方以黑色线条为界。栖息于干旱开阔的草原和灌木区。

鹦鹉

它们有色彩艳丽的羽毛、活动灵敏的喙以及强而有力的双脚。它们在全世界被当作宠物饲养，某些特别的物种有模仿人类说话的能力。商业活动及栖息地被改造是它们面临的主要威胁。

一般特征

鹦形目鸟类包括鹦鹉、金刚鹦鹉、虎皮鹦鹉、和尚鹦鹉及其他种类。它们大且坚固的喙呈弯曲状，舌头多肉，在觅食时是破坏果实提取种子的有效工具。它们的脚趾两趾朝前，两趾朝后。它们是群居性鸟类，且通常相当吵闹。很多物种因为被视为宠物而面临绝种的威胁。它们栖息于热带和亚热带地区，主要生活在南半球。

| 门：脊索动物门 |
| 纲：鸟纲 |
| 目：鹦形目 |
| 科：1 |
| 种：364 |

引人注目的羽毛
主要颜色为绿色，但也有些物种的颜色为红色、黄色、蓝色、白色和黑色。

描述

鹦形目鸟类的体形相当多样。紫蓝金刚鹦鹉（*Anodorhynchus hyacinthinus*）的体长可达1米；鸮鹦鹉（*Strigops habroptilus*）的体重最重，可达3千克。然而，也有体长只有几厘米的物种，如棕脸侏鹦鹉（*Micropsitta pusio*）。它们的羽毛颜色通常丰富多彩，包括绿色、蓝色、红色和黄色，但主要颜色为绿色。尾巴可能很长，末端可能很尖、很宽或呈圆形，尾巴也可能很短且呈方形。凤头鹦鹉（凤头鹦鹉科）的头部可明显看出其演化。它们的喙较厚且呈钩状，边缘锋利，有利于它们破坏种子的外壳和磨碎植物。颌骨肌肉发达，有自由且能独立移动的关节，这使它们觅食时更容易活动。跟其他鸟类不同，鹦鹉有一个多肉的圆形舌头，让它们能容易地打开种子。某些鹦鹉的舌头较粗糙，它们用来提取花朵的花蜜和花粉。它们的脚趾成对排列，第二趾和第三趾朝前，第一趾和第四趾朝后。这是攀禽鸟类的特点，这使它们具有操纵物体的高超技能，利于它们在森林中的树枝间穿梭或支撑身体将头部朝下获取食物。鸮鹦鹉（*Strigops habroptilus*）是鹦形目中唯一不能飞行的鸟类。三分之一的鹦形目物种面临灭绝的危险，栖息地的破坏（特别是它们筑巢的孔洞遭到破坏）以及狩猎它们作为宠物销售是它们面临的主要威胁。

行为

大部分鹦形目鸟类都是日行性的。它们成对或者成群居住，很少独居，有些物种会建立自己的居住地。主要的食物为在树梢之间寻得的果实和种子。有些物种的饮食包括蜂蜜、花蜜、花粉、树木的块根以及块茎的分泌物。它们很少捕捉昆虫。它们能用其中一只脚将食物放入嘴中，为树栖性鸟类的特有行为，在地面上觅食的物种几乎没有这种行

喙

鹦形目鸟类的喙比其他鸟类的喙活动能力更强。它们的上颌骨、额骨和鼻腔之间有一个发达的关节，使喙能张开至最大。基于这个特点以及厚且呈钩状的特色，它们的喙成为辅助支撑于树干的良好工具。关于喙的结构方面，其顶部突起，使其可以撬开果实和种子。下颌骨底端尖锐，使它们可以将硬壳弄碎。

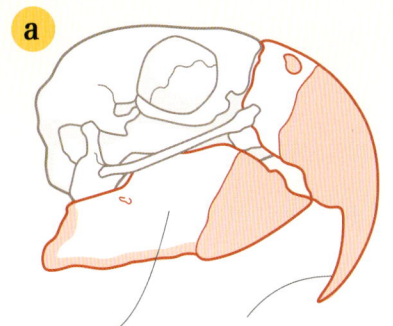

下颌骨 坚固，底端尖锐，用于切割坚果的硬壳。

顶端 尖锐且呈钩状，有助于进食和攀爬树枝。

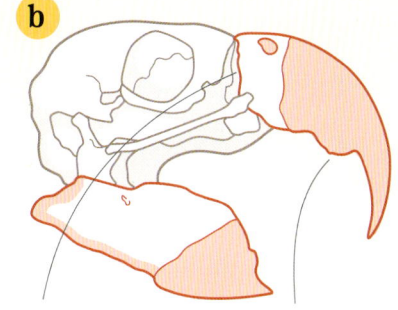

关节 使喙能灵活移动，用于撬开种子。

分叉 喙上有一个突起，让它们可以固定果实和种子，以便去除其外壳。

为。由于它们在进食的时候会先将种子破坏，因此，鹦形目鸟类不会将种子传播至其他区域，有些时候可能会影响某些植物的产量。它们舌头的结构可使它们发出声音，用于在树枝间相互沟通。这些发声能让它们维持彼此间的关系，且加强群体的凝聚力。当它们看见肉食性动物出现时会发出大声的鸣叫声。在人类的饲养下，它们可以学习模仿单词、句子或其他声音，展现出其学习才能，这可能要归功于它们大脑的发展。虽然它们不知道所发出声音的意思，但它们能在适当的时候发出这些声音，因为它们有在某些特定情况下联想到其声音的能力。其中非洲灰鹦鹉（*Psittacus erithacus*）和亚马孙鹦鹉（亚马孙鹦鹉属）是将人类声音模仿得最像的物种。

栖息与分布

大部分鹦鹉栖息于热带地区，某些也栖息于温带地区，主要分布于南美洲、澳大利亚和非洲。中美洲、新西兰、新几内亚岛、亚洲南部、阿拉伯半岛和美国的某些地区也可发现它们的踪迹。亚马孙鹦鹉、和尚鹦鹉和大型金刚鹦鹉栖息于南美洲。情侣鹦鹉（情侣鹦鹉属）栖息于非洲，凤头鹦鹉和虎皮鹦鹉（虎皮鹦鹉属）栖息于亚洲南部和大洋洲。只有少数物种栖息于海拔高3000~4000米的山区。红领绿鹦鹉（*Psittacula krameri*）是地球上分布最广的鹦鹉。有许多物种仅在一些特定区域或小岛出现，是这些地方的特有物种。

繁殖

求偶的方式通常很简单，由一些简单的动作所组成，像弯身、将翅膀下垂或是摇尾巴。在交配前它们会互相轻啄、梳理羽毛和喂食。它们将鸟巢筑于树洞、岩石之间和地面上，用树枝和棍棒交错建造而成。和尚鹦鹉（*Myiopsitta monachus*）是该科鸟类中唯一用树枝搭建公共巢穴的物种。它们所筑的鸟巢一整年间都有数量不同的鹦鹉入住。但在繁殖期，每个巢穴只有一对饲养雏鸟的成鸟共同入住。有些物种，像掘穴鹦哥（*Cyanoliseus patagonus*），会钻入悬崖，在那里成群建立栖息地，数量可高达数万只。雌鸟产2~5枚卵，有的甚至更多。卵主要由雌鸟孵化，雄鸟负责保护鸟巢。孵化的时间约为20天，体形较大的物种孵化期可能会较长。某些物种的雏鸟成长速度较慢。它们出生时羽毛较少或没有羽毛，可能需数年的时间才会长出成鸟的羽毛。

攀爬和进食

脚的特征依序如下，跗骨短而有力，共有4个脚趾，第一个和第四个脚趾朝后，第二个和第三个脚趾朝前，如此的构造使脚的抓握功能良好，适用于在树枝间移动并抓取食物。相反地，它们在地面行走时较笨拙。

趾甲 跟其他攀禽一样，鹦形目鸟类的趾甲很长且弯曲，也相当锋利，使它们易于在树枝间轻松攀爬移动。

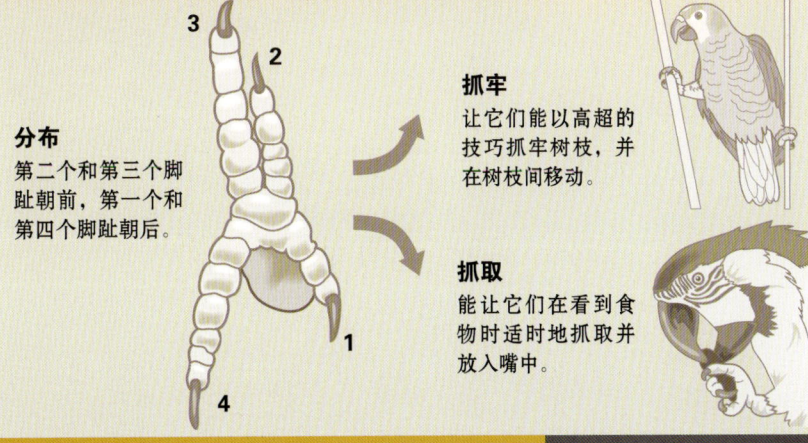

分布 第二个和第三个脚趾朝前，第一个和第四个脚趾朝后。

抓牢 让它们能以高超的技巧抓牢树枝，并在树枝间移动。

抓取 能让它们在看到食物时适时地抓取并放入嘴中。

凤头鹦鹉

门：	脊索动物门
纲：	鸟纲
目：	鹦形目
科：	凤头鹦鹉科
种：	21

它们是鹦鹉（鹦鹉科）的近亲，二者外观非常相似，但凤头鹦鹉的体形通常比大多数的鹦鹉大。它们的头顶上有一个羽冠。原产于亚洲和大洋洲，主要的羽毛颜色有三种，分别为白色、黑色搭配其他颜色或是带有粉红色或黄色斑点的灰色。

Eolophus roseicapillus
粉红凤头鹦鹉

体长：35 厘米
体重：270~350 克
社会单位：群居
保护状况：无危
分布范围：澳大利亚

粉红凤头鹦鹉的羽毛颜色为粉红色和灰色，不易与其他鹦鹉混淆。雄鸟和雌鸟外观相似，但可从虹膜的颜色区分，雄鸟的虹膜几乎呈黑色，雌鸟的虹膜为淡红色或褐色。它们是澳大利亚最普遍的凤头鹦鹉，栖息的方式为群居。经常栖息的区域包括森林和河岸地区。主要的食物为种子（包括谷物）、叶芽、昆虫、蛹和树根。当它们在地面进食时会发出鸣叫声和其他伙伴保持联系。跟大多数的凤头鹦鹉不同，它们能够迅速地飞行且有节奏地拍打翅膀。为一夫一妻制，雏鸟出生 4 年之后即达到性成熟。孵化和哺育雏鸟都由双方共同负责。它们将鸟巢筑于树洞中，并用树叶覆盖。卵为椭圆形，颜色为白色，通常产 2~5 枚卵，孵化时间约为 25 天。雏鸟在出生 49 天之后离开鸟巢。它们因为庞大的数量和觅食方式而被认为对农业是有害的。

背部
背部颜色和尾巴颜色均为灰色

面部特征
眼睛周围的皮肤有肉垂或疣。

夜晚习性
黄昏时分，在它们栖息之前，会绕着树梢执行特技飞行，之后直接扑向地面。

腹部颜色
腹部区域颜色为粉红色，下腹部为浅灰色。

Cacatua galerita
葵花凤头鹦鹉

体长：44~55 厘米
体重：750~900 克
社会单位：群居
保护状况：无危
分布范围：澳大利亚、巴布亚新几内亚和印度尼西亚

葵花凤头鹦鹉的羽毛为白色，喙为黑色，其黄色的鸟冠颇具特色，可依其意愿张开，特别是在求偶时。为群居鸟类。当某个群组在地面觅食，寻找种子、坚果、水果和昆虫时，其他群组则负责巡视树木附近的情况，以防止可能发生的危险。可以在树木茂密的地区发现它们的踪迹，如公园和花园，有时候它们也会出现在河岸的森林区。为一夫一妻制。它们将鸟巢筑于树洞，雌鸟产 2~3 枚卵，孵化期为 27 天。栖息于澳大利亚的物种繁殖期为 8 月至次年 1 月，栖息于北方的物种则在 5~9 月。雏鸟由双方共同哺育。

鹦鹉

门:	脊索动物门
纲:	鸟纲
目:	鹦形目
科:	鹦鹉科
种:	332

它们主要分布于热带地区和南半球的亚热带地区，但也有一些物种栖息于温带和较寒冷的地区。大部分栖息于森林和雨林，且拥有艳丽的色彩。强而有力且呈钩状的喙是它们的特色，这种喙使它们能够破坏食物的硬壳，从而获得它们所需的种子。它们的脚有4个脚趾，两趾朝前，两趾朝后。

Trichoglossus haematodus
虹彩吸蜜鹦鹉

体长: 25~32 厘米
体重: 100~167 克
社会单位: 群居
保护状况: 无危
分布范围: 澳大利亚、巴布亚新几内亚和印度尼西亚

虹彩吸蜜鹦鹉的羽毛颜色亮丽多彩，脸部和腹部为蓝色，身体的羽毛颜色为红色、橙色、黄色和绿色。

它们栖息于地势较低的区域以及半山腰，成群聚集在一起，活跃且嘈杂，不断在树梢上移动。根据其觅食的区域不同它们所栖息的环境也不同，通常为草原、红树林、雨林、森林、沿岸地区的树林，此外，也栖息在种植园以及城市的园林。它们的食物主要为花朵，此外，也吃水果、浆果、种子、叶芽和昆虫幼虫。为一夫一妻制，求偶时雄鸟会扇动它们的翅膀，以展示多彩的底部。它们将鸟巢筑于树洞，雌鸟产2~3枚卵，孵化期大约为25天，由雄鸟负责提供食物。双方共同哺育雏鸟。雏鸟大约在8周后离开鸟巢。

胸部
可能为橙色至红色渐变；腹部为蓝色。

栖息地
它们的栖息环境不断地被城市化改造，因此在城市中它们的身影越来越常见。

色彩
喙为红色，长尾巴的内侧为黄色。

Trichoglossus chlorolepidotus
鳞胸吸蜜鹦鹉

体长: 22~24 厘米
体重: 86 克
社会单位: 群居
保护状况: 无危
分布范围: 澳大利亚东部

鳞胸吸蜜鹦鹉的颜色通常为绿色，胸部和颈部的羽毛呈鳞片状，个体的羽毛分布情况不同，幼鸟的鳞片状羽毛较不明显。虹膜和喙为红色，脚为灰色。它们的绿色羽毛容易和植被混淆。雄鸟和雌鸟的外观无差异。栖息于沿海林区和大堡礁的一些岛屿。为定居性鸟类，擅于交际。习性和虹彩吸蜜鹦鹉（*Trichoglossus haematodus*）相似，经常可以看见它们混入其他鸟类的群体中。一整年除了3~4月之外都会筑巢，它们将巢筑于高树的树洞，使用碎树皮铺底。雌鸟产2~3枚卵，孵化期为25天。

Strigops habroptilus
鸮鹦鹉

体长：59~65 厘米
体重：0.95~4 千克
社会单位：独居
保护状况：极危
分布范围：新西兰

鸮鹦鹉是众多类型的鹦鹉中唯一不能飞行的鹦鹉。它们的翅膀很短，胸骨较小，骨盆比其他种类的要大，胸肌和其他鹦鹉相比较不发达，但是双脚相当有力，擅于步行。

它们在夜间较活跃，主要的食物为植物、种子、果实、花粉和汁液。在繁殖季节，雌鸟会选择性地与雄鸟交配，而雄鸟会聚集在特定的地方分组炫耀。雌鸟最多产 3 枚卵，直接产于地面，之后由雌鸟负责孵化和照顾雏鸟。雏鸟出生后 10~12 周离开鸟巢。

保护状况

目前野生种群数量估计只有 124 只，为了预防它们灭绝，人类正实施多项育种计划、人工授精计划以及保护方案。

Nestor notabilis
啄羊鹦鹉

体长：38~48 厘米
体重：600~960 克
社会单位：群居
保护状况：易危
分布范围：新西兰

啄羊鹦鹉的身体结实，具有长喙和黑橄榄色的羽毛。翅膀为绿色，末端的颜色较深且偏蓝。栖息于山区多岩石的山坡及森林中，季节性地移居至草原或高大的灌木区。它们为群居鸟类，活跃且嘈杂，主要的食物为芽、根、浆果、果实、种子、花朵、花蜜和昆虫。

Prosopeia tabuensis
红胸辉鹦鹉

体长：45 厘米
体重：280 克
社会单位：可变
保护状况：无危
分布范围：斐济群岛，被引入汤加群岛

红胸辉鹦鹉有三个公认亚种，每一个亚种成群栖息于岛屿中，特别是在斐济群岛和汤加群岛。头部颜色为鲜红色至紫色或棕色，腹部颜色为红色。栖息于成熟的森林、红树林和海拔 1250 米以内的灌木丛。此外，也经常在次生林、花园和种植区发现它们的踪迹。它们主要的食物为果实，如木瓜、香蕉和番石榴，也吃昆虫幼虫和玉米等农作物。它们在白天时相当安静，接近黄昏时开始鸣叫，直至日落才停息。雌鸟在 6 月至次年 1 月间生产，通常产 1~4 枚卵。

Melopsittacus undulatus
虎皮鹦鹉

体长：18~20 厘米
体重：23~32 克
社会单位：群居
保护状况：无危
分布范围：澳大利亚

虎皮鹦鹉是一种小型的鹦鹉，是作为宠物最受欢迎的物种之一。野生物种的羽毛颜色为绿色，背部和覆羽的颜色为黑色。它们栖息于开放式的环境，如热带草原、干旱的灌木林、树木茂密的牧场、森林以及种植区。它们可以长时间地在无水的情况下生活。它们成群一同移动寻找水和食物，主要的食物为在草木中寻得的种子。为一夫一妻制，成群共同筑巢，可能将巢筑于树木的树洞中和已倒下的树木的洞孔中。雌鸟产 4~8 枚卵，孵化期约为 18 天。

Psittinus cyanurus
蓝腰鹦鹉

体长：18 厘米
体重：85 克
社会单位：群居
保护状况：近危
分布范围：东南亚

蓝腰鹦鹉是该属属种的唯一物种，体形较小，头部和胸部的颜色可能为铜蓝色，背部的颜色为灰色。喙为红色，或顶端为淡红色，下颌是黑色或褐色。栖息的区域包括海拔 700 米以内的干燥森林、灌木丛、红树林、农作物种植区。它们安静地在树冠上进食，主要的食物为种子、水果和嫩芽。为群居鸟，最多有 20 只个体共同居住。在陆地的繁殖期为 2~5 月，在岛上的繁殖期为 6~9 月。雌鸟产 3~5 枚卵。

鸟类（下） 29

Alisterus scapularis
澳洲王鹦鹉

体长：43 厘米
体重：195~275 克
社会单位：群居
保护状况：无危
分布范围：澳大利亚东部

澳洲王鹦鹉的羽毛呈对比的红色和绿色，尾巴长且颜色较深。具有明显的性别二态性。栖息于海拔低于1625 米的亚热带和温带雨林潮湿的高地。繁殖期时它们除了在上述地区活动之外，也经常到靠近河流的稀疏草原。休息时，它们会到地势较低的种植园、公园和花园。它们于 9 月至次年 2 月间筑巢，雌鸟产 3~6 枚卵。

双色的喙
上颌为红色，喙尖为黑色；下颌为黑色。

颜色
雄鸟的头部、胸部和腹部为红色。

食物
它们通常在白天成群觅食，中午休息，下午再进食。主要的食物为种子、水果、坚果、芽和昆虫。

Aprosmictus erythropterus
红翅鹦鹉

体长：30~35 厘米
体重：120~210 克
社会单位：群居
保护状况：无危
分布范围：澳大利亚、巴布亚新几内亚和印度尼西亚

红翅鹦鹉从红树林中寻得食物，同样也吃各种水果、种子、花朵和昆虫。成群居住，最多数量可达 15 只，栖息地包括树林、金合欢树丛林、红树林、草原和种植园。某些群体为迁徙鸟类，但大部分为定居鸟。在澳大利亚北部的繁殖期为 4~5 月，南部的繁殖期为 8 月至次年 2 月。雌鸟产 3~6 枚卵。

Psittacus erithacus
非洲灰鹦鹉

体长：33 厘米
体重：400 克
社会单位：群居
保护状况：近危
分布范围：非洲中西部

非洲灰鹦鹉也被称为灰鹦鹉，身体结实，呈灰色，羽毛中等长度，为红色。它们为定居鸟且相当嘈杂，特别是在一大群聚集在一起休息时。它们栖息于热带常绿季雨林，但在沿海森林、红树林、种植园、公园和花园也可发现它们的踪迹。它们主要的食物为种子、坚果和浆果，同样也吃棕榈果的果肉，因此其有时候被认为是种植园的有害动物。雌鸟产 2~3 枚卵，孵化期为 21 天。雏鸟在出生 10 周后离开鸟巢。

Agapornis fischeri
费沙氏情侣鹦鹦

体长：15 厘米
体重：42~58 克
社会单位：群居
保护状况：近危
分布范围：坦桑尼亚

费沙氏情侣鹦鹦体形小，色彩艳丽优雅，经常被捕捉作为宠物进行买卖。它们的羽毛是呈对比的绿色和橙色，喙为红色。雄鸟和雌鸟的外观无性别差异。

主要栖息于海拔高度介于 1100~2200 米的草原和稀树牧场，在干旱季节时栖息于河岸森林。它们主要的食物为牧草、谷类、金合欢树的果实、草、浆果和其他果实。它们可能成群地在当地迁徙，特别是迁往种植区，在那里聚集成一大群，因此可能被认为是对农业有害的动物。繁殖期为 1~7 月，雌鸟产 4~6 枚卵，产于高度介于 2~15 米的树洞内。它们在树洞内用树枝和树皮碎片筑成巢穴。雌鸟孵卵的时间约为 23 天。雏鸟的外观和成鸟相似，在出生 38~42 天后开始飞行。

突出的眼睛
在眼睛的周围有突出的白色环。

颜色
胸部的颜色较淡，喉咙和脸部的颜色较深。

抢夺鸟巢
它们经常使用该地区一种雀形目鸟类——棕尾织雀（*Histurgops ruficauda*）所建造的鸟巢。

Ara ararauna
蓝黄金刚鹦鹉

体长：76~86 厘米
体重：0.9~1.28 千克
社会单位：群居
保护状况：无危
分布范围：南美洲和加勒比海地区

蓝黄金刚鹦鹉体形大，色彩鲜艳且嘈杂，拥有强而有力的黑色喙，用于进食时破坏种子和果实的硬壳，同样也有助于它们在树上攀爬。栖息于靠近水源的林区，为群居鸟，通常栖息在河岸地区，经常与其他同种类的鹦鹉共同居住。雌鸟产 2~4 枚卵。

Anodorhynchus hyacinthinus
紫蓝金刚鹦鹉

体长：68~100 厘米
体重：1.56 千克
社会单位：可变
保护状况：濒危
分布范围：南美洲中部

紫蓝金刚鹦鹉也被称为紫金刚鹦鹉，为全世界体形最大的鹦鹉。它们的羽毛颜色几乎一致地为紫蓝色。它们栖息于潘塔纳尔不同环境的沼泽地（棕榈树及稀树草原、森林、淹没的草原）以及巴西的塞拉多（森林边缘、灌木林和棕榈林）。它们的声音相当嘈杂，特别是在飞行的时候。为定居鸟，但因食物来源而季节性地迁徙。其主要食物为棕榈树的种子，偶尔也吃一些果实和福寿螺（福寿螺属）。为一夫一妻制，于 7~12 月间繁殖，并将鸟巢筑于悬崖或树洞。雌鸟产 2~3 枚卵，通常只有 1 枚孵化成功。

黑色大喙
相当有力，上颌很长且非常弯曲。

保护状况
它们的数目因为狩猎、森林砍伐和农业发展正逐渐减少。

Ara chloroptera
绿翅金刚鹦鹉

体长：85~90 厘米
体重：1~1.7 千克
社会单位：群居
保护状况：无危
分布范围：南美洲和巴拿马

绿翅金刚鹦鹉是全世界体形第二大的鹦鹉，排名在紫蓝金刚鹦鹉之后，猩红色的羽毛相当引人注目。翅膀为蓝色，具有鲜明的绿色带，跟绯红金刚鹦鹉（*Ara macao*）的翅膀相似，但绯红金刚鹦鹉翅膀的色带为黄色。栖息于森林、热带雨林，以及海拔高至 1400 米的草原。它们在树冠中寻找食物，主要的食物包括果实、种子、花蜜、花和花蕾，也吃泥土，摄取矿物质以帮助消化。为一夫一妻制，繁殖的时间介于 10 月至次年 2 月，并将巢筑于树洞或悬崖洞孔内。雌鸟产 2~3 枚卵，并负责孵化，孵化期为 28 天。雏鸟于出生后 90 天离开鸟巢。绿翅金刚鹦鹉可能和其他金刚鹦鹉集结成群。

翅膀色带
为绿色，通常只在飞行时才能被明显地看见。

Nandayus nenday
南达锥尾鹦鹉

体长：30~37 厘米
体重：140 克
社会单位：群居
保护状况：无危
分布范围：南美洲中南部

南达锥尾鹦鹉体形中等，特点较独特，羽毛通常为绿色，翅膀为蓝色，头部颜色为黑色。主要食物为棕榈果实，也吃农作物，因此它们可能被认为是对农业有害的动物。组成小群或大群一起寻找食物。将巢筑于树洞。雏鸟一直待在亲鸟身边，直至下一个繁殖期的来临。

Cyanoliseus patagonus
掘穴鹦哥

体长：42~47 厘米
体重：260~390 克
社会单位：群居
保护状况：无危
分布范围：阿根廷、智利，偶见于乌拉圭

掘穴鹦哥是体形中等的鹦鹉，尾长且尾羽呈阶梯状。它们共同聚集于峭壁和悬崖筑巢，聚集的数目可达数千只。栖息于开放式的空间，主要为半干旱的沙漠。雌鸟产 2~5 枚卵。它们跟其他同类鹦鹉一样会发出有力的鸣叫声，但声音较沙哑且柔和，颇具特色。它们是宠物交易的主要对象。

Pionus menstruus
蓝头鹦哥

体长：24~27 厘米
体重：220 克
社会单位：群居
保护状况：无危
分布范围：中美洲和南美洲

蓝头鹦哥的特色在于带有黑色斑点的蓝色头部，身体结实，尾巴较短。栖息于热带和亚热带的丛林边缘、森林、稀树草原、林地、田地甚至是种植园。它们在睡眠时聚集成一大群，白天时个别分成小群组寻找食物，主要食物为成熟的水果、种子、坚果和花朵。

Amazona leucocephala
古巴亚马孙鹦鹉

体长：28~33 厘米
体重：240~260 克
社会单位：成对或群居
保护状况：近危
分布范围：安的列斯群岛（古巴、开曼群岛和巴哈马）

古巴亚马孙鹦鹉的羽毛颜色通常为绿色，边缘为黑色，看起来像是鳞片，脸部和头部的颜色为白色或粉红色。冬季时它们会聚集成群，繁殖期时它们成对行动。主要的食物为水果和种子。除了栖息在阿巴科群岛地区的古巴亚马孙鹦鹉将巢筑于峡谷中的孔洞之外，其他区域的古巴亚马孙鹦鹉将巢筑于树洞。它们被人类捕捉作为宠物。

Enicognathus ferrugineus
南鹦哥

体长：33 厘米
体重：160 克
社会单位：群居
保护状况：无危
分布范围：阿根廷和智利

南鹦哥栖息于安第斯—巴塔哥尼亚地区的森林和一些开放区域，特别是其分布地的北部，可在海拔 2000 米以下的地方发现它们的踪迹。

为群居鸟，最多可达 100 只个体共同聚集在一起。它们喜欢栖息于人类居住的区域，主要食物为种子，但也吃水果、浆果、叶芽和花粉。繁殖期为夏季，介于 12 月至次年 1 月。它们的鸟巢建在树洞中，雌鸟产 4~8 枚卵。它们是所有鹦鹉中抵达非洲大陆最南端的物种。它们跟分布范围相对较小的尖嘴锥尾鹦鹉（*Enicognathus leptorhynchus*）相比，数量较少。它们是仅有的两种生活在南极次大陆森林中的物种。

面部特征 正面为暗红色。

羽毛 多为暗绿色，部分羽毛边缘为黑色，看起来如同鳞片。

Deroptyus accipitrinus
鹰头鹦鹉

体长：35 厘米
体重：190~275 克
社会单位：小群体
保护状况：无危
分布范围：亚马孙河流域

鹰头鹦鹉后颈部竖起的红色羽毛相当引人注目，羽毛尖端为绿松石色，展开时像鬃毛。要看到它们很不容易，因为它们习惯停歇于高大且修长的树木上，如同老鹰或其他猛禽一样安静地停在树上。尽管如此，它们黄色的虹膜相当显眼，甚至从远处就能看到。它们较喜欢栖息于不受干扰且未受水淹的原始森林和热带雨林。

杜鹃与蕉鹃

这两个群体有共同的进化史,但是它们的分布、发展、解剖结构和羽毛皆不相同。杜鹃以其某些物种的寄生行为而闻名,它们会将卵产在其他鸟类的鸟巢中,让其他鸟类喂养它们的雏鸟。蕉鹃的体形较瘦高,只栖息于撒哈拉沙漠以南的非洲地区。

一般特征

鹃形目鸟类包括杜鹃、大杜鹃、栗胸鹃、犀鹃、圭拉鹃、蕉鹃和走鹃。它们有适合行走和攀爬的脚,尾巴很长且呈阶梯状,羽毛的颜色柔和,主要以褐色、棕色、黄色和灰色为主。除了南极洲之外,它们分布于各个大陆,栖息于热带丛林、森林、草原和沙漠。

门:	脊索动物门
纲:	鸟纲
目:	鹃形目
科:	1
种:	138

身体特征

杜鹃和其亲缘鸟类的体形皆为中等。除了部分物种羽毛颜色较亮丽鲜艳之外,大部分物种的羽毛颜色都不那么鲜艳,呈介于灰色和褐色之间较淡的颜色,或介于黑色和灰色之间较深的颜色。很多物种的某些身体区域有条纹、斑点或全身为白色。通常眼睛周围的颜色和虹膜为全身颜色较明亮的区域。某些物种(金鹃属)的羽毛颜色为绿色和黄色,也有某些物种跟它们所寄生的鸟类的颜色相似。喙通常较长且有力,嘴尖稍微弯曲呈钩状。跟其他攀禽一样,它们的脚趾第二和第三趾朝前,第一和第四趾朝后。大部分物种的雄鸟和雌鸟之间外观无明显差异。

分布与栖息

除了南极洲之外,它们分布于各个大陆。在美洲,南部和北部的末端是它们不栖息的区域,也不栖息于非洲的沙漠,以及亚洲北部相当寒冷的区域。这些物种中分布最广泛的为大杜鹃(*Cuculus canorus*),它们栖息于欧洲和亚洲的众多区域,并且在冬季时迁徙至非洲南部越冬。尽管如此,大部分物种都有固定栖息的区域,例如仅栖息于特定岛屿,或与同属的物种栖息于同一区域,比如源自印度尼西亚的物种栗胸鹃仅栖息于马达加斯加群岛。大部分杜鹃及其亲缘鸟类栖息于森林和热带以及亚热带地区的雨林。它们同样也栖息于红树林、湿地、植树造林区、广场和花园。小走鹃(*Geococcyx velox*)栖息于灌木丛以及中美洲和墨西哥的沙漠,它们有多种适合行走的特征。该目鸟类的分布区为海拔低于2000米的区域。

寄生
许多物种有特殊的繁殖习惯,它们将卵产在其他鸟类的鸟巢中,让其他鸟类哺育它们的雏鸟。

行为

杜鹃及其亲缘鸟类主要单独行动，只有在繁殖期才有可能成对地走在一起。某些物种包括雄鸟和雌鸟都有可能会有多个不同的伴侣。有些物种也会集结成群，如犀鹃（犀鹃属）和圭拉鹃（*Guira guira*），它们会发出颇具特色的鸣叫声，让人联想到口哨声或者喉音。每个物种的鸣叫声都有非常突出的特点，它们用这些鸣叫声来吸引配偶或对已占领的领地宣示主权。

食物

它们主要的食物为昆虫，特别是毛毛虫，甚至也吃那些可能会伤害到其他鸟类的毛毛虫。大杜鹃和大斑凤头鹃（*Clamator glandarius*）的食物为具有大量刺激性物质的虫蛹。杜鹃及其亲缘鸟类也吃植物，主要为种子和果实。它们的大部分食物是栖息在树上的节肢动物，如蚱蜢和蜘蛛。某些物种也会吃小型的脊椎动物和其他鸟类或爬行类动物的卵。它们入侵其他鸟类的巢穴，将自己的卵寄生于此的同时可能还会吃其他鸟类的卵和雏鸟。

繁殖

它们的特殊行为已众所周知，特别是其生殖策略，因为很多物种都将自己所产的卵寄生在其他鸟类的巢穴中，也就是说让其他鸟类哺育它们的雏鸟。这种巢寄生方式会导致被寄生鸟类的繁殖成功率下降，下降的原因主要有三个：第一个是寄生的雌鸟在产卵时会将原本产在鸟巢内的1枚或多枚卵去除；第二个原因为寄生鸟巢剩下的原有卵因为被啄过，孵化成功率下降；第三个原因是寄生的雏鸟破壳后会驱逐原本在鸟巢内的其他鸟类的雏鸟或孵化中的卵，独享亲鸟的照顾。被寄生的鸟类偶尔会发现鸟巢内有寄生卵，它们会将寄生卵去除或直接放弃鸟巢。根据记录，常见的杜鹃物种中约有100种为寄生鸟，但一般只有约10种最常使用这种巢寄生方式。某些物种在进化过程中其卵的颜色跟寄生巢穴中卵的颜色会越来越相似，但这种寄生情况只可能发生在特定物种的身上。模仿行为甚至也出现在身体的外观方面。它们会模仿要寄生物种的体形和羽毛，让它们能靠近要寄生的物种且不打扰它们。例如家鸦（*Corvus splendens*）就会模仿它们所寄生的黑卷尾（*Dicrurus macrocercus*）。但是，并非所有的鹃形目鸟类都是寄生物种。某些杜鹃属物种会利用树枝和树叶建造鸟巢，甚至会产淡蓝色或绿色的卵。尽管如此，在食物量有限的时期，它们会将卵产在自己的鸟巢，也可能产在其他鸟类的鸟巢中。这种行为导致了巢寄生方式进化机制的发展。鸦鹃（鸦鹃属）所筑的巢呈球形，筑在靠近地面的区域，雌鸟所产的卵的颜色为白色，由双方共同孵化和哺育雏鸟。犀鹃（犀鹃属）哺育的方式较不一样，它们由多对伴侣一起建造一个大型的鸟巢，所有的雌鸟都将卵产在大型鸟巢中。然而，每只雌鸟会将其他雌鸟产的卵抛出，让卵的数量符合自己所产的数量，但到最后它们会弄不清楚哪些卵是自己的，从而也会停止抛卵的举动。

单独或成群
鹃形目鸟类通常都是单独行动，但某些物种会集结成群、共同筑巢并一起照顾雏鸟。

寄生鸟类

杜鹃和它们的亲缘鸟类是动物界中繁殖策略最惊人的动物，这种繁殖策略被称为巢寄生或寄生育雏。由雌鸟选择产卵的鸟巢，当鸟巢内的雌鸟暂时离开时，杜鹃就前往鸟巢，将部分或全部的原有卵抛弃，产下自己的卵。

消除竞争者
寄生的雏鸟可能会杀死它们的义兄妹或把它们挤出巢穴，或者吸引雌鸟的注意让它们能先被喂食。

杜鹃雌鸟会丢弃1枚或多枚寄生鸟巢内原有的卵。

并且用喙啄剩下的卵，降低孵化成功的概率。

杜鹃的雏鸟会逐出所有的原有卵或雏鸟，以便独占"养父母"的照顾。

蕉鹃

门：	脊索动物门
纲：	鸟纲
目：	蕉鹃目
科：	蕉鹃科
种：	23

体形由小型到中型皆有，喙短且略呈钩状，身体强健，腿细，翅膀呈圆弧状，尾巴长，大部分的物种有明显的冠。它们原产于非洲的森林地区。它们显眼的羽毛由两种不同的颜色组成。它们能自愿性地将两脚的两趾朝前，其余两趾朝后。

颜色
冠毛茂密且颜色较深，形状也较高耸；喙略呈钩状，颜色为黄色，嘴尖为红色。

长尾巴
颜色为黑色，有黄色的色带，尾端为蓝色。在非洲的某些区域它们的羽毛被制作成工艺品。

Corythaeola cristata
蓝蕉鹃

体长：70~76 厘米
体重：1.2 千克
社会单位：群居
保护状况：无危
分布范围：非洲中部

蓝蕉鹃为蓝蕉鹃属的唯一物种，也是蕉鹃中体形较大的物种。胸部上面和背部的羽毛为蓝色或蓝绿色；胸部的颜色为黄色或绿色，且有一条棕色的色带延伸至尾巴，有一个明显的冠。个性很害羞，在树林中行动敏捷且活跃，在树枝上跳跃和奔跑。它们有计划性地飞行，经常往下直冲啄取目标。经常栖息于低地的森林边缘、丛林河谷、山区的森林和草原。很难在树叶间发现它们的踪迹，但可通过鸣叫的合唱声找到它们，它们习惯一起合唱，有时会持续几分钟。它们成群生活，最多可达 20 只。它们主要的食物为果实，同样也吃叶子（主要是树叶，也吃葡萄藤和附生植物的叶子）、花和花蕾。在繁殖期它们会离开群体成对行动。雏鸟需要 2~3 年的时间成长为成鸟。鸟巢由双方共同用细树枝建造而成。雌鸟产 1~3 枚卵，之后由雌鸟和雄鸟共同孵化，孵化期为 30 天。哺育期间也由双方共同哺育。雏鸟大约在出生 33 天后离开鸟巢。

Tauraco leucotis
白颊蕉鹃

体长：43 厘米
体重：200~300 克
社会单位：群居
保护状况：无危
分布范围：非洲中部和南部

白颊蕉鹃的身体颜色为绿色，尾巴和翅膀为蓝色，翅膀的初级和次级飞羽为深红色。它们所吃下的食物消化快且不完整，因此每天都需要吃大量的水果。它们的鸣叫声跟猴子的叫声很像，栖息于树木高大的森林、雨林和树木繁茂的山谷。雌鸟产 1~3 枚卵，由双方共同孵化 21~24 天。雏鸟出生之后亲鸟以反刍的水果喂养它们，偶尔也吃节肢动物。

Tauraco persa
绿冠蕉鹃

体长：40~43 厘米
体重：225~290 克
社会单位：群居
保护状况：无危
分布范围：非洲，从安哥拉到塞内加尔

绿冠蕉鹃的羽毛颜色为深绿色。该鸟有两个亚种，可借由它们的眼睛分辨，其中一个亚种的眼睛下方有一条黑色的线，而另一个亚种没有。栖息于靠近河流的雨林附近，同样也可以在种植区和都市看到它们的身影。主要的食物为野生或栽培的水果、花、叶子，以及蜗牛和白蚁。雌鸟产 2~4 枚卵，孵化期为 21~24 天。

杜鹃与大杜鹃

门：	脊索动物门
纲：	鸟纲
目：	鹃形目
科：	杜鹃科
种：	138

中型鸟类，种类多样，其中两个主要的生物类型是有区别的：栖息于树上的物种体形较瘦长，背部较短；栖息于陆地的物种体形较粗壮，腿部较长且有力。所有的物种都有长尾巴，如同它们的舵一样，有助于它们在植物之间移动或行走。很多物种会将卵寄养在其他鸟类的巢穴中，但大多数会自己喂养后代。

Clamator glandarius
大斑凤头鹃

体长：43 厘米
体重：225~290 克
社会单位：群居
保护状况：无危
分布范围：欧洲南部和近东地区，冬季在非洲越冬

大斑凤头鹃的背部为棕色，下半部为奶黄色，尾巴很长，且尾羽很显眼。它们是一种有领地意识的鸟类，喜欢栖息于树木繁茂的地区和它们所寄生的其他鸟类的鸟巢中。这代表它们不孵化卵也不喂养雏鸟。大斑凤头鹃栖息的区域取决于其寄生鸟巢的鸟类品种所处的区域，它们通常会选择一些少数的物种寄生它们的卵。在欧洲，喜鹊（*Pica pica*）为最常被选择作为它们要寄生的鸟类，其次是小嘴乌鸦（*Corvus corone*），而在非洲南部最常被选作要寄生的鸟类则为海角鸦（*Corvus capensis*）。当鸟巢内原有的雏鸟出生时，它们会跟这些雏鸟竞争。因为它们成长得很快，所以必须大量进食。它们取得了"养父母"带回来的大部分食物，因此它们在出生8天后开始长羽毛时，体重就达到了成鸟的重量。

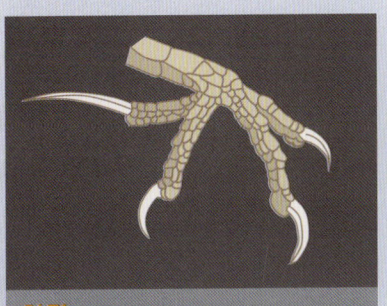

趾形
这个物种的成员可以自主性地将两趾朝前，两趾朝后。

白色斑纹
它们的褐色翅膀上有白色斑纹。

Cuculus canorus
大杜鹃

体长：43 厘米
体重：225~290 克
社会单位：独居或小群体
保护状况：无危
分布范围：欧洲、亚洲和非洲南部

大杜鹃是亚非拉地区最具象征性的鸟类之一，它们的声音、外观和习性都很特别。它们不自己筑巢，而是将卵寄生在其他体形比它们小的鸟类的鸟巢中，如欧亚鸲（*Erithacus rubecula*）和鹪鹩（*Troglodytes troglodytes*）。其主要食物为其他鸟类可能会讨厌的小毛虫，此外，也吃虫蛹、双翅目昆虫、蠕虫、蚯蚓，以及其他鸟类的卵和雏鸟。为了让卵的颜色跟其所寄生的鸟巢内的卵的颜色相似，每个大杜鹃族群的卵的颜色都各不相同。

Coua gigas
大马岛鹃

体长：62 厘米
体重：415 克
社会单位：独居或小群体
保护状况：无危
分布范围：马达加斯加

大马岛鹃习惯栖息于陆地，为该区域常见的物种。羽毛颜色为青铜色，眼周裸露的皮肤为蓝色。它们的尾巴很长，颜色为带有金属色泽的黑色。

栖息于原始森林的高大树木和雨林。主要食物为种子、昆虫和小型脊椎动物。跟其他杜鹃不同，11~12月间它们自己在树上筑巢。雌鸟大约产3枚白色的卵。

Coccyzus americanus
黄嘴美洲鹃

体长：26~30 厘米
体重：55~65 克
社会单位：独居
保护状况：无危
分布范围：加拿大至墨西哥。迁徙至中美洲，抵达阿根廷中部和北部地区

黄嘴美洲鹃的背部为褐色，腹部为白色或灰色，翅膀为红褐色，长尾巴有白色斑点。栖息于森林和茂密的灌木林。主要的食物为昆虫，但同样也吃果实、蜥蜴和其他物种的卵。它们将半球状的鸟巢筑于低的树枝或灌木上。它们可能将卵寄生在其他物种的鸟巢中，甚至也寄生于同物种的鸟巢中。雌鸟产3~4枚卵，由双方共同孵化14天。雏鸟出生一周后能在树枝上行走，在出生后的17~21天离开鸟巢。

识别
飞羽偏红色。

Clamator levaillantii
莱氏凤头鹃

体长：37.5~40 厘米
体重：150 克
社会单位：独居或小群体
保护状况：无危
分布范围：撒哈拉沙漠以南的非洲地区

莱氏凤头鹃的羽毛颜色有两种，一种颜色较明亮，另一种较深。后者除了翅膀的白斑点和外侧尾羽的白色小斑点之外全为黑色。为一夫一妻制，将卵寄生在其他鸟类特别是夜鹰的鸟巢中。雌鸟产4枚白色的卵，如果寻得的鸟巢已被卵占满，它们会攻击原有的卵，将它们移开，之后产下自己的卵。它们的雏鸟比原有鸟巢内的雏鸟成长速度快，在"养父母"的鸟巢中被喂养36天之后离巢。其主要食物为种子、在树林地面寻得的果实以及它们飞行中捕捉到的昆虫。

Piaya cayana
灰腹棕鹃

体长：43~46 厘米
体重：98~110 克
社会单位：独居
保护状况：无危
分布范围：从墨西哥北部至巴拿马南部，南美洲至阿根廷北部

灰腹棕鹃像猫科动物一样，在树枝间移动的方式让它们有"猫的灵魂"的称号。它们的动作和颜色也跟猫相似，背部为棕色，胸部为肉桂色，腹部为灰色。它们的尾巴较长，颜色呈渐层状。栖息于森林，在那里以昆虫、蜘蛛、蜥蜴、水果为主要食物，偶尔也吃鸟卵。将鸟巢筑于树上，雌鸟产4枚卵，由双方共同孵化，也由双方共同喂养雏鸟。

Carpococcyx renauldi
瑞氏红嘴地鹃

体长：69 厘米
体重：400 克
社会单位：独居
保护状况：无危
分布范围：柬埔寨、老挝、泰国和越南

瑞氏红嘴地鹃的颜色相当引人注目，头部为深色，跟身体的灰色羽毛形成鲜明对比。喙为红色，眼睛为黄色，脸部为蓝色。栖息于热带和亚热带的森林。它们的主要食物为果实，以及在森林地面寻得的节肢动物。

不存在性别二态性，无法分辨出为雄鸟或雌鸟。它们的长腿让它们可以敏捷且快速地行走，因此它们较喜爱行走。虽然如此，在遇到威胁时，它们也有能力进行短而有力的飞行。卵的孵化期为28天。雏鸟出生30天后便可以开始自己觅食，出生60天后就可以脱离父母开始独立生活。

腿
腿很长，这表明它们是一种陆地鸟。

Geococcyx californianus
走鹃

体长：52~62 厘米
体重：220~300 克
社会单位：独居
保护状况：无危
分布范围：美国南部和墨西哥北部

走鹃的体形瘦长，羽毛上有条纹，黑色的冠朝上直立着，尾巴较长。栖息于沿海干旱地区、山麓、山谷和沙漠地区，所栖息地区的海拔高度低于900米。它们不是迁徙鸟类，在沙漠寒冷的夜晚，它们的体温会下降，并进入一种嗜睡的状态，这是一种防护机制，使它们能承受恶劣的环境条件，并节省体力。它们为陆地鸟，会从灌木或乔木上进行小距离的飞行，飞往地面。此外，它们也能快速行走。饮食方面它们是机会主义者，主要的食物包括蝗虫、蝎子、蜥蜴、小蛇和响尾蛇（响尾蛇属），偶尔也吃卵、雏鸟、种子、果实、蝙蝠和腐肉。几乎很少看到它们喝水，因为它们不知道需要直接取得该资源。它们为一夫一妻制，在求偶时期雄鸟会提供树枝和食物。雌鸟将鸟巢筑于乔木或灌木（包括仙人掌）上，鸟巢所筑的高度多变，通常介于1~3米。它们的身体结实，翼展约为30厘米，通常藏身藏得很好。由雄鸟负责提供筑巢的材料。雌鸟产2~8枚卵，孵化期为20天，白天由双方共同孵化，晚上只由雄鸟负责孵化。偶尔它们也将卵寄生在其他鸟类的鸟巢中，特别是渡鸦（*Corvus corax*）的巢穴中。雏鸟由雄鸟和雌鸟共同哺育。雏鸟在出生18天之后离开鸟巢，不久之后就有自己觅食的能力。

长尾巴
像舵一样的长尾巴，有助于它们奔跑，以及在飞行速度为35千米/时的情况下转弯。

麝雉

门	脊索动物门
纲	鸟纲
目	麝雉目
科	麝雉科
种	1

麝雉目是鸟类当中独一无二的，因为只由麝雉（*Opisthocomus hoazin*）这一个物种组成。据估计，它们大约在55万年前起源于南美洲。

Opisthocomus hoazin
麝雉

体长：65 厘米
体重：900 克
社会单位：群居
保护状况：无危
分布范围：南美洲北部

麝雉的体形跟母鸡差不多，长尾巴，翅膀宽且短。头部较小，喙短且粗。脸部有裸露的皮肤。其橙色冠引人注目。眼睛大且呈红色。它们为陆地鸟，很少飞行。它们相当有自信且吵闹，经常发出鸣叫声。其主要食物为叶子、少数的花和果实。它们通过细菌发酵的过程消化食物，跟反刍动物的情况类似，这个消化过程在它们食管的嗉囊中进行。所有的鸟类都有嗉囊，但麝雉的嗉囊尺寸较大。它们所食入的芳香植物通过上文所述的发酵过程，产生一种相当难闻的气味，基于这个原因，它们很少被捕抓。栖息于湿地和海岸地区。繁殖期为雨季，它们会汇集成小群体一起繁殖，并使用树枝将鸟巢筑于水上。栖息的区域为潮湿的环境和海岸地区。雌鸟产2~3枚卵，雏鸟以亲鸟储存于嗉囊的反刍食物为食。雏鸟在刚出生时翅膀上有两只爪子，让它们可以在树枝间滚动，以尽可能地躲避天敌。

夜行鸟

夜行鸟集中在黄昏和黎明之间活动。它们的羽毛柔软,可以很安静地飞翔。视觉和听觉等感官发达,能适应在黑暗中生活。猫头鹰和雕鸮、夜鹰、北美夜鹰,以及其他亲缘鸟类,皆能适应这个给它们带来许多好处的夜间生活方式。

一般特征

夜行鸟拥有适应夜间生活的特性,但也有在白天活动的物种。它们的头部和眼睛都很大,羽毛的颜色和图案非常柔和,使它们能够和周围的环境融为一体。体形较小的物种主要以昆虫为食,而大型物种吃各种捕获的猎物,特别是小型脊椎动物。夜鹰目的鸟类张开它们的大喙捕捉猎物,鸮形目鸟类则用它们强大的爪子捕捉猎物。主要栖息于热带雨林和森林。

门:	脊索动物门
纲:	鸟纲
目:	2
科:	7
种:	298

夜晚的娇客
眼睛和瞳孔很大,羽毛松散柔软,以及无声的飞行,都是这些夜行性鸟类的主要特征。

描述

鸮形目鸟类由猫头鹰、雕鸮、小鸮、角鸮、灰林鸮和其他鸟类所组成。夜鹰目鸟类由夜鹰、林鸱、油鸱和茶色蟆口鸱所组成。鸮形目鸟类有结实的腿和利爪,它们的脚有羽毛,脚趾两趾朝前,两趾朝后,以便它们能更容易捕捉和抓住猎物。夜鹰目鸟类的脚比较弱小。鸮形目鸟类能运用它们敏锐的听力在夜间定位和捕捉猎物,它们的听觉能力可以让它们分辨每个声音的到达时间。通过这样的方式它们可以比较每个声音抵达的时间,并计算其水平和垂直平面的距离。尽管它们有时候会被人类将其跟老鹰归类在一起,但鸮形目鸟类的进化过程跟老鹰完全不同,而它们跟夜鹰目鸟类有密切的关系。鸮形目鸟类跟昼猛禽有相似的特征,例如它们有强而有力的爪子以及尖锐且呈钩状的喙。夜鹰目鸟类刚好相反,它们的腿相当虚弱无力,喙很大,稍微弯曲。鸮形目鸟类的特色在于它们的体形大小相当多样,包括体形很小的姬鸮(*Micrathene whitneyi*),至体长为75厘米的毛腿渔鸮(*Bubo blakistoni*)。夜鹰目鸟类是体形相对较小的鸟类,其中体形最大的为大林鸱(*Nyctibius grandis*),体长约为50厘米,但它们的尾巴比任何猫头鹰的尾巴都长。鸮形目鸟类和夜鹰目鸟类的头部都很大,颈部很短。

鸮形目鸟类的眼睛较发达,不像夜鹰目鸟类(裸鼻鸱科除外)和其他大部分鸟类那样都只能看向前方。鸮形目鸟类眼睛的视角是固定的,头部可以旋转约270度观看四周,但大家普遍认为它们能一次旋转360度。鸮形目鸟类和夜鹰目鸟类的视觉能力都相当好,特别是在阴暗的环境下,因此它们大部分都在夜晚捕捉猎物。它们的羽毛都很柔软,可以在飞行时不发出声响。羽毛的颜色为灰色或褐色,有斑点或条纹,使它们能够伪装。某些品种的猫头鹰身体部分区域的羽毛颜色为白色,而雪鸮(*Bubo*

眼睛

夜鹰目鸟类和鸮形目鸟类都有大眼睛,且视觉能力很好。鸮形目鸟类的眼睛位于正面,使它们能通过双眼计算距离。它们头部周围的羽毛排列成盘状,使它们能够将灵敏的声波传达至耳朵。夜鹰目鸟类眼睛的视网膜后面有一层由虹彩色素组成的视杆细胞,使它们的眼睛在夜晚时能发光。

鸮形目鸟类
它们的眼睛位于正面,视角固定,但是它们的头部可以旋转270度。

夜鹰目鸟类
跟大部分鸟类一样,它们的眼睛位于头部两侧,由被称为绒毡层的感觉细胞组成。

scandiacus)则是全身羽毛均为白色,能适应北极的环境。大部分物种雄鸟和雌鸟的外观无明显差异。大约有一半的雕鸮物种的头部两侧有被认为是"耳朵"的白羽毛,但无听觉功能,仅用于伪装。这种白羽毛是树栖鸟类的典型特征。夜鹰目鸟类跟鸮形目鸟类不同的地方在于它们的翅膀和尾巴较长。

分布与栖息

鸮形目鸟类分布于除了南极洲之外的所有大陆。大部分的物种栖息于热带地区。仓鸮(*Tyto alba*)和短耳鸮(*Asio flammeus*)为世界性物种,但短耳鸮不存在于澳大利亚,而某些物种仅在某些大陆或岛屿生存,例如角鸮属的物种。夜鹰目鸟类分布的范围较窄,除了不栖息在南极洲之外,也不栖息于北极和大部分的海洋岛屿。鸮形目鸟类和夜鹰目鸟类皆栖息于热带雨林和针叶林,甚至也栖息于半沙漠地区,但不栖息于地势太高的区域和干旱的沙漠区。虽然它们不擅于捕捉水中生物,但横斑渔鸮(*Scotopelia peli*)是捕捉鱼类和两栖动物的专家,它们栖息于非洲地区的河流和湖泊。某些物种已经适应都市的生活环境,如种植区或造林区。

行为

夜鹰目鸟类活跃于黄昏至夜间。猫头鹰以它们的夜行性习性而闻名,但也有某些物种活跃于白天。夜行性鸟类在白天潜伏起来。鸮形目和夜鹰目的大部分物种都能发出有力且声调多变的鸣叫声,它们将这些声音用于吸引或惊吓同类。这些情况主要发生于繁殖期,主要是当它们在界定领地或想吸引伴侣的时候。约有20种猫头鹰物种为迁徙鸟类,其他的物种则为了适应它们猎物的生命周期,采取游牧的生活方式,当食物数量减少时便迁徙至新的区域。

繁殖

大部分的猫头鹰和雕鸮在繁殖期间具有领地性。然而,某些物种如穴鸮(*Athene cunicularia*),挖掘的巢穴通常非常接近。夜鹰目鸟类和鸮形目鸟类皆为一夫一妻制,在大部分情况下由双方共同照顾雏鸟。体形较小的猫头鹰物种居住于树洞,而其他体形较大的物种会自己挖洞穴或使用其他哺乳类动物建造于悬崖的洞穴、其他鸟类建造的鸟巢,或人类的建筑物,如棚或尖塔。除了油鸱(*Steatornis caripensis*)用它们所吃果实的反刍物筑巢外,夜鹰目鸟类通常将巢筑于地面。这两个目的鸟类所产的卵皆为白色圆形卵。

食物

夜鹰目鸟类的食物主要为虫类,某些物种也吃小型脊椎动物,但不包括油鸱,油鸱的主要食物为果实。鸮形目鸟类为食肉动物,它们吃各种捕捉到的活猎物,但偶尔某些物种可能也吃腐肉。大部分物种较喜欢吃无脊椎动物和小型啮齿目动物。少数物种吃鱼类和两栖动物。

感觉毛
夜鹰目鸟类已经进化,长且硬的羽毛环绕在喙的周围。这些感觉毛的功能使它们便于在飞行中感觉和捕捉昆虫。

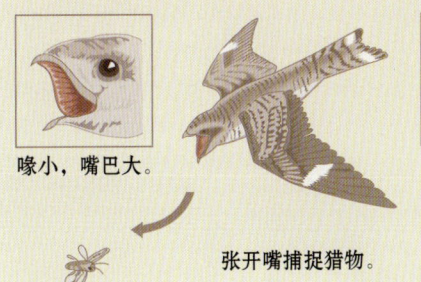
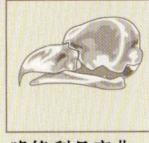

喙小,嘴巴大。 张开嘴捕捉猎物。

喙锋利且弯曲。 通过爪子捕捉猎物。

夜鹰目鸟类
它们的喙大而扁平,可在飞行时张开以捕捉昆虫。反之,当它们闭起嘴巴时,喙看起来则较小。

鸮形目鸟类
它们捕获猎物的方式跟猛禽相似。使用有力且锋利的爪子,以及弯曲且呈钩状的喙捕捉猎物。

猫头鹰和雕鸮

门：	脊索动物门
纲：	鸟纲
目：	鸮形目
科：	2
种：	180

鸮形目包括夜行性的猎禽、猫头鹰、雕鸮等草鸮科和鸱鸮科的鸟类。它们的特点为头部较大，喙短，爪子有力，视觉和听觉能力相当发达。眼睛位于正前方，双目视野宽广，这使得它们可以更精确地捕捉猎物。

Tyto alba
仓鸮

体长：45厘米
体重：400克
翼展：107~110厘米
社会单位：独居
保护状况：无危
分布范围：全世界

仓鸮的腹部为白色（某些亚种的腹部可能为棕黄色），甚至连翅膀也为白色；背部为褐色，有一些斑点。它们被认为是全世界最成功的鸟类之一，在各个大陆都可以看到它们的身影。它们找到了占据许多海洋岛屿和许多区域的方法，是一种常见的物种。同样也被称为谷仓猫头鹰或猴面鹰，通常在人类的建筑物上筑巢，特别是已经被遗弃的建筑物和废墟上。其主要食物为啮齿目动物、昆虫、两栖动物和爬行动物，有时也吃鸟类和蝙蝠。它们的视野范围为110度，大部分为双目视野。这为它们捕捉猎物提供了更强的精确性。头部的羽毛能让它们接收声音。它们在将猎物吞下之前，会先使用喙弄碎所捕获猎物的头骨，之后将不能消化的物质（头发、骨头、牙齿）反刍出来，科学家可以通过这些物质分析它们的饮食。它们会在夜晚发出咝咝的声音或者是嘈杂的尖叫声。在繁殖期可能将卵产在树上或其他鸟类的鸟巢中。雌鸟产2~9枚卵，产第1枚卵和最后1枚卵的时间相隔好几天，导致雏鸟体形的大小相差很多。

雏鸟
孵化期为32~40天，雏鸟在鸟巢中居住60~80天。

Tyto novaehollandiae
大草鸮

体长：40~45厘米
体重：400~600克
翼展：129厘米
社会单位：独居
保护状况：无危
分布范围：澳大利亚、印度尼西亚、新几内亚岛南部

大草鸮的羽毛颜色多变，可能是苍白的、明亮的或是深色的，但都有相同的排列方式：面盘颜色由棕色至白色，周围环绕深色。上半部区域由黑色或棕色至灰色或白色，且有斑点。

它们分布于非沙漠地区，首选的栖息地是桉树林。使用树洞筑巢。产1~4枚卵。雌鸟负责孵化和照顾雏鸟，雄鸟负责寻找食物。孵化期为33~35天，也可能更久。

占领的区域范围为500~1000公顷，这取决于它们所吃的小型至中型的哺乳类动物所分布的范围。很难解释为什么这个物种在自然界中的分布这么少，但是它们所吃的食物却具有灵活性，且能适应不同的栖息地。

Ptilopsis granti
南白脸角鸮

体长：22~28 厘米
体重：185~220 克
翼展：68 厘米
社会单位：独居
保护状况：无危
分布范围：撒哈拉沙漠以南的非洲地区

南白脸角鸮的头部为灰色，眼睛为黄色或橙色。体形中等，栖息于林地和干旱的山区。雄鸟和雌鸟的外观相似。主要的食物为无脊椎动物、小型哺乳动物、鸟类和爬行动物。

为一夫一妻制。产 2~4 枚卵，将卵产在其他鸟类遗弃的鸟巢或树洞中。孵化期约为 30 天。雏鸟出生后 1 个月可自主生活。

Bubo scandiaca
雪鸮

体长：51~69 厘米
体重：1.1~2 千克
翼展：1.37~1.64 米
社会单位：独居
保护状况：无危
分布范围：极地

隐藏的喙
羽毛浓密，几乎看不见喙。

羽毛
羽毛的颜色使它们容易藏身在雪地里。

雪鸮的体形大，为苔原地区最厉害的带翼的猎鸟之一。跟大部分猫头鹰不同，它们主要在白天活动。雄鸟和雌鸟可依据其羽毛分辨：雄鸟可能为全白色，尾巴有三条深色的线条，雌鸟和雏鸟的羽毛大部分区域为黑色。腿部完全长满羽毛，虹膜为黄色，喙很大，呈黑色。

主要食物为旅鼠（旅鼠属），如果食物稀少，它们同样也捕捉北极兔、雪松鸡、旱獭、水鸟作为食物，甚至也吃鱼和腐肉。它们将巢筑于地势较高的地面。雌鸟产 5~8 枚卵，孵化期为 32~34 天。栖息的领地面积和密度跟它们猎物的波动有很大的关系。

Otus senegalensis
非洲角鸮

体长：17~20 厘米
体重：45~120 克
翼展：40~45 厘米
社会单位：独居
保护状况：无危
分布范围：非洲中部和南部、阿拉伯半岛

非洲角鸮是一种小型的猫头鹰，羽毛的形状跟耳朵的形状相似，颜色分为两个色层，分别为灰色和红色。雄鸟和雌鸟的外观和羽毛颜色皆相似。栖息于林木繁茂的热带草原，有时也栖息于花园。是夜行性鸟类，斑驳的羽毛让它们可以在白天待在植被中而不被发现。它们从高处降落或直接从地面猎捕脊椎动物、鸟类、小型哺乳动物和爬行动物作为食物。很少飞行，飞行距离很短。它们将巢筑于树洞中，偶尔也筑于建筑物内。雌鸟产 4~6 枚卵，孵化期为 25~27 天。雄鸟潜伏猎食，在孵化过程中提供食物给雌鸟。雏鸟孵化完成之后由双方共同喂养，在夜晚时它们的喂养次数可达 66 次。雏鸟在 1 个月后离开鸟巢，此时它们的体形大小大约已达成鸟的 75%。

白天潜伏
羽毛的颜色与树皮相似，以防它们白天休息时被天敌发现。

Bubo bubo
雕鸮

体长：60~75 厘米
体重：1.5~4.2 千克
翼展：160~180 厘米
社会单位：独居
保护状况：无危
分布范围：阿拉伯半岛，亚洲西伯利亚和南部

雕鸮是世界上体形较大的猫头鹰之一。身体结实，羽毛颜色为深褐色，带有黑色的斑点，广泛分布于各种区域。它们有能力捕杀大型的野兔和幼鹿，以及像苍鹭大小的鸟类，甚至也捕食鸮或普通鵟（*Buteo buteo*）。此外，它们也吃两栖动物、爬行动物、鱼类和昆虫。

Scotopelia peli
横斑渔鸮

体长：55~63 厘米
翼展：150 厘米
体重：2~2.3 千克
社会单位：独居
保护状况：无危
分布范围：撒哈拉沙漠以南的非洲地区

横斑渔鸮是一种在夜间于河流和湖泊的水面捕鱼的大型雕鸮。棕红色，头部为圆形，黑色的大眼睛，背部有条纹。雄鸟和雌鸟的外观相似，但雌鸟羽毛的颜色可能较淡且体形较大。跗关节和脚趾没有羽毛，可避免捕鱼时弄湿。虽然它们习惯栖息于雨林和森林，但也可以在半沙漠地区和沿岸树林区发现它们的身影。主要的食物为体重介于 100~200 克的鱼类，但有时候它们也会捕捉体重达 2 千克的鱼类，也捉螃蟹，甚至还捉小鳄鱼。它们将鸟巢建于离地面 3~12 米的树洞内。雌鸟产 2 枚卵，但通常只喂养 1 只雏鸟。孵化期为 32~33 天，雏鸟出生 68~70 天之后离开鸟巢。

Glaucidium gnoma
山鸺鹠

体长：16.5~18.5 厘米
翼展：38 厘米
体重：62~73 克
社会单位：独居
保护状况：无危
分布范围：加拿大大西南部、美国西部、墨西哥西北部

山鸺鹠栖息于树木繁茂的区域，黄昏至黎明期间较活跃。羽毛颜色有三种变化或呈渐层状。主要食物为小型哺乳动物、鸟类、爬行动物和两栖动物。可以捕抓比它身形大 3 倍的猎物。它们筑巢的地点取决于啄木鸟所啄的洞孔所处的位置。

Glaucidium nanum
南鸺鹠

体长：20~21 厘米
翼展：37 厘米
体重：59~95 克
社会单位：独居
保护状况：无危
分布范围：阿根廷、智利

南鸺鹠活跃于白天，但很难看到它们的身影。栖息的区域相当广泛，甚至也栖息于公园和花园。它们具有攻击性。主要的食物为鸟类、昆虫、哺乳动物和爬行动物，它们能捕获体形相当大的猎物。某些栖息于南方的群体会往北方迁徙。在 9~11 月间雌鸟会产 3~5 枚卵，产于树洞、树枝的分叉区域、地面的洞孔或人类建筑物的洞孔。它们也经常抢夺啄木鸟的鸟巢。孵化期为 15~17 天。

Ninox strenua
猛鹰鸮

体长：45~65 厘米
翼展：1.12~1.35 米
体重：1.3~1.7 千克
社会单位：独居或小群体
保护状况：无危
分布范围：阿根廷东南部

猛鹰鸮为一种强大的猫头鹰，其外观让人想起苍鹰（鹰属）。它们总是成对行动，为夜行鸟。飞行速度相当慢，且非常积极地捍卫自己的领地。雄鸟的体形比雌鸟大，头部较宽，背部为灰色，有白色条纹，腹部为白色。树栖的哺乳类动物以及熟睡中的大型鸟类是它们主要的狩猎对象。繁殖期在冬季。产 2 枚卵，由雌鸟负责孵化，也由雌鸟喂养。

Glaucidium perlatum
珠斑鸺鹠

体长：17~20 厘米
翼展：40 厘米
体重：36~147 克
社会单位：独居
保护状况：无危
分布范围：撒哈拉沙漠以南的非洲地区

珠斑鸺鹠是撒哈拉沙漠以南地区最常见的鸱鸮科鸟类之一，也是非洲最常见的在白天活动的猫头鹰。它们可以 24 小时狩猎。主要食物包括蜥蜴、老鼠、昆虫和蝙蝠。跟它的亲缘鸟类一样，在寻找猎物时会移动头部，跟尾巴移动的方向相同，从一边移至另一边。为具领地性的鸟类。它们会破坏其他鸟类在树洞筑的巢，之后建造自己的巢。雏鸟在出生 30 天之后离开鸟巢，但不会离太远，并由亲鸟继续喂养几周。

Strix nebulosa
乌林鸮

体长：61~84 厘米
翼展：1.4~1.52 米
体重：790~1750 克
社会单位：独居
保护状况：无危
分布范围：北美洲、欧洲和亚洲

乌林鸮也被称为大灰雕鸮。栖息于北美洲、欧洲、亚洲的针叶林，范围从苔原边境向南延伸。它们的寿命很长，最长可达 40 年。飞行的时间很短，飞行时接近地面，扑翅是非常温和且安静的。在清晨和傍晚时分特别活跃。尽管它们的体形很大，但主要的猎物为小型啮齿目动物，占它们饮食的 80%~90%。有时候还会捕捉一些鸟类作为食物。它们在捕捉猎物时会先在高处监视猎物，之后向下俯冲捕捉猎物。它们吐出的食丸长度可达 10 厘米。在繁殖时期寻找乌鸦的鸟巢或其他日行性鸟类的巢穴产卵，通常为 3 枚。雄鸟的体形比雌鸟小，它们以提供食物的方式追求雌鸟。跟大多数亲缘鸟类不同，它们会使用鹿毛、松针、苔藓和树皮翻新将要使用的鸟巢。它们选择的鸟巢通常靠近森林中的空地，并且它们会勇敢地捍卫自己鸟巢所处位置的领地。孵化期为 28 天，由雌鸟负责孵化，雄鸟负责提供食物。雏鸟在出生 1 个月之后有攀爬的能力，渐渐离开鸟巢，8 周后完全离开鸟巢，之后仍依靠亲鸟喂养数月。

面盘
面盘为其亲缘鸟类之中最大的。

身体特色
羽毛多且茂密，虽然是夜行性猫头鹰中体形最大的，但其重量不是最重的。

Pulsatrix perspicillata
眼镜鸮

体长：43~46 厘米
体重：453~906 克
社会单位：独居
保护状况：无危
分布范围：墨西哥至阿根廷北部

眼镜鸮是一种大型猫头鹰，主要栖息于热带雨林。羽毛颜色为深棕色，腹部为黄色，颈部有白色斑点，胸部有深色的色带。为夜行性鸟类，白天躲藏于树叶之间，在黄昏时开始活跃。主要食物为昆虫、蜥蜴和鸟类，甚至也吃中型哺乳动物。研究人员发现，它们在某些特定的区域也捕捉螃蟹作为食物。

将鸟巢筑于树洞，之后雌鸟产 2 枚卵，孵化期为 35 天，通常只有 1 只雏鸟存活。雏鸟在出生 6 周之后离开鸟巢，并与亲鸟共同生活一年。

显著特征
环绕在眼睛周围的白色羽毛相当引人注目，因此，它们同样也被称为眼镜猫头鹰。

夜间视力
眼睛很大，位于正面，有圆形瞳孔，且视网膜上有大量的感光细胞，使它们可以在夜间于丛林中狩猎。

Strix aluco
灰林鸮

体长：41~46 厘米
翼展：97~105 厘米
体重：410~800 克
社会单位：独居
保护状况：无危
分布范围：欧洲、非洲西北部、中东、东南亚

灰林鸮的头部为圆形，羽毛有两种基本颜色，分别为褐色和灰褐色。它们为夜行性鸟类，但偶尔也活跃于白天。它们飞行敏捷，但较常看见它们降落在开放的空间休息。为机会主义者，主要的食物为昆虫、鸟类、青蛙、鱼类和贝类。雄鸟和雌鸟一整年都留在自己的领地。雌鸟最多产 6 枚卵，孵化期为 28~30 天。它们会凶猛地捍卫自己的鸟巢，甚至会攻击人类。它们的声音相当嘈杂，经常会发出声调不同的鸣叫声相互沟通。

夜鹰及其他

门	脊索动物门
纲	鸟纲
目	夜鹰目
科	5
种	118

夜鹰目鸟类包括夜鹰（夜鹰科）、林鸱（林鸱科）、油鸱（油鸱科）和蟆口鸱（蟆口鸱科）以及裸鼻鸱（裸鼻鸱科）。它们的头部和眼睛很大，夜间视力很好，喙很宽，羽毛柔软，色彩神秘。除了极地和新西兰的岛屿之外，它们分布于世界各地。

Steatornis caripensis
油鸱

体长：40~49厘米
体重：350~485克
翼展：107厘米
社会单位：群居
保护状况：无危
分布范围：安第斯山脉，特立尼达岛至玻利维亚

　　油鸱的羽毛色调为红棕色和棕褐色，有形状和大小不同的白斑点。是夜鹰目鸟类唯一在夜间吃果实的鸟类，也是在夜间极黑的环境中能通过回声定位导航的唯一夜鹰目鸟类。栖息于洞穴中，并在那里群居。为了能在黑暗的环境中飞行，飞行时会发出4~10千赫兹的鸣叫声定位。繁殖期雌鸟会产2~4枚卵，产在墙壁上的孔洞内。孵化期为33天。雏鸟每天的进食量为其体重的1/4。主要食物为棕榈果，如桃棕（*Bactris gasipaes*）以及其他至少23种棕榈科果实。

Podargus strigoides
茶色蟆口鸱

体长：35~53厘米
体重：200~650克
翼展：65~98厘米
社会单位：群居
保护状况：无危
分布范围：澳大利亚大陆和塔斯马尼亚

　　茶色蟆口鸱的羽毛颜色通常为银灰色，有黑色和红色的斑点和条纹。它们在白天相当神秘，会停顿且静止不动，很像一棵树的干枯的树枝。如果它们觉得受到威胁，会使用站立姿势，将羽毛展平，保持静止，使其伪装更逼真。雄鸟和雌鸟的外观相似，但雄鸟的体形较大。飞行时相当安静。它们交替栖息于树林区，较喜欢森林、公园以及城市的花园。主要的食物为昆虫，但有时可能也会吃啮齿动物和两栖动物。某些猎物，如飞蛾，它们会通过飞行捕捉。

　　茶色蟆口鸱为一夫一妻制，雌鸟产1~4枚卵，产在筑于树枝上的鸟巢中。孵化期为28~32天，双方共同轮流孵化。雏鸟在出生25~32天后离开鸟巢。

Batrachostomus auritus
大蟆口鸱

体长：41厘米
体重：200克
翼展：40厘米
社会单位：群居
保护状况：近危
分布范围：东南亚（文莱、印度尼西亚、马来西亚和泰国）

　　大蟆口鸱的羽毛为棕褐色，柔软且有斑点，在颈部上半部区域有白色像衣领般的色带，覆羽有白色小斑点。它们是一种较少见的物种。2010年，研究人员对它们的一个鸟巢进行研究，以了解它们繁殖方面的某些特点。雌鸟跟雄鸟共同孵化和照顾雏鸟。只孵化1枚卵，孵化期为32天，鸟巢使用植物建造而成，特别是干树叶，并用羽毛铺底。它们使用节肢动物喂食雏鸟。

　　这个物种的多寡似乎取决于其原生林，原生林目前正逐渐消失中，它们的生存正陷入困境。

Podager nacunda
纳昆达夜鹰

体长：28 厘米
体重：156 克
翼展：50 厘米
社会单位：独居或群居
保护状况：无危
分布范围：南美洲北部至阿根廷和乌拉圭中部

纳昆达夜鹰的名称以瓜拉尼语"*nacundá*"命名，意指"大嘴巴"。翅膀较长但不宽，雄鸟的翅膀有白色斑点，雌鸟的腹部有条纹。是一种体格强健的鸟类，可在黄昏时看到它们成群飞行。群组成员之间通过发出的短暂的鸣叫声沟通。栖息于热带草原、湿地和住宅区，将鸟巢筑于地面和开放性的广阔草地。主要食物为飞蛾和大型昆虫。通常在灯或灯柱下寻找它们的猎物。

翼带
白色的翼带在雄鸟的翅膀上较明显。

飞行
通常是缓慢平直的。

Nyctibius griseus
普通林鸱

体长：33~41 厘米
体重：160~190 克
翼展：85~95 厘米
社会单位：独居
保护状况：无危
分布范围：中美洲、南美洲至阿根廷和乌拉圭北部

普通林鸱的羽毛颜色为咖啡灰，肉冠上有黑色细条纹，体格强壮，为夜行食虫性鸟类，栖息于开阔的森林和热带草原，也栖息于森林边缘和城镇附近。它们会停在树冠或树下休息。捕捉猎物时张开嘴巴飞行。它们的黄色眼睛在夜晚会变成橙色。

它们的常用名就是依据它们的叫声而得来的，鸣叫声非常强烈且凄婉。雄鸟和雌鸟的外观相似。它们不筑巢，将唯一1枚有淡紫色斑点的卵产于树桩或树枝凹陷处，由双方共同孵化，孵化期为33天，之后通过反刍食物喂养刚出生的雏鸟。

Caprimulgus europaeus
欧夜鹰

体长：24~28 厘米
体重：65~100 克
翼展：52~59 厘米
社会单位：独居或群居
保护状况：无危
分布范围：欧洲、亚洲和非洲

欧夜鹰栖息于森林、灌木丛和温带草原。雄鸟和雌鸟的不同之处在于雄鸟的翅膀有白色的色带，且尾巴两侧有白色斑点。跟其他夜鹰科鸟类一样，它们的嘴巴很大，喙两侧有感觉毛，在飞行时有助于捕捉昆虫。通常成群行动，在繁殖期间雄鸟和雌鸟具有领地性。雌鸟产2~3枚卵，由双方共同孵化。雏鸟出生两周后离开鸟巢。这是世界上数量最多的夜鹰科鸟类。

Chordeiles minor
小美洲夜鹰

体长：22~24 厘米
体重：65~98 克
翼展：53~57 厘米
社会单位：独居或群居
保护状况：无危
分布范围：加拿大北部至洪都拉斯，迁徙至南美洲

小美洲夜鹰活跃于黄昏和黎明，可通过其旺盛的、飘忽不定的飞行辨识该鸟类。翅膀又长又尖，且有白色的色带，让人更容易辨认（从某些角度看很像鹰）。眼睛很大，喙周围有感觉毛，使它们在飞行时易于捕捉昆虫。所吃的昆虫种类很广泛，从蚊子至蟋蟀皆有。

栖息于平原地区，也适应城镇的生活，甚至有时候会将卵直接产在房顶。它们不自己建造鸟巢，雌鸟在地面上产2枚卵，之后负责孵化，孵化期为19~20天，雏鸟出生之后由雄鸟用反刍的食物喂养。雏鸟在出生18天之后开始飞行，并开始自己觅食，在1个月后离开鸟巢。它们在北半球繁殖，之后大量迁徙到南美洲。它们成群移动，有时候数量可达数十万只。

Hydropsalis torquata
剪尾水夜鹰

体长：25~30 厘米
体重：48~75 克
翼展：50 厘米
社会单位：独居
保护状况：无危
分布范围：秘鲁、巴西、玻利维亚、巴拉圭、阿根廷和乌拉圭

剪尾水夜鹰经常出没于森林、塞拉多保护区的林地以及南美洲特有的植被茂密的大草原上。此外，也交替栖息于桉树草原、小的森林或城市的公园。雄鸟的特点在于其分叉的尾巴长达30厘米，用于交配。当雄鸟在吸引雌鸟时会开合翅膀，并发出特殊的鸣叫声，同时在空中跳跃并摇动尾巴。某些物种会做短距离的迁徙。

蜂鸟和雨燕

二者进化特征有相同的地方，例如飞行时的快速振翅以及翅膀的解剖结构。除了极地之外，它们分布于全世界，特别是栖息于热带地区的物种数量相当庞大。

一般特征

它们是小型鸟类，适应空气动力调整飞行，飞行能力相当优异。它们的翅膀长且硬。它们的脚很小，仅用于停歇。雨燕的外观和燕子很像，它们的喙短，嘴巴宽，羽毛颜色为深色，其主要的食物为昆虫。蜂鸟的颜色为金属色或较亮的颜色，主要的食物为花蜜，仅栖息于美洲大陆。

| 门：脊索动物门 |
| 纲：鸟纲 |
| 目：雨燕目 |
| 科：3 |
| 种：429 |

描述

蜂鸟和雨燕的体形都相当小，它们的翅膀和身体结构相比很突出，翅膀长而窄。蜂鸟的胸骨跟龙骨相似，相当细长。它们的鸟喙骨发达，连接胸骨和肱骨。蜂鸟飞行时通过其强而有力的肌肉扑动翅膀，扑翅速度相当快，这些肌肉占全身体重的30%。它们以八字形的形式振翅，使它们能以最大的速度移动。它们通过这个方式可以倒着飞，甚至能侧着飞。雨燕在滑翔上较占优势。它们也可以改变自己振翅的速度，从而实现紧急转弯。某些物种的尾巴相当长，在飞行时极具重要性，用于改变飞行方向。此外，尾巴羽毛的羽轴像针一样尖锐，以此作为栖息在岩壁时的支撑。蜂鸟和

飞行冠军

蜂鸟拍打翅膀的速度比其他大部分鸟类的速度高出50倍，它们在空中时能长时间固定在某一处且能进食。雨燕一天中的大部分时间都在飞行。它们可以突然改变飞行的方向和速度，某些物种最快飞行速度可达160千米/时。

树栖
这种鸟类独特的翅膀构造能让它们在空中进行复杂的飞行。

蜂鸟
飞行时每秒振翅75次，飞行时可维持固定的位置进食。它们可以非常精确地向前或向后飞行。

雨燕
一整天的大部分时间都在飞行。吃、喝、洗澡甚至交配都不落地。常进行集体飞行。

雨燕的脚都很小，无法用于行走，只能运用于抓住垂直表面，或停顿于某处歇息。雨燕的羽毛颜色一致，为棕色或亮黑色。蜂鸟羽毛的颜色（特别是雄鸟）则为金属色或亮色。蜂鸟和雨燕的食物根据它们分布区域的条件而有所不同，主要为花蜜和昆虫。除了加拿大北部的苔原区之外，整个美洲大陆都可以看见蜂鸟的身影。在其他大陆有其他类型的鸟类，吃着跟它们相同的食物，将喙深入花冠中进食（例如太阳鸟科）。雨燕分布于全世界众多区域，但它们不栖息于寒冷的区域，如北极或南极，也不栖息于昆虫稀少或无昆虫的干燥区域。

食物

蜂鸟专门吸取植物的花蜜。它们的喙细长，可以达到头部或身体的长度（某些物种的喙相当长），使它们能吸取花蜜。它们的舌头很长，舌尖分叉，以便它们吸取花蜜。它们能在可及的特殊范围内，在偶然的情况下在植物中进行授粉。在大多数情况下，植物和蜂鸟会共同进化。蜂鸟可以看到花朵，但它们没有嗅觉能力，无法闻到它们传播的花粉的香味。但是因为花有鲜艳的颜色，如红色或者黄色，这些颜色吸引着蜂鸟。很多花朵都是下垂的，只适合蜂鸟造访，因为它们是唯一在飞行时可以保持静止的鸟类。雨燕主要的食物为昆虫，在飞行时捕捉。蜂鸟和雨燕共同的特征是它们颈部肌肉发达，可以在进食时快速移动头部。由于这两种鸟类的新陈代谢速度很快，因此，它们几乎都不断进食。经过长途飞行之后，蜂鸟和雨燕呈蛰伏状态，以节约能量。在它们休息时新陈代谢速度会降低，体温也会下降。

行为

虽然有一些蜂鸟的社交行为较复杂，但它们大多数都是独立活动的，且具领地性，会捍卫自己觅食的区域，通过攻击或发出鸣叫声警告入侵者。雨燕跟蜂鸟相反，它们非常合群，甚至可以群居筑巢，数量可达数千只。繁殖期取决于其觅食的食物数量，因此，蜂鸟一般是在植物开花且可提供花蜜时繁殖。雨燕则于温带地区的夏季、热带地区的雨季即昆虫数量较多的时候繁殖。在某些蜂鸟中，可能会出现很多只雄鸟一起追求一只雌鸟的现象，雌鸟会选择羽毛较好和歌声较好的雄鸟成为其伴侣。蜂鸟为一夫多妻制，某些雄鸟会帮忙喂养雏鸟。相反地，雨燕为一夫一妻制，由双方共同照顾雏鸟。蜂鸟建造的鸟巢较小且坚固，形状为杯状，长度多变。很多雨燕在繁殖期时唾液腺会膨胀。它们的唾液相当黏稠，可粘住棍棒等物体来建造它们的鸟巢，这些唾液是将巢固定在岩壁和树洞的黏合剂。某些物种直接用唾液建造鸟巢。因为它们的唾液是可食用的，所以常被运用于制作亚洲传统料理，主要为汤品。某些雨燕可以将鸟巢筑于完全黑暗的深坑，并在完全黑暗的环境入眠。为了能在极端的环境中生活，它们拥有回声定位的能力。通过这个方式连续发出类似爆裂声的鸣叫，传送到岩石后反弹，以实现定位，这是少数鸟类的特有能力。雨燕和蜂鸟皆于较寒冷的区域筑巢，并季节性地迁徙。大部分雨燕为迁徙鸟，它们集体迁徙。红喉北蜂鸟（*Archilochus colubris*）是雨燕目鸟类中少数每年都会迁徙的鸟类之一，迁徙的距离可达3000千米。

勤奋的飞行者
蜂鸟和雨燕通过快速地振翅实现飞行。它们的解剖结构和飞行的行为具有可比性。

鸟巢

蜂鸟和雨燕的鸟巢差异相当大。蜂鸟所建造的鸟巢呈杯状，但使用的材料相当多样，建造的地点也各不相同。雨燕的鸟巢使用它们的唾液搭配泥土跟其他材料混合建造而成，建于檐下和檐口；蜂鸟以植物为建材，并将这些植物混杂在一起建造巢穴。

蜂鸟的鸟巢
蜂鸟的鸟巢很小，通常由草本植物建造而成，底部铺上软质材料。通常建于草丛中，有时候会建在树枝上。

雨燕的鸟巢
雨燕用泥土建立自己的巢穴，将鸟巢建在垂直面上。某些物种会用它们的唾液黏合草和羽毛建造巢穴。金丝燕属鸟类的巢穴可食用。

雨燕

| 门：脊索动物门 |
| 纲：鸟纲 |
| 目：雨燕目 |
| 科：雨燕科 |
| 种：92 |

雨燕科鸟类的腿都很短。它们的翅膀长且窄，通常向后弯曲。它们的喙很细，嘴巴很宽。它们是飞行专家，一生中大部分时间都在空中飞行。其主要食物为昆虫。它们将鸟巢筑于黑暗的洞孔中；某些物种会使用回声定位。栖息于全世界各个区域，有迁徙的习惯。

Cypseloides niger
黑雨燕

体长：15~18厘米
体重：35克
社会单位：群居
保护状况：无危
分布范围：北美洲

黑雨燕的羽毛颜色为黑色，背部羽毛为亮蓝色，额头的白色羽毛呈鳞片状，尾巴末端稍分叉。栖息于水源区附近，选择峭壁休息和筑巢。使用树枝、苔藓、蕨类和藻类植物用泥土黏合筑巢。雌鸟通常产1枚卵，由双方轮流孵化，孵化期为23~27天。它们经常跟其他物种的雨燕集结成群。主要的食物为在飞行中捕捉的苍蝇、甲虫和小型膜翅目昆虫。

Cypseloides senex
大黑雨燕

体长：18~23厘米
体重：89克
社会单位：群居
保护状况：无危
分布范围：南美洲中部

大黑雨燕的羽毛为暗棕灰色，头部为白色。栖息于热带和亚热带森林，较喜欢树木不茂密的区域。它们将鸟巢筑于瀑布后面的岩洞中，某些瀑布的水流很强，如位于阿根廷和巴西之间的伊瓜苏瀑布。它们以惊人的速度和敏捷度飞过瀑布进出鸟巢。它们的短腿让它们可以垂直降落在潮湿的岩石表面。它们一生中大部分时间都在空中飞行。在飞行时捕捉昆虫作为它们的食物，它们甚至能在飞行时于空中交配。

Chaetura pelagica
烟囱雨燕

体长：12~13厘米
翼展：27~30厘米
体重：17~30克
社会单位：群居
保护状况：近危
分布范围：北美洲东部，南美洲西北部

烟囱雨燕的名称源自于其乌黑的羽毛。尾巴的末端有像刺一样的硬毛，在飞行时可明显看出。为群居鸟，有迁徙的习惯，从北方飞行很远的距离到南方越冬。栖息于都市地区，经常将鸟巢筑于烟囱内，有时也会将鸟巢筑于树洞内。建造的鸟巢呈篮子状，使用树枝结合唾液建造，并粘于墙上。雌鸟产3~7枚卵，并于夜间负责孵化。它们除了在飞行中进食之外，浸泡于水中时也能在不静止的情况下进食。它们的鸣叫声尖锐，特别是在进食的时候。

Apus apus
楼燕

体长：16~17 厘米
翼展：38~40 厘米
体重：36~52 克
社会单位：群居
保护状况：无危
分布范围：欧洲、亚洲中部和北部、非洲南部

楼燕广泛分布于亚非拉地区，是最擅长飞行的鸟类之一。它们可以不间断地飞行长达9个月，在空中进食、交配和睡眠。它们的身体结构非常适合在空中活动：翅膀很窄但坚固，形状如弯刀，可让它们快速转弯；尾巴末端有分叉。它们只在产卵、孵化和照顾雏鸟时才会落降。雌鸟产2~3枚卵，孵化期为19~21天。主要的食物为被称为"空中浮游生物"的小虫子。由于粮食匮乏，亲鸟可能会离开雏鸟4~5天去寻找食物，此时雏鸟则进入昏睡状态，以降低心跳率和体温。分布在欧亚大陆的楼燕冬季时会迁徙至非洲南部过冬。

于飞行时睡眠
它们在晚上会抵达海拔高度2000多米处，减少振翅次数，并于空中睡眠。

Collocalia esculenta
白腹金丝燕

体长：9~11.5 厘米
体重：9 克
社会单位：群居
保护状况：无危
分布范围：亚洲南部、大洋洲

白腹金丝燕以其白色腹部和其他雨燕目鸟类做区别，因此也被称为小白腹鸟。其他区域的羽毛为亮黑色，顶部区域经反射后呈蓝色，底部呈绿色。翅膀和尾巴的末端呈圆形。它们是杂技高手。

它们将鸟巢筑于悬崖，通常为群居，数千只一同居住。使用苔藓和干纤维建造鸟巢，并用大量唾液粘接使其固定。它们经常将鸟巢筑于洞穴内高度较高的墙壁，并使用钟乳石保护，鸟巢几乎处于完全黑暗的环境。它们的主要食物为飞蚁，在黄昏或黎明时在飞行中进食。该物种面临的主要威胁是其栖息地受到干扰。它们建造鸟巢的悬崖成为观光景点，且鸟巢被用于中国料理烹饪。

| 门：脊索动物门 |
| 纲：鸟纲 |
| 目：雨燕目 |
| 科：凤头雨燕科 |
| 种：4 |

凤头雨燕

凤头雨燕是凤头雨燕科唯一的物种，是雨燕科的近亲。栖息于东南亚地区开阔的林地。体长不超过31厘米，翅膀在尾部交叉呈剪刀状。主要食物为虫类，在飞行时猎食。

Hemiprocne comata
小须凤头雨燕

体长：15~16 厘米
体重：21 克
社会单位：群居
保护状况：无危
分布范围：东南亚

小须凤头雨燕脸上有如眉毛般的白色长羽毛，看起来很像"胡子"。其余区域的羽毛颜色为深蓝色，底色为橄榄绿。栖息于潮湿的热带和亚热带地区。它们在树枝上建造一个小的鸟巢。雌鸟每一个繁殖季只产1枚卵。为定居鸟，主要食物为昆虫。它们的鸣叫声尖锐且刺耳。

在树枝上休憩
选择一棵树，花大部分时间停歇在树上。

Hemiprocne coronata
凤头雨燕

体长：21~23 厘米
体重：20~26 克
社会单位：群居
保护状况：无危
分布范围：东南亚

凤头雨燕的羽毛上半部为灰色，腹部为白色。头部羽毛长达3厘米，像是一个皇冠。尾巴长且分叉。雄鸟的脸上有橙色斑点。雌鸟只产1枚灰蓝色的卵，由双方共同孵化。鸟巢很小，亲鸟只能站着孵化。是食虫鸟，在飞行时进食。跟大部分雨燕和燕子相同，它们飞行时会张开嘴巴，捕捉并吞下猎物。

蜂鸟

门:	脊索动物门
纲:	鸟纲
目:	雨燕目
科:	蜂鸟科
种:	333

它们是体形最小的鸟类。它们的特点在于其色彩鲜艳的羽毛，通常以虹彩绿为主要颜色。跟其他物种不一样，它们的喙相当长，可以伸入花朵中吸食花蜜。它们有朝任何方向飞行的能力，甚至能倒退着飞。它们是美洲大陆特有的鸟类。

Patagona gigas
巨蜂鸟

体长：21厘米
体重：18~24克
社会单位：独居
保护状况：无危
分布范围：南美洲西部和南部

巨蜂鸟是巨蜂鸟属唯一的物种，也是蜂鸟科体形最大的鸟类。羽毛颜色并不鲜艳，移动速度比其他同种鸟类要慢，但有时它们随风飞行的能力很强。从远方看它们的外观跟燕子相似。栖息的区域广泛，其中包括杂草地和灌木丛。它们将鸟巢筑于可见的地方，比如一根细树枝上或仙人掌上。建造鸟巢所使用的材料相当多样，如苔藓、地衣、蜘蛛网、动物毛发、纤维以及其他材料。繁殖期介于8月至次年2月。雌鸟产2枚白色的细长卵。

颜色 背部的颜色不显眼，为淡淡的棕褐色。

支撑 通常停歇于某处进食，而不是在飞行中进食。

Campylopterus hemileucurus
艳紫刀翅蜂鸟

体长：14~15厘米
体重：9~11克
社会单位：独居
保护状况：无危
分布范围：墨西哥南部和中美洲

艳紫刀翅蜂鸟为栖息于南美洲以外地区的体形最大的蜂鸟。以它们尾羽外侧末端的白色羽毛做区别。雄鸟的颜色为彩虹紫，雌鸟的背部为金属绿，腹部为灰色，喉咙有紫色斑块。喙为黑色，长且稍弯曲。

栖息于热带雨林、丛林和山区森林，较喜欢靠近水源附近的植被边缘区域。红色的花朵，像赫蕉和香蕉的花为它们主要的食物来源。它们吸取花蜜作为食物，有时候也吃少量的昆虫、蚜虫和小蜘蛛。它们移动的速度快且动作敏捷，鸣叫声有时尖锐，有时微弱悦耳。

Oreotrochilus estella
安第斯山蜂鸟

体长：12~14厘米
体重：7.5~9克
社会单位：独居
保护状况：无危
分布范围：南美洲西部

安第斯山蜂鸟雄鸟背部的羽毛为紫灰色，喉咙为绿色，脖子上有如同衣领般的黑色羽毛，区分腹部的白色区域。雌鸟的喉咙为白色，有咖啡色斑点。它们沿着安第斯山脉周围栖息，甚至也栖息于高原。它们可以在晚上承受低温环境，并进入一种嗜睡的状态，降低其代谢率。

Ensifera ensifera
刀嘴蜂鸟

体长：12.5~15厘米
体重：12克
社会单位：独居
保护状况：无危
分布范围：南美洲西北部

刀嘴蜂鸟是一种跟其身体比例相较之下喙较长的鸟类。喙形状像刀，其名称以此命名。喙的长度可让它们吸食植物长而窄的花，例如西番莲（西番莲属）的花冠，在此过程中它们也将花粉传播至其他区域。它们除了吸食花蜜之外，也吃双翅目昆虫和其他节肢动物。它们的羽毛颜色为彩虹绿，背部、头部和尾巴的颜色较深。栖息于山区的潮湿森林和高地的灌木丛。它们的数量趋势似乎是稳定的，因此被认为是其自然栖息地的常见物种。然而，在许多地区因为人类活动频繁，某些易受破坏的自然区域的状况尚未被评估。

大喙 直而长，长度介于10~12厘米。

休憩 虽然它们习惯在飞行中进食，但它们也能停在众多花朵区域的某个枝条上进食。

Heliomaster longirostris
长嘴星喉蜂鸟

体长：10.2~12厘米
体重：6.8克
社会单位：独居
保护状况：无危
分布范围：墨西哥南部、中美洲、南美洲北部

长嘴星喉蜂鸟以其长而直的黑色喙区分，雄鸟喉咙处有红色羽毛，和补丁一样。雌鸟的羽毛颜色较不鲜艳。栖息于开放的森林或森林边缘，甚至也栖息于农村和城市地区。主要食物为花蜜和某些昆虫。根据花朵盛开的时期进行季节性迁徙。将鸟巢筑于树的高处阳光照射良好的位置。雌鸟产2枚卵，孵化期为18~19天。

Thalurania furcata
叉尾妍蜂鸟

体长：10厘米
体重：4克
社会单位：独居
保护状况：无危
分布范围：南美洲

叉尾妍蜂鸟分布区域很广泛，目前有13个已知亚种分布于不同的区域。它们的栖息地包括亚热带森林、山中的潮湿地区和低地。雄鸟颜色通常为带有紫色色调的彩虹绿，腹部有紫色的色带，背部为褐色。雌鸟腹部的颜色为灰色，背部为较不明亮的绿色。喙根据其亚种不同，有的较直，有的弯曲。

Hylocharis chrysura
金红嘴蜂鸟

体长：10~11厘米
体重：4~4.5克
社会单位：独居
保护状况：无危
分布范围：南美洲中部和南部

金红嘴蜂鸟的名称源自于羽毛的颜色，特别是尾羽的颜色，类似抛光的青铜色。羽毛颜色有绿色的色调，喉咙的羽毛颜色为桂皮色，大腿羽毛为白色，下颌为红色。喙为红色，喙的尖端为黑色。繁殖期开始雄鸟会鸣唱数小时，并在空中展示自己的羽毛。雌鸟产2枚卵，孵化期为15天。鸣叫声的音调多变。如果它们正在某处休息，会发出一连串的高且长的音，听起来像是不成调的口哨声。当它们在自己的领地进行防御时，会发出音调较强烈的鸣叫声。它们领地性很强。主要的食物为花蜜。

鸣唱 它们经常站在一根树枝上鸣叫。

Colibri thalassinus
绿紫耳蜂鸟
体长：11~13厘米
体重：5~6克
社会单位：成对
保护状况：无危
分布范围：从墨西哥至阿根廷北部

雏鸟
每个鸟巢内雌鸟产2枚卵。

绿紫耳蜂鸟雄鸟的羽毛颜色为亮绿色，喉咙和胸部的颜色较鲜艳，胸部有蓝色的色调，眼睛下方的紫色斑纹通过耳朵连接至尾巴形成一条蓝黑色的色带。雌鸟喉咙部位的绿色较不鲜艳，胸部为较不透明的棕褐色。

食物
它们是典型的食花蜜鸟，每天可吸食3000朵花。通常也会吃一些飞行时捕捉的小昆虫。

特别的鸟巢
它们使用鳞片状的树蕨、毛发、干草和蜘蛛网建造坚固的杯状鸟巢，并使用苔藓和地衣装饰。将鸟巢置于高1~3米的向下弯曲的树枝上、竹林中、悬崖或道路两旁。

遥望
雄鸟会停歇于高处，在那里鸣唱，并观察原野上的花朵。

饮食和能量
振翅需要投入大量的能量，蜂鸟的食物适应力是支持这种说法的关键之一。它们特殊的舌头可以吸食花蜜，从糖分中获得高热量。舌头是嵌入头骨上半部的一个极长的肌肉器官，呈半透明状，且结构特殊。此外，翅膀的关节能让它们保持悬浮在空中不动以吸食花蜜。

4分钟
这是它们将花蜜填满嗉囊的时间。

分叉的舌头
这个器官的末端分叉呈树枝状。

附着
舌头表面粗糙有助于它们保留花蜜和捕捉昆虫。

一个特别的器官
早期的研究认为，蜂鸟每一次吸食花蜜时都是使用毛细管吸取的，也就是含糖的液体会附着在它们的舌头上。目前的研究指出，它们用舌头吸食花蜜，然后把花蜜带进嘴巴之后吞下。

舌头放松
组成舌头的两个分支侧边都有横向的凹槽，形成两条平行的管道。这些凹槽在它们的舌头伸入蜜腺吸食花蜜时将填满花蜜。

断面

舌头的移动
舌头由位于颅骨底部的肌肉和舌骨的推动来移动。这个移动是让它们可以伸入管状蜜腺吸食花蜜的关键，特别是桔梗科植物。

舌头收缩
舌头的底部至舌尖通过肌肉连接，在每个凹槽的边缘结合，类似于拉链的前段。这样可以使花蜜停留在舌头的边缘。

断面

鸟类（下） 53

翅膀的适应力

蜂鸟的骨头和羽毛显现出其适应特殊飞行的能力。此外，嵌入强大翼肌的胸骨也非常粗壮且坚固。

中骨
大部分羽毛、初级羽毛、次级羽毛都连接到这个长脚趾上。

第四个脚趾
比其他鸟类的第四个脚趾要长，其肌腱延伸至翅膀。

飞羽
飞羽附着在指骨和前臂的骨头上。

肩关节

前臂
这两个骨骼非常小。紧凑的形状使它们在振翅时相当有力。

80
为每秒振翅的次数。

尾羽
当它们在吸取花蜜时尾羽会展开。这个姿势可以让它们在进食时维持身体平衡。

飞行

跟其他只能向前飞行的鸟类不同，它们跟其他蜂鸟一样，能朝四面八方飞行。在不移动身体的情况下可以旋转和改变方向，其独特的解剖构造能让它们自由旋转180度。飞羽占翅膀面积的大部分，这个结构给它们提供了强大的力量进行飞行。

向前飞行
蜂鸟将翅膀上下移动产生位移，向上并向前移动。

固定飞行
肩关节广阔的旋转范围让它们能够以八字形快速移动，并维持在同一位置。

上升飞行
振翅，类似向前飞行，身体的主轴和翅膀呈直角，使其向上和向前移动。

向后飞行
翅膀向上在头部的后方振翅，这个呈圆弧状的振翅可使其向后飞行。

咬鹃

咬鹃主要分布于赤道附近地区,雌鸟和雄鸟大不相同。一生都与树丛有着密切的联系:觅食、栖息、繁衍后代都离不开树丛。

一般特征

咬鹃和格查尔鸟属中型鸟类,身体强壮,喙短且宽,眼睛大,颈短,尾长。脚短且柔弱,两趾向前,两趾向后。羽密且柔,呈鲜艳的彩虹色,其中雄鸟较引人注目。主要以果实和昆虫为食。栖息在热带雨林和森林中。

门:	脊索动物门
纲:	鸟纲
目:	咬鹃目
科:	1
种:	39

一般特征

咬鹃目包括咬鹃和格查尔鸟。它们是鸟群中最为耀眼的明星,雄鸟羽色鲜艳夺目。背部一般为绿色、蓝色或紫色,有的也呈彩虹色,而腹部常为红色、粉色、橙色或黄色,与背部形成鲜明对比。雌鸟色泽更为细腻。辉绿咬鹃(*Pharomachrus mocinno*)的羽毛最为耀眼,雄鸟的尾羽可达到90厘米长。所有的咬鹃目鸟类,翅短且圆,利于在树枝间飞行。尾巴较大且呈平截形。喙短而又坚硬,有些种类的喙边缘呈锯齿状,很有特点。脚小,并且很弱,利于紧紧抓住树枝,但不适合在地面行走。脚趾构造与其他攀禽相同,其中两趾向前,两趾向后。和其他鸟类不同的是,它们的第一和第二趾向后。主要分布于美洲、非洲和亚洲的热带地区,一般生活在树林中层,但有时也会到附近更为宽阔的区域活动,因而确保了无数植物种子的传播。大部分栖息于新热带界、海拔3500米的山地。其分布区域边界地带气候干旱,有大量的多刺植物林、竹林以及大草原。极有可能源于非洲大陆。目前在非洲生活着3种咬鹃,占总体的17%左右。

树丛中的生活

它们的脚和尾巴在对丛林生活的适应过程中,发生了很大的变化。脚更加便于在树枝上站立,尾巴短,利于在茂密的树叶间自由飞行。

国鸟
咬鹃目的美丽在古巴、海地和危地马拉的国旗上得到了充分展现。

古巴咬鹃
Priotelus temnurus

行为和饮食

咬鹃大部分时间都保持不动并且不发出声音。飞行时，时而向上时而向下，但从不远距离飞行。脚小，不适于行走。大部分时间都在树枝上休息，因而让人很难发现它们。一般在上午或下午，为了觅食或保卫自己的领地，会进行短距离飞行。从不迁徙。一般独居或者结伴生活。尽管大部分种类的领地习性非常明显，但对于咬鹃我们依然所知甚少。为了警告可能的入侵者，它们会不断地重复一种响亮而简单的叫声。它们悦耳的歌声主要用于求偶时吸引伴侣。夏季来临后，生活在高山上的咬鹃会飞到地势较低的地区活动。主要以水果和昆虫为食，有时也会吃一些软体动物、小型的两栖动物以及爬行动物。非洲的咬鹃不吃水果，然而在亚洲和美洲的大部分咬鹃都喜食水果，并将其作为主要食物。经常跟随猴群，以其残食为生；也会跟随行进中的蚁群，以腐烂的昆虫为食。一般在飞行过程中捕获猎物，之后在树枝上将其吞食。

繁衍后代

在繁殖期间，它们有很强的领地意识。求偶时，雄鸟通过跳舞向雌鸟展现它们漂亮的羽毛，同时表演垂直飞行，朝着同一个树枝上下飞行。经过这一系列活动，同伴双方会发出响亮的叫声。一些种类的雄鸟会成群鸣叫，但这一社会性行为非常罕见。它们会结为一生的伴侣。一般在腐朽树干上已有的洞穴中建巢。有时也会在大型附生植物根部、白蚁或蜂巢安家。紫头美洲咬鹃（*Trogon violaceus*）在胡蜂的巢穴中建巢；而古巴咬鹃（*Priotelus temnurus*）一般会利用棕榈树或其他树木枝干上的洞穴，甚至经常占据被啄木鸟遗弃的洞穴。咬鹃目一般夫妻双方共同建巢，这一工作有时甚至会持续2个月。产2~4枚卵，一般呈白色、绿色或蓝色，由雌鸟或者雄鸟孵化21天。一般轮流完成这项任务，雌鸟经常在晚上孵卵。雏鸟出生时，需要大量食物。热带咬鹃一般在旱季出生，而在温带或干旱地区，雏鸟常在春天或夏天出生。雌鸟和雄鸟共同哺育雏鸟，其食物常为成鸟反刍的昆虫。尽管雏鸟刚出生时非常柔弱，眼睛紧闭，但它们的成长速度很快，1个月之后便可以飞行。

不被注意的生活
咬鹃目的鸟类喜静，大部分时间都在树枝上一动不动静悄悄地度过，以此安全地躲避捕食者。

热带的美人

咬鹃分布于美洲、非洲和亚洲的热带地区，生活在热带雨林、丛林和东南亚季风区的灌木丛中。羽毛鲜艳、明亮且呈彩虹色。在繁殖期间，雄鸟会有令人瞩目的表现。

色彩斑斓
主要为黄色、红色、绿色、紫色。尾部呈白色。

黑头咬鹃
（*Harpactes fasciatus*）
分布于印度和斯里兰卡。一道白色斑纹将其黑色的头部同玫瑰色的腹部区分开来。

雄性的黑喉美洲咬鹃
（*Trogon rufus*）
头部为绿色，腹部呈金黄色，雌鸟多为棕色。

伊岛咬鹃
（*Priotelus roseigaster*）
背部为鲜绿色，腹部呈红色，脖子、胸脯呈灰色，黄色的虹膜非常引人注目。

咬鹃

门：	脊索动物门
纲：	鸟纲
目：	咬鹃目
科：	咬鹃科
种：	39

咬鹃为树栖性鸟类，生活在除澳大利亚之外的热带和亚热带地区，羽毛柔软稠密且色彩斑斓，有的呈彩虹色，雄鸟和雌鸟颜色各有不同。喙短而坚硬，边缘呈锯齿状。脚呈异趾形。以节肢动物和果实为食。在树上营巢：在腐朽的树干上挖洞筑巢，或利用已有的洞穴，或占据社会性昆虫的巢穴。

Apaloderma vittatum
斑尾非洲咬鹃

体长：28~30厘米
体重：66~70克
社会单位：独居
保护状况：无危
分布范围：非洲中部，从尼日利亚到莫桑比克

斑尾非洲咬鹃的喙及脚呈黄色。尾巴长而阔，尾底有黑白相间的斑纹。雄鸟头部为蓝黑色，带有铜红色光泽。腹部为红色。雌鸟的头部呈褐色，喉部及胸部呈肉桂色。栖息在森林中，经常躲藏在茂密的树叶中，避免被捕食者发现。喜定居，具有领地意识。

色彩斑斓的翅膀
翅羽呈虫蚀纹状。

Apalharpactes reinwardtii
蓝尾咬鹃

体长：34厘米
体重：不详
社会单位：独居
保护状况：濒危
分布范围：爪哇岛西部

蓝尾咬鹃的颜色艳丽夺目：背部为绿色（除蓝色尾羽）；腹部呈黄色，有一道绿色条纹穿过胸部。以飞行中或在栖息架上捕获的无脊椎动物为食，也吃果实。喙基部有感觉毛，可感知外界环境，可帮助它们寻找猎物。栖息于海拔800~2600米的山地丛林，目前生活在爪哇岛西部的6处丛林里。有时会同其他种群混合聚集在一起。繁衍情况不详。一般产1~3枚卵。

Harpactes fasciatus
黑头咬鹃

体长：30~31厘米
体重：73克
社会单位：独居
保护状况：无危
分布范围：印度和斯里兰卡

黑头咬鹃雄鸟的头部为黑色或灰色，一道白色条纹将头部同紫红色的腹部区别开来。背部为棕色，翅羽毛呈现精细的虫蚀纹。雄鸟和雌鸟的喙、脚以及眼圈都呈蓝色。生活在丛林中，经常成群觅食。与美洲的咬鹃不同，它们只吃昆虫。夫妻合作建造巢穴，并孵化2~4枚卵。

斑纹状尾羽
12支尾羽使它们能够在丛林间灵活自如地飞行。

Apalharpactes mackloti
苏门答腊咬鹃

体长：31厘米
体重：67~71克
社会单位：独居
保护状况：无危
分布范围：苏门答腊东部

苏门答腊咬鹃雄鸟的头部为黄绿色，身体下部呈蓝色。翅羽有条纹，颈部和腹部呈黄色。喙为红色，眼圈为蓝色，脚为橙色。与雄鸟不同，雌鸟的条纹更窄。栖息于湿润的山地丛林。杂食性鸟类，除昆虫外，也会吃一些果实和小型的爬行动物。

Priotelus temnurus
古巴咬鹃

体长：25~28 厘米
体重：53~60 克
社会单位：独居
保护状况：无危
分布范围：古巴

古巴咬鹃的头部和颈部呈蓝色，脸部为黑色；胡须、喉咙和胸脯呈浅灰色；背部为深绿色，略带金属光泽。翅羽上分布着白色斑点。栖息于湿润的热带雨林地区，也可在干旱地区、常绿阔叶林、落叶林、松树林以及次生林生存。

同蜂鸟一样，古巴咬鹃利用分叉的舌尖，以花为食。同时，它们也会吃一些昆虫和水果。5~8月在天然的或者被啄木鸟遗弃的洞穴里筑巢，并产 3~4 枚卵。

名字的含义
希腊语中的"咬鹃"，意为"啃咬"，指其擅于在树干或者白蚁巢里建造自己的巢穴。

对比鲜明
红色的腹部同白色的胸脯形成鲜明的对比。

尾羽
拥有独特的月牙形尾羽。

Trogon curucui
蓝顶美洲咬鹃

体长：23~24 厘米
体重：63~71 克
社会单位：独居
保护状况：无危
分布范围：南美洲北部及中部

蓝顶美洲咬鹃雄鸟的喙呈浅灰色，面部和脖子为黑色，而颈部、头顶和胸脯同尾羽上端一样，呈亮丽的蓝绿色。翅膀为黑色，有白色的虫蚀纹。雌鸟腹部呈粉红色，胸脯和头部呈灰色。栖息地多种多样，从树林到灌木丛皆有。常常停歇在水平的树枝上。以节肢动物或者小果实为食。能够在飞行过程中获取食物。在树栖蚁群的巢穴里安家。每窝最多可产 3 枚卵。

Euptilotis neoxenus
角咬鹃

体长：33~36 厘米
体重：103~149 克
社会单位：独居
保护状况：近危
分布范围：北美洲南部

角咬鹃因两缕羽毛向后生长，形似耳朵而得名。雄鸟背部为绿色，带有金属光泽，腹部为鲜艳的红色。腹部外侧的尾羽近乎纯白色，中间部分呈深色。喙为黑色或灰色。雌鸟与雄鸟相似，但是头部、胸部以及背部呈棕色。虽然它们可在一些干旱的地区栖息，但是更喜生活在海拔为 1800~3300 米的松树或栎树林中。吃昆虫、果实和一些小型的脊椎动物。7~8月（雨季）时，在10米高的天然树洞或者啄木鸟的洞穴中筑巢。每只雌鸟孵化 2 枚卵，孵化期为 18 天。父母双方共同照顾雏鸟。

Trogon rufus
黑喉美洲咬鹃

体长：23~25 厘米
体重：54~57 克
社会单位：独居
保护状况：无危
分布范围：中美洲及南美洲北部和中部

黑喉美洲咬鹃的体形中等，雄鸟腹部和喙为黄色，眼睑为深蓝色，头部、胸部和背部为绿色，脖子呈黑色。雌鸟腹部为黄色，其余部分呈棕色。生活在中低型丛林内部或边缘以及水域或种植园附近。在飞行过程中捕食昆虫，也吃果实。生性喜静，经常躲在树丛中，保持挺立的姿势。叫声响亮，似一连串哨音。在 1~6 米高的树洞里垫上一些从腐朽树干上啄下来的小木块，作为巢穴。2~6月产 2~3 枚卵。14~15 天之后，雏鸟就能够离开巢穴。

饮食
有时它们会同哺乳动物群合作，如猴群或者南美浣熊群，捕食被这些群体吓跑的节肢动物。

斑纹状尾羽
尾羽有简单的条纹，但雌鸟的条纹不明显。

凤尾绿咬鹃

Pharomachrus mocinno

- 体长：36~40 厘米
- 翼展：50~55 厘米
- 体重：180~210 克
- 社会单位：成对
- 保护状况：近危
- 分布范围：中美洲

食果鸟类
主要食物为鳄梨和红果。

凤尾绿咬鹃生活在寒冷且降水量大的山地丛林中。清晨和午后的浓雾使环境更加湿润。

饮食
它们是杂食性动物。吃果实，如野生鳄梨、浆果。为了获取果实，它们常停歇在目标果实下方的树枝上，比如野生鳄梨树，然后向上起飞啄下一颗果实。也吃两栖动物、昆虫和蜗牛等小型的爬行动物。

叫声
雄鸟聚在一起或者单独用它们尖锐的哨音来吸引雌鸟。叫声为"啾啾"或"哔哔"，经常两种声音交替，但有时只单调地重复一种声音。有时还会发出另外一种刺耳的声音。

照料雏鸟
雏鸟一般在巢穴里待3周左右，常从父母的嘴中获取食物。

倾倒伴侣
当繁殖期到来时，雄鸟会展现出一系列的性别魅力来征服雌鸟。其尾羽最引人注目，色彩鲜艳绚丽，并且比它的身体长出许多。它一边展现自己色彩斑斓的尾羽，一边鸣叫，并进行求偶的飞行才艺展示。尽管很多雄鸟能够很好地完成自己的表演，得到众多雌鸟的关注，但它们仍然信守一夫一妻制，并且同雌鸟共同承担养育雏鸟的责任。

羽毛
羽毛呈褐色、绿色或者红色。这些颜色并不是源自色素细胞，而是羽毛结构的一部分。能够看到这些绚丽的色彩是由于彩虹效应——白光中的蓝色成分色散的结果。

105 厘米
雄性凤尾绿咬鹃尾羽的最大长度。

2 年
每次换羽后，雄性鸟与众不同的羽毛可以保持的时间。

独特的起飞
在起飞时，雄鸟先向后倒，然后振翼飞行。它们用这样的方式来避免尾羽在起飞时受到损伤。

振翼
向上起飞时，扑打翅膀，并始终保持上下起伏飞行。

全身羽毛
翅膀、背部和尾巴都是独具特色的金绿色羽毛。

性别二态性

雄鸟的尾巴除了长长的绿色羽毛外，还夹杂着黑色和白色的羽毛。此外，还有直立的冠毛。喙为黄色，胸部和腹部为鲜艳的胭脂红。雌鸟颜色没有雄鸟艳丽，羽毛上有暗色的斑点，头部为咖啡色，喙呈黑色，腹部为红色。

雌鸟　　　　雄鸟

冠毛
头顶上的羽毛呈扁平状，这是雄鸟独有的特征。

喙
它们利用喙啄木和筑巢。一般选择木质较软的朽木。

脚
脚两趾向前，另外两趾向后。可以同树栖性鸟类一样稳固地站立在树枝上。这种四肢结构被称作并趾，这使得它们可以像啄木鸟一样平稳地站立在垂直的树干上。与身体的其他部位相比，它们的脚很短。

彩色的羽毛
雄鸟的腹部和胸部为红色。而雌鸟只有腹部为红色。

可以稳稳地抓住树干

两趾向前

翠鸟及其他

翠鸟身体强壮结实。喙粗大，且样子和颜色多变，在捕食过程中发挥关键性的作用。因而，它们的食谱上基本都是肉类。大部分为树栖性。以天然树洞为巢或自己啄洞筑巢，有时也会利用墙壁上的洞穴或地道。

一般特征

佛法僧目成员体形大小不一，羽色鲜艳。形态各异，引人注目。脚小，三趾向前，一趾向后，其中足的前三趾基部有不同程度的并合。有些种类翅短而圆，有些翅尖而长。除南极洲外，其他各大洲都有它们的栖息地，其中大部分都分布于欧亚非三洲。

门：	脊索动物门
纲：	鸟纲
目：	佛法僧目
科：	10
种：	213

多样性
佛法僧目中，除了最为人熟知的翠鸟，还有许多其他种类，如犀鸟、蜂虎等。

一般特征

佛法僧目分为翠鸟科、蜂虎科、翠鴗科、佛法僧科、戴胜科、犀鸟科等。本目由头大、颈短、脚小且弱的中小型鸟类组成。大部分鸟的喙为彩色，形状长且尖，但犀鸟的喙很大，和美洲的巨嘴鸟相似。翠鴗科鸟类的喙呈锯齿状，适于其食虫性的饮食特点。佛法僧目鸟类的羽毛有光泽，色彩鲜活明亮。翠鸟科鸟类的羽毛覆有一层油性物质，可避免其在潜水时弄湿羽毛。佛法僧目的所有种类都能够快速、上下起伏地进行高难度的飞行。它们脚趾的布局有个共同的特点：三趾向前，一趾向后，其中足的前三趾基部有不同程度的并合。此外，还具有其他共同特点，如颌骨结构、足部的肌肉的缺失、羽毛展开的式样。

并趾

尽管佛法僧目种类繁多，但我们可以根据它们的脚趾结构及独有的并合特点进行分类。

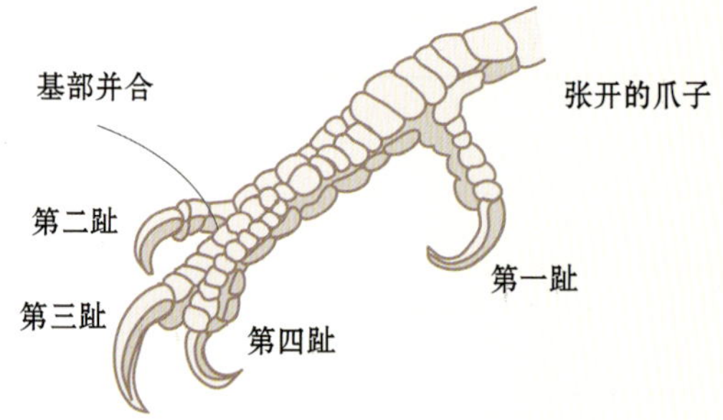

基部并合　　　张开的爪子
第二趾
第三趾　第四趾　第一趾

并合的脚趾
第三和第四趾（或者更为少见的前三趾）在基部并合。这一特点使它们在抓树干、树枝以及其他经常停歇的地方时，能够获得更大的支撑面。

鸟类（下） 61

除了犀鸟和一些翠鸟外，大部分种类的雄鸟和雌鸟都没有区别。体形最小的佛法僧目鸟类为波多黎各短尾鸱（*Todus mexicanus*），体长11厘米，重6.5克。其中最大的是犀鸟科鸟类，如阿比西尼亚地犀鸟（*Bucorvus abyssinicus*），体长达80厘米，重3千克。

行为举止与繁衍后代

大部分种类为树栖性，只有少数在地面度过其大部分时间。一般为杂食性，但是也有些种类常在水中、空中或地面捕食某些特定的猎物。蜂虎主要以蜜蜂为食。它们在飞行过程中用喙灵巧地抓住猎物，为了吞吃猎物或喂养雏鸟，它们常将猎物撞向坚硬的平面来除掉其螯针和毒液。树栖犀鸟利用长长的喙来获取树枝上的果实。它们经常成群觅食。地栖犀鸟是食肉动物，用喙啄杀猎物，从节肢动物到一些小型的脊椎动物，都是它们的美食。翠鸟常挺直身体，闭上眼睛潜入水中。捕获食物后，飞回出发时的树枝上，然后一口吞掉猎物。当捕鱼区没有合适的树枝时，翠鸟会强有力地振翅，停留在空中悄悄窥探猎物。繁殖期间，常常组成一对或合作团队，甚至庞大的群体。它们用一点树枝铺垫岩石、树木、地面甚至人类房屋上的洞穴，作为自己的巢穴。和犀鸟一样，有些翠鸟也会在蚁穴或者软木质树干上建巢。犀鸟的行为在鸟类中独树一帜，因其雄鸟会把雌鸟留在巢穴里，并封上洞口。夫妻双方共同哺育并保护雏鸟。因排泄物堆积，和腐烂的食物残渣，大部分佛法僧目鸟类巢穴气味难闻。它们的卵一般呈乳白色，但戴胜科的戴胜鸟的卵为蓝色或绿色。雏鸟的喙尖比上颌骨短。

分布

分布于除南极洲外的其他大陆上，其中大部分种类生活在欧亚非三洲。翠鸟科分布于除了极地外的所有地区，一般离不开水体。然而，其他种类的分布范围很小，如翠鸩科（美洲热带地区特有），或者短尾鸱科（大安的列斯群岛独有）。大部分蜂虎和蓝胸佛法僧都生活在炎热的非洲地区。戴胜鸟和犀鸟（犀鸟科的代表）生活在非洲和亚洲大部分地区。此外，也有一种戴胜鸟生活在欧洲广阔的区域。佛法僧目各科的化石记载所显示的区域分布与如今的分布大为不同。佛法僧目在距今大概6000万年前的新生代时期，便出现在欧洲和北美洲大陆。

饮食和栖息地
佛法僧目鸟类饮食习惯多样，可在空中、水里、地面或者树丛间捕获猎物。

洞中的巢穴

佛法僧目鸟类有时在一些洞穴中铺上树木枝叶安家。偏爱岩石上的缝隙、树干和地面上的洞穴。有时也会在遗弃的蚁穴中开挖通道作为巢穴。

保护家人
雄性犀鸟会用泥巴将洞口封住，留雌鸟在巢穴里孵化并哺育雏鸟。

笑翠鸟
（*Dacelo novaeguineae*）
能够利用蚁穴筑巢。

黄喉蜂虎
（*Merops apiaster*）
在斜坡上筑巢。

犀鸟在树洞或岩石缝隙中筑巢。

饮食

它们的食谱由各种各样的小动物和水果构成。大部分佛法僧目鸟类都是在树丛中捕食,但也有许多特殊的种群,它们能够钻进水中,或在飞行过程中获取食物。它们常用的捕食技巧,是从一根树枝上出发,然后在水中、空中或地面上完成捕食任务。除了这个常用的策略外,有些种类也会在地面上行走或奔跑时捕食。

习惯

尽管有些种类只吃某种特定的食物,但是总的来说,佛法僧目鸟类的饮食是非常多样的。一般以捕鱼和食鱼而出名,尤其是翠鸟科。翠鸟科嘴长且呈钩状,从树枝上俯冲下来,就能够轻松捕获目标。如果找不到合适的落脚点,它们会通过有力的振翅停留在空中,头保持不动,并留神水下的动静。潜水时,翅膀折叠紧贴身体,以此来减缓摩擦力的阻碍。它们能够完全潜入水中,甚至能够游到一些小型水体的底部。一旦抓到鱼,它们会扇动翅膀,迅速回到水面,然后飞回出发时的树枝上。它们在潜水时,眼睛紧闭,以确保入水的准确性。它们并不总是潜水,因为有时候可以很容易地抓到在水域表面游动的鱼。这种情况多出现在空中没有可以利用的树枝时:不断振翅停留在水面上,埋伏以待猎物出现。它们也会捕食甲壳类动物、软体动物、节肢动物、小型的两栖动物和爬行动物。如果可能,有些种类甚至会吃一些小型鸟类和哺乳动物的"新生儿"。比如,红背翡翠(*Todiramphus pyrrhopygius*)会毁掉彩石燕(*Petrochelidon ariel*)的泥巢并捕食其雏鸟。生活在树丛中的佛法僧目鸟类只以昆虫为食。当猎物为脊椎动物时,它们一般会在吞食前,把猎物撞向一些坚硬的平面,以撞碎其骨头和保护刺。

果实、昆虫和小型脊椎动物

佛法僧目其他科鸟类的食谱也多种多样。翠鴗科以果实和一些小型猎物(如昆虫和小蜥蜴)为食,一般在自己生活的雨林、森林和灌木林中开阔的地方捕食。棕翠鴗(*Baryphthengus martii*)以棕榈树和海里康属植物的果实为食。除了和其他的佛法僧目鸟类一样吃昆虫、蜘蛛、青蛙和小蜥蜴外,它们也和翠鸟科鸟类一样,吃鱼、蟹和虾。它们经常同游蚁属的行军蚁合作,留神蚂蚁团行军过后那些逃跑的小动物的动静。短尾鴗以无脊椎动物为食,主要为昆虫和小蜥蜴。地栖蓝胸佛法僧捕食爬行动物和大的昆虫。林戴胜科鸟类和戴胜科鸟类(如戴胜鸟)以虫为食,这从它们又长又尖的喙便能看出。它们主要在地面或者粪便中寻找昆虫的幼虫和成虫。蜂虎科的蜂虎只吃飞行类昆虫。喜食蚂蚁、黄蜂和蜜蜂,其中蜜蜂是它们的最爱。它们从树枝上迅速起飞,在飞行过程中捕获猎物。在吞食之前,它们会狠狠地在岩石、树枝或者其他任何坚硬的表面撞击猎物,从而拔除其螯针或清除其毒液。

犀鸟

犀鸟的饮食多种多样。一般吃各种果实、种子和昆虫。它们用又大又尖、边缘带锯齿的喙来抓捕和控制猎物。草食性犀鸟一般以浆果、种子、坚果和各种果实为食。双角犀鸟(*Buceros bicornis*)习惯群居。以果实尤其是无花果为食,但是它们也并不排斥其他的肉类食物,如节肢动物。有些犀鸟偏爱白蚁或者一些小型的脊椎动物。体形小的犀鸟一般比较喜欢昆虫和无脊椎动物。相反,地栖犀鸟为食肉性鸟类,甚至会吃乌龟、蛇和小型的啮齿目动物,比如红脸地犀鸟(*Bucorvus cafer*)。有的犀鸟在繁殖期间以肉为食。当猎物体形较大时,它们会用喙不断地啄击直至杀死猎物。红嘴犀鸟(*Tockus erythrorhynchus*)习惯在獴留下的残渣中觅食,因此经常和獴联合在一起。虽然有时候红嘴犀鸟会偷抢獴的食物,但是一般情况下,它们会吃同样的食物。除此之外,它们坚持互助主义,因为獴需要犀鸟警报的叫声,来应对前来抢夺食物的飞禽和其他捕食者。

丰富的日常饮食

佛法僧目鸟类一般以昆虫和果实为食,但是很多种类也捕食小型的脊椎动物。

饮食和策略

在空中
蜂虎在飞行过程中捕获昆虫,主要为蜜蜂。在吞吃之前,它们会在坚硬的表面上撞击猎物,从而除去螫针和毒液。

在树上和地面上
树栖犀鸟偏爱果实。而地栖犀鸟用嘴啄击杀死猎物,从节肢动物到小型的脊椎动物,都是它们的美食。

在水中
翠鸟闭上眼睛,挺直身子潜入水中捕获鱼类作为自己的佳肴。离开水面后,又飞回出发的树枝,将猎物一口吞食。

翠鸟

| 门：脊索动物门 |
| 纲：鸟纲 |
| 目：佛法僧目 |
| 科：翠鸟科 |
| 种：92 |

起初所有的种类都被归为翠鸟科，但现在它们被分为3个不同的科。一般头部很大，喙长而尖，羽毛鲜艳夺目。通常雄鸟和雌鸟没有明显的区别。它们经常从树枝上迅速潜入水中捕获各种猎物。大部分生活在热带地区。

Ceyx erithacus
三趾翠鸟

体长：12.5厘米
体重：14克
社会单位：独居
保护状况：无危
分布范围：东南亚

三趾翠鸟又称黑背翠鸟，生活在热带雨林中的小溪旁。有两种颜色：一种色彩较暗（生活在其分布区的北部）；另一种则色彩斑斓，但是主要为红色，分布于南部。以鱼类、甲壳类、蜘蛛、蚱蜢和飞蚁为食。当它们在树枝上休息时，会保持身体挺立，嘴朝上或者朝前。它们的巢穴是一个水平的通道，在尽头有一个厅室。雌鸟便在此产下2~7枚卵，并孵化17天。3周之后，这些雏鸟便可离开巢穴。

羽毛
黑色和蓝色的羽毛使它明显区别于棕背三趾翠鸟。

Megaceryle maxima
大鱼狗

体长：42~48厘米
体重：355克
社会单位：独居
保护状况：无危
分布范围：非洲，撒哈拉南部

大鱼狗栖息于湿地地区，以虾、蟹和鱼类为食。与该科的其他种类相比，它们的羽毛不够鲜艳，且略显粗糙。雄鸟胸部为红色，而雌鸟的腹部为红色。它们信守一夫一妻制。繁殖期间，夫妻在峭壁上开挖通道，并把巢设在通道尽头的小厅室里。亲鸟共同孵化和哺育雏鸟，但事实上，雄鸟为家庭贡献更多的食物。

Ispidina picta
粉颊小翠鸟

体长：12~13厘米
体重：11~19克
社会单位：独居
保护状况：无危
分布范围：撒哈拉以南的非洲地区

粉颊小翠鸟已经适应于各种环境，如森林、大草原和沿海林地。和翠鸟科其他种类不同，它们的基本饮食并不是鱼类。因此，它们经常到远离水域的地方。它们主要以昆虫为食，从树枝上俯冲到地面捕获猎物，或者直接在飞行过程中捕获猎物，甚至有时也以爬行动物和两栖动物为食。其叫声音调很高，类似于昆虫的叫声。信守一夫一妻制，而且具有很强的领地意识。在峭壁上开挖巢穴。间断性产卵，每次产3~6枚卵。如果因各种原因而食物匮乏，只有适应能力最强的雏鸟才能够生存下来。由夫妻双方共同孵卵，孵化18天。14~18天之后，雏鸟离开巢穴并很快独立。

彩色的嘴
红嘴的粉颊小翠鸟以昆虫为食，而黑嘴的粉颊小翠鸟则以水生动物为食。

鲜明的特征
两颊呈紫色，头顶的羽毛为蓝色。

Megaceryle torquata
棕腹鱼狗

体长：36~41 厘米
体重：250~330 克
社会单位：独居
保护状况：无危
分布范围：从美国南部到火地岛

棕腹鱼狗栖息于植物茂盛的广阔水域，如小溪、河流、湖泊、池塘、沼泽和湿地附近，甚至市郊或者城市。雄鸟和雌鸟颜色不同，雌鸟胸部为灰色，一条白色带状条纹将其与红褐色的腹部区分开来。声音响亮，与拨浪鼓的声音类似。因此，在其分布区尤其是在阿根廷享有盛名。常年居住在同一地方，不能容忍同种类出现在自己的领地，异性除外。它们以长约 9 厘米的鱼为食。鱼的体形和它们喙的大小（长度、宽度和厚度）密切相关。当发现猎物时，它们会向其俯冲，但并不潜入水中；为了避免被宽吻鳄、水虎鱼以及其他大型鱼类夺走猎物，它们会立即（不到一秒钟）离开水面。有时，它们也会吃虾蟹、小型哺乳动物、昆虫、爬行动物和一些水果。繁殖期间，夫妻双方合作筑巢，其巢穴一般由一条通道和一个小厅室组成，雌鸟常在此产 3~6 枚卵。此外，亲鸟共同承担孵化和哺育雏鸟的工作。在其分布区总共有 3 个种类。

喙的最高纪录
新热带界喙最大的翠鸟。利于捕获体形更大的鱼。

头部
拥有引人注目的灰蓝色的冠毛。

羽毛
背羽上有斑纹。

Megaceryle alcyon
白腹鱼狗

体长：28~35 厘米
体重：140~170 克
翼展：48~58 厘米
社会单位：独居
保护状况：无危
分布范围：从阿拉斯加到南美洲北部

白腹鱼狗体形中等，肥胖，有长长的羽冠，喙为黑色，且非常坚固。雌鸟的羽色比雄鸟鲜艳。生活在内陆或者沿海的水域，基本以捕鱼为生。同样也吃两栖动物、甲壳类、爬行动物和小型的哺乳动物。捕鱼时并不完全潜入水中。领地意识很强，有些种类会迁徙。雄鸟和雌鸟合作，在河流边开挖通道，营建自己的巢穴。其身体构造非常利于此项工作：两只脚趾并合于足部，挖穴时相当于一把铲子。其巢穴一般都建在高高的斜坡上，极有可能是为了避免雏鸟被洪水溺死。雌雄亲鸟合作孵化 5~8 枚卵，并共同哺育雏鸟。和其他以鱼为食的鸟类不同，它们受污染物的影响较小，可能是因为它们只吃一些小鱼。但是，它们对于人类的打扰非常敏感，尤其是在繁殖期间。

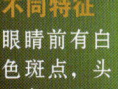

不同特征
眼睛前有白色斑点，头顶有羽冠。

Alcedo atthis
普通翠鸟

体长：16 厘米
体重：23~25 克
社会单位：独居
保护状况：无危
分布范围：欧洲、亚洲和非洲北部

普通翠鸟生活在水流和缓清澈且沿岸植被茂盛的地区。营巢期，在峭壁上建造自己的巢穴。潜入水中 1 米深的地方捕获鱼类，之后扇动翅膀飞回水面。常在栖息架上窥伺猎物，有时也会在空中伺机而动。与雄鸟不同，雌鸟下颌呈黄色。

Halcyon senegalensis
林地翡翠

体长：20~23厘米
体重：40~65克
社会单位：独居
保护状况：无危
分布范围：非洲热带地区到撒哈拉南部

林地翡翠身材中等，生活在牧草丰盛的地方，栖息地多为水域沿岸或者森林，尤其是有合金欢属植物的地区。有时甚至生活在市镇附近，但是它们不会生活在气候干旱的地区。分布区南北两端的翠鸟会迁徙，但是从来不会离开非洲大陆。虽然有时会发现一小群林地翡翠，但是它们一般喜欢独居。它们的领地意识很强，会顽强地保卫自己的栖息地，当人类靠近它们的巢穴时，它们甚至会攻击人类。性别差异不大，但是雏鸟和成鸟有很大的区别，雏鸟羽色更为灰暗，且喙为栗色。整体为蓝色，肩胛和初级飞羽呈黑色。眼睛周围到鼻孔的地方同样呈黑色，像一张黑色的面具。直线飞行，行动敏捷。在天然树洞或者啄木鸟（啄木鸟科）和须䴕（须䴕科）挖的树洞里筑巢。极少数情况下，直接在地面上挖洞安家。其巢穴至少会重复利用4个时节。一般产2~4枚白色圆形卵。孵化持续13~14天。雏鸟出生时带有灰色的绒毛，15~24天后离开巢穴，但它们仍然需依赖亲鸟5周，直到能够完全独立。以大型昆虫（蝗虫、蚱蜢、蜜蜂、蝉、跳蛛、薄翅螳螂、蝴蝶、甲壳类幼虫、蚂蚁）、两栖动物、爬行动物、小鸟（特别是文鸟属和奎利亚雀属）和小型哺乳动物（鼠科）为食。甚至有资料显示，它们也吃蝙蝠。常从2.5米高的树枝上出发捕食猎物。在地面或飞行中捕获目标猎物，如飞蚁。有3个亚种（*H.s.senegalensis,H.s.fuscopilea,H.s.cyanoleuca*）。求偶期间，经常进行引人注目的表演，竭尽全力展示体羽内侧的白色羽毛。

显著特征
林地翡翠翅膀上有白色补丁状的纹饰，求偶时张开翅膀便能看见。

黑色面具
黑色羽毛围绕在眼睛周围，一条黑色的线纹一直延伸到后脑。

叫声
叫声常为尖锐的啼啭。

特例
有些林地翡翠翅羽呈黑色，且喙为双色。

坚硬的喙
喙长且尖，基部较宽。是非洲翠鸟中唯一拥有双色喙的鸟：上颌为红色，下颌为黑色。

Chloroceryle amazona
亚马孙绿鱼狗

体长：29~30厘米
体重：110克
社会单位：独居
保护状况：无危
分布范围：墨西哥到阿根廷北部

亚马孙绿鱼狗属于水生翠鸟科绿鱼狗属。和该属里的其他8种绿鱼狗一样，专以鱼类为食。它是绿鱼狗属中体形最大的鸟类。头上的冠毛非常有特点，同背羽一样，呈暗绿色。雄性胸部呈红色，而雌性则为断断续续的绿色。腹部为白色。一夫一妻制，旱季在海岸边的峭壁上哺育雏鸟，因在这一时期，巢穴被洪水淹没的风险较小（至少在它们的居住地是这样）。经常在地下建巢。它们的巢穴一般为1.6米深的通道，直径约为10厘米。经常会在来年利用同一巢穴。产3~4枚椭圆形的卵。孵化工作一般持续22天。雄鸟和雌鸟合作共同完成孵化和哺育雏鸟的任务。但是，雌雄亲鸟的精力消耗是不同的，这与它们所在捕鱼区的猎物的质量相关。如果在产卵前鱼群便匮乏，它们就会选择延迟产卵。雏鸟出生后5天睁开眼睛。19天后羽翼就已丰满，同时也显现出了它们特有的冠毛。24天后，它们将进行初次试飞。它们从栖息架出发，假装"卖弄风情"来迷惑猎物，从而锁定其位置，然后振翅直接向着猎物俯冲而去。一般完全潜入水中捕获猎物，然后迅速飞回到树枝，并用力在树枝上撞击猎物直到其窒息而亡。

特有的喙
喙呈黑色，是亚马孙绿鱼狗的重要特点。

Halcyon smyrnensis
白胸翡翠

体长：28厘米
体重：70克
社会单位：独居
保护状况：无危
分布范围：欧亚大陆，从土耳其经南亚直到菲律宾

白胸翡翠是一种体形较大的翠鸟，栖息于比较开阔的地方。但是，也有生活在喜马拉雅山脉海拔2500米的记录。虽然有些种类会迁徙，但是一般都喜定居。由于飞行速度快而且喙比较坚实，它们的天敌非常少。它们的食谱包括爬行动物、两栖动物、蟹虾、小型啮齿目动物，甚至还有一些鸟类。雏鸟的食物多为无脊椎动物。繁殖期间，经常会听到它们的叫声，尤其是清晨。雄鸟会站在较高的栖息架上，甚至是在屋檐上，试图吸引雌鸟的注意。此时该物种的范围正在扩大。季风开始时，它们就进入了繁殖期。巢穴位于一条50~150厘米深的通道底部，雌鸟会在此产3~5枚卵，15天之后，雏鸟将破壳而出，并在巢穴里继续生活19天。

Chloroceryle aenea
侏绿鱼狗

体长：13厘米
体重：18克
社会单位：独居
保护状况：无危
分布范围：美洲，从墨西哥到巴西

侏绿鱼狗是一种定居性的鸟类，一般生活在河流沿岸的茂密丛林中。它们停歇在水面附近的低矮树枝上，伺机而动捕食鱼类。为了捕获猎物，它们会潜入水中。有时也会在飞行过程中捕食昆虫。雄鸟和雌鸟的羽色不同。巢穴大多是一些峭壁上40多厘米深的水平通道，但有时也会利用树干上的白蚁的巢穴。雌鸟和雄鸟合作完成洞穴的开挖工作。雌鸟一般产3~4枚白色圆形卵。雌雄亲鸟共同孵卵，但孵化时间不详。幼年雌鸟和成年雌鸟不同，胸部没有条纹，且腹部为更鲜艳的红色。有2个亚种：*Chloroceryle aenea aenea*，其翅膀上有2条白色的细条纹；*Chloroceryle aenea stictoptera*，尾羽下有3~4条点状的条纹和1个白色的斑点。这两个亚种都分布于哥斯达黎加。

Todiramphus sanctus
白眉翡翠

体长：19~23厘米
体重：65克
社会单位：独居
保护状况：无危
分布范围：大洋洲（澳大利亚、新西兰、塔斯马尼亚岛）

白眉翡翠翅膀上有一大片白色斑纹，是由初级飞羽的基部形成的。可以在各种环境中生存，从沿海地区到内陆的公园和花园，尤其喜欢红树林、热带雨林和河谷地区。在澳大利亚，经常出现在蓝桉树林中。领地意识不强。各种小型哺乳动物都有可能成为其美食。老鼠是它们最喜欢的猎物，但是它们也会捕食一些小型的鸟类、蜥蜴和较大的昆虫。鱼类只占据它们丰富食谱的一小部分。在含黏土的峭壁、树洞或蚁穴中筑巢。挖洞时，它们会直接飞到已经选好的地点，然后伸长脖子，用其坚硬的喙直接撞击底土。雌鸟产5枚卵，然后负责雏鸟的孵化工作。它们经常会进行长达3800千米的长途迁徙。

喙和脚
利用喙和脚开挖通道。

Pelargopsis amauroptera
褐翅翡翠

体长：35厘米
体重：160克
社会单位：独居
保护状况：近危
分布范围：东南亚（孟加拉国、印度、马来西亚、缅甸和泰国）

褐翅翡翠为树栖性翠鸟（翡翠科），生活在热带和亚热带的红树林里。褐色的翅羽同肉桂色身体形成鲜明对比，喙粗大，脚呈红色。眼睛为棕色。尾羽较短，头部有密集的羽毛。雄鸟和雌鸟相似。飞行能力强，擅于上下飞和直飞。一夫一妻制，领地意识强。有时会看到其将老鹰或其他大型鸟类赶出自己的领地。在洞穴产卵，由雌雄亲鸟共同孵化和哺育雏鸟。和同科的其他种类一样，它们并不专以鱼为食。它们的食谱以无脊椎动物和小型的脊椎动物为主，还包括其他鸟类的幼雏。由于它们主要的栖息地——红树林的局限性，褐翅翡翠的总数量相对较少。由于红树林的破坏，它们现在的生存状态非常脆弱，面临灭绝的危险。

Dacelo novaeguineae
笑翠鸟

体长：43~57厘米
体重：350~453克
翼展：66厘米
社会单位：群居
保护状况：无危
分布范围：澳大利亚东部

笑翠鸟因其叫声和人的笑声极为相似而得名。第一批抵达的殖民者甚至认为，这些鸟是用这样的叫声嘲笑他们的到来。身体强壮，背羽为棕色，胸部呈灰白色，尾羽上有暗色条纹。一个非常有特色的黑色"面罩"围绕在眼睛周围。喙又粗又长，非常坚实。领地意识很强，不进行迁徙，一整年都待在自己的领地。一夫一妻制，4岁时性成熟。雌鸟在树洞里产2~3枚卵，孵化期为23~24天。通常情况下，生产的"夫妇"有自己的帮手，一般为雄鸟，合作养育雏鸟。一般一次有3只雏鸟孵化成功，雏鸟刚出生时，眼睛紧闭，全身光滑无毛，体形同成年笑翠鸟相似。如果雌鸟没有找到帮手同自己一起哺育雏鸟，那么最小的雏鸟就会经常被自己的兄弟姐妹吃掉。上颌弯钩似乎就是为了这一目的而存在的。产卵一般不同时（尤其是在食物匮乏的时候），这样是为了保持一窝中有大小不同的雏鸟，但是在一些迫不得已的情况下，雏鸟体型的大小不一更有利于互相残杀。有些社交能力强的夫妻甚至可以找到6个帮手。35天后，幼鸟离开巢穴，并在2~3个月后完全独立。以其他鸟类、蛇、蜥蜴、昆虫和小型哺乳动物如老鼠为食。它们单纯并对人类毫无戒心，因此常常能够偷到公园里桌子上或篮子里的食物。

肌肉发达的脖子
它们肌肉发达的脖子在捕获猎物的过程中起到了重要作用。

一种歇斯底里的笑声
它们准时在清晨和午后鸣叫。因此，它们也被当作农夫们的闹钟。

Dacelo leachii
蓝翅笑翠鸟

体长：38~40 厘米
体重：310 克
社会单位：群居
保护状况：无危
分布范围：澳大利亚和新几内亚岛

蓝翅笑翠鸟是体形最小的笑翠鸟。雄鸟和雌鸟尾羽颜色不同。栖息在开阔的热带和亚热带丛林、湿地和田野里。经常在树叶丛中保持静止不动，因此经常不被察觉。以蚯蚓、昆虫、小型哺乳动物和鸟类为食。它们把大型猎物撞向树枝或者柱子直到杀死。它们会反刍颗粒状呕吐物（猎物未被消化的部分）。在树洞或者蚁穴筑巢，并产 2~5 枚卵。雌鸟和雄鸟孵化 26 天后，雏鸟破壳而出。前一窝的幼鸟会帮助父母一起完成孵化和照顾雏鸟的工作。

面庞
眼睛为特殊而又引人注目的白色。

独特的喙
上颌狭槽使其能够轻松地捕获猎物。

尾羽的特征
雄鸟的尾羽呈蓝色，而雌鸟则为条纹状。

Actenoides concretus
栗领翡翠

体长：22~25 厘米
体重：59~90 克
社会单位：独居
保护状况：近危
分布范围：东南亚

栗领翡翠生活在热带和亚热带山地或低地地区的湿润丛林里。可在海拔 1700 米的原始或者中生代雨林生存。身材中等，尾羽短而密，头大。羽毛色彩斑斓，腹部橙色和红色的羽毛同蓝色的背羽对比鲜明，使其显得更为耀眼。面部有黑色"面罩"。雌鸟的冠毛为绿色，而雄鸟的冠毛则为蓝色。喙呈双色：黄色和蓝色。一夫一妻制，领地意识强。在洞穴里筑巢，不铺垫任何其他材料。雌鸟和雄鸟合作孵化和哺育雏鸟。间歇性产卵，因此，如果食物匮乏，最小的雏鸟常会被饿死，然后其他幼鸟会将其吞食。主要以大型蝎子、鱼类、蜗牛、小型蛇类和蜥蜴为食。有时我们会看到它们在地面上翻动树叶寻找食物。

Syma torotoro
黄嘴翡翠

体长：20 厘米
体重：40 克
社会单位：独居
保护状况：无危
分布范围：新几内亚岛和澳大利亚北部

黄嘴翡翠为树栖性，中等身材，羽毛颜色多样，灰色的背部和蓝色的尾巴同鲜艳的胸部和腹部形成鲜明对比。头部为橙黄色，颈部有黑色斑点，喉部为白色。成年黄嘴翡翠的喙为橙色，而青年黄嘴翡翠的喙则为暗灰色。它们以大的昆虫、蚯蚓、蜥蜴和卵为食。捕猎时，同它们的近亲一样，从栖息架上出发直接冲向猎物。在树上或者蚁穴里筑巢，并产下 3~4 枚卵。雌鸟和雄鸟都参与孵化工作。刚出生的雏鸟，眼睛紧闭，身体光滑无毛，显得非常柔弱。生活于热带雨林、季风丛林或者林地的边缘。分布区域内由 3 个或 4 个亚种组成一个属，会和山黄嘴翡翠（*Syma megarhyncha*）交配、繁殖，形成新的物种，二者关系紧密。

Tanysiptera danae
褐背仙翡翠

体长：25~28 厘米
体重：44 克
社会单位：独居
保护状况：无危
分布范围：巴布亚新几内亚

褐背仙翡翠是巴布亚新几内亚特有的鸟类。生活在热带和亚热带雨林，甚至是在海拔 1000 米的温带丛林里。成年褐背仙翡翠因其红色和棕色的羽毛及各种蓝色色调而与众不同。中间尾羽非常长，甚至比身体的其他部位都要长很多。一夫一妻制。与其同属的其他种类一样，夫妻双方合作在地面上的蚁穴里开挖隧道筑巢，一般来讲，隧道深度低于 50 厘米。为了捕食，常在暗中埋伏以待，观察那些无脊椎动物和小型脊椎动物的动静。其日常饮食还包括昆虫、蜥蜴和蛙类。

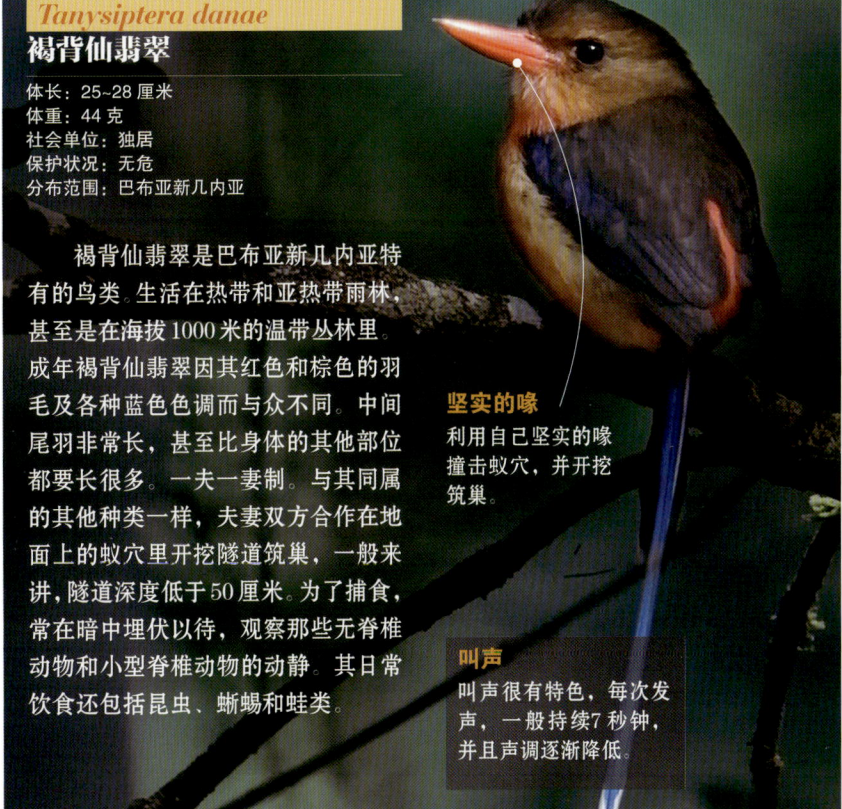

坚实的喙
利用自己坚实的喙撞击蚁穴，并开挖筑巢。

叫声
叫声很有特色，每次发声，一般持续 7 秒钟，并且声调逐渐降低。

佛法僧科

门:	脊索动物门
纲:	鸟纲
目:	佛法僧目
科:	2
种:	17

它们生活在旧世界，是我们所知的最耀眼的鸟类之一。羽毛稠密且五彩斑斓，其中最主要的颜色为蓝色。雄鸟与雌鸟相似。除了一些物种生活在热带雨林外，大部分生活在比较开阔的地区和树木繁茂的热带草原。繁殖期间，它们会进行引人注目的空中表演。

Coracias caudata
燕尾佛法僧

体长: 28~30厘米
体重: 87~135克
社会单位: 独居或者成对
保护状况: 无危
分布范围: 非洲南部

燕尾佛法僧是佛法僧科最具代表性的鸟类之一。冠毛为亮丽的橄榄色，背部为棕色，尾部为深绿色，外部尾羽很长。两颊为桂皮色、腹部、喉部、颈部和胸部都呈紫色，羽尖呈白色。肚子和尾巴内侧为天蓝色。翅膀呈蓝色、天蓝色和黑色。幼鸟和成鸟相似，但是没有长长的尾羽。喜欢生活在开阔的树林和热带草原，它们会利用那里不同的树枝进行狩猎。从栖息架冲向地面，捕获猎物，其主要的猎物为蝗虫、蚱蜢、蟋蟀、蝴蝶、蚂蚁、蜘蛛和小型的脊椎动物（如青蛙）、蜥蜴和其他鸟类。一般在天然树洞筑巢，产2~4枚卵，并由伴侣双方共同孵化23天。在这段时间里，它们的领地意识会变得更加强烈，并具有一定的侵略性，这不仅是为了保护自己的巢穴，也是为了保护自己的雏鸟。

该物种分布广泛，且数目庞大，因此，不存在急需保护的问题。

彩色的胸脯
舒展的白色羽毛，使其与其他种类相比，独具一格。

鲜艳的色调
所有的佛法僧科鸟类都具有光彩夺目的羽毛，其中最突出的就是天蓝色和蓝色。

尾羽
外侧尾羽很长，颜色比尾巴的其他部分都暗。

对抗部署
为了宣示自己的领地主权，它们会飞向高空，然后极速向下俯冲。

鸟类（下）

Coracias garrulus
蓝胸佛法僧

- 体长：31~32 厘米
- 体重：127~160 克
- 社会单位：群居
- 保护状况：近危
- 分布范围：非洲南部、欧洲和亚洲东部

色彩斑斓的羽毛
天蓝色或者绿色的身体和棕色的背部对比鲜明。

蓝胸佛法僧的羽毛整体呈蓝色，背部为栗色，这一颜色搭配使它们明显区别于其他种类。雌鸟、雄鸟以及幼鸟都很相似，只是幼鸟的色泽更为暗淡。

生活在有栎树或者松树的开阔地区，以及农田和树木稀疏的平原地区。经常停歇在视野开阔的高处，如电线等。在那里它们既可以捕获地面上的猎物，也可以在飞行中捕食。主要以无脊椎动物为食，其中包括甲虫、蟋蟀、蝗虫和蚱蜢，同时也吃蜥蜴、蛇、老鼠和一些鸟类，有时候还啄食水果。一夫一妻制，领地意识很强。它们会进行一系列的战略部署，首先盘旋飞向高空，然后以高难度的动作极速向下俯冲，同时发出刺耳的鸣叫，就像乌鸦的"哇哇"声。在树洞或者多岩石的地方筑巢。雌鸟一般产4~5枚卵，孵化期为17~19 天。尽管雏鸟刚出生时，眼睛紧闭，全身赤裸无毛，但是它们很快就会羽翼丰满，并且可以飞行。但成鸟仍然要继续喂养它们3周。盛夏时期，栖息在南欧和亚洲，并在那里产卵繁殖，之后顺利飞到非洲的东南部，并在那里过冬。它们的迁徙是最为壮观的鸟类迁徙之一。有些鸟甚至能飞1万千米左右。

壮观的飞行
当它们迁徙经过索马里时，可以看到有4万~5万只蓝胸佛法僧飞翔在高达3000~5000 米的高空，而且只需短短的几个小时。

Eurystomus glaucurus
阔嘴三宝鸟

- 体长：27~29 厘米
- 体重：84~149 克
- 社会单位：群居
- 保护状况：无危
- 分布范围：非洲中部和南部

阔嘴三宝鸟的头部和背部为金黄桂皮色，尾部、翅膀呈蓝色。喙短、宽且非常坚硬，呈鲜艳的黄色。雌鸟和雄鸟相似。

一般栖息于有高大树木的森林、热带草原和耕地。同时也沿水域或海边滩涂分布，甚至出现在海拔 2500 米以上的都市。经常长时间静止不动地停歇在开阔的高处。在天黑之前，很多阔嘴三宝鸟聚在一起捕食蚂蚁和白蚁。除了偶尔吃一些蟋蟀、蚱蜢、蜘蛛、甲虫和其他昆虫外，蚂蚁和白蚁几乎占据了它们饮食的全部。信守一夫一妻制，领地意识强，在捍卫自己的领地时具有攻击性。在棕榈树或其他高大乔木的树洞中筑巢，之后产2~3枚卵。

Eurystomus gularis
蓝喉三宝鸟

- 体长：25 厘米
- 体重：82~117 克
- 社会单位：独居或成对
- 保护状况：无危
- 分布范围：非洲中部和东部

蓝喉三宝鸟整体上呈金黄色，喙为浅黄色，喉咙、翅膀和尾巴为蓝色。幼鸟和成年鸟相似，只是羽色更为暗淡。

栖息于热带雨林、中生代次生林、种植园以及树木繁茂的热带草原。它们几乎只以在飞行中捕获的昆虫为食，主要为蚂蚁，少数情况下，会吃一些小的水果，还有蜈蚣、青蛙等。晚上，经常聚成一些小团体，它们会和其他佛法僧科鸟类一起过夜。信守一夫一妻制，在繁殖期间，竭尽全力保卫自己的领地。求偶过程包括一系列多变的高难度空中表演，同时伴有响亮的叫声。在高处筑巢，如枯死的树木的树洞，之后产下2~3枚卵。可以在当地进行季节性迁徙。

Brachypteracias leptosomus
短腿地三宝鸟

- 体长：30~38 厘米
- 体重：183~217 克
- 社会单位：独居
- 保护状况：易危
- 分布范围：马达加斯加东部

短腿地三宝鸟的身材又矮又胖，头大脖子短。背部为绿色和棕色，颈部为紫色，有光芒。尾羽的尖端呈白色。头部为棕栗色，有一道显眼的灰白色眉毛，脸颊上有白色的斑点。喉咙上有白色的新月形图案，下面一道棕色条纹一直延伸到侧边的翅膀。

栖息于海拔 1500 米的热带雨林。经常长时间地在栖息架上保持不动。在丛林间不断飞行寻找食物，主要为无脊椎动物，如蚂蚁、甲虫、蜈蚣等。同时也会吃一些小的脊椎动物，如青蛙、壁虎、蜥蜴和蛇。在一些天然洞穴或者附生植物的根部筑巢，然后产下1~2枚卵。

犀鸟

门：	脊索动物门
纲：	鸟纲
目：	佛法僧目
科：	犀鸟科
种：	54

它们栖息于非洲南撒哈拉和东南亚地区，嘴巴呈巨大的弓形，头上经常有和嘴巴一般大小的盔突。为了繁衍后代，雌鸟一般会和雏鸟一起躲在洞内。这一时期也是它们的换羽期，不能飞行。在孵化和哺育雏鸟期间，雄鸟通过一个狭小的缝隙为它们提供食物。

Tockus erythrorhynchus
红嘴弯嘴犀鸟

体长：35 厘米
体重：90~220 克
社会单位：群居
保护状况：无危
分布范围：非洲中部和南部

红嘴弯嘴犀鸟整体呈灰白色，脖子上有长长的暗色羽毛。虹膜呈黄色，嘴为红色，下颌基部为黑色。翅膀呈棕色，上面分布着粗大的白色斑点。生活在海拔 2100 米的树林、开阔的热带草原和灌木丛。

主要用喙刨土觅食。其食物主要为蚱蜢、甲虫、白蚁和其他昆虫。同时也会吃一些小型的脊椎动物，如蜥蜴和哺乳动物。有时也会吃少量的果实和种子。在繁殖期，领地意识变强且具有攻击性。

在天然的树洞筑巢，雄鸟会用绿树叶和草铺好巢穴。雌鸟在巢穴里产下 2~7 枚卵，孵化期为 23~25 天。40~50 天之后，幼鸟就有条件离开巢穴，但是仍然会继续同亲鸟共同生活几个月。旱季到来时，它们会组成群体（有时候数量非常大），在当地四处飞行寻找食物。

红嘴
红色的喙使它区别于与它非常相似的黄弯嘴犀鸟，后者的喙呈黄色。

孵化
同大部分巨嘴鸟和犀鸟一样，红嘴弯嘴犀鸟的洞穴也用泥巴、植物和唾液的混合物封起来，只留下一个小小的缝隙供雄鸟把食物传递给雌鸟。

Tockus albocristatus
白冠弯嘴犀鸟

体长：70 厘米
体重：276~315 克
社会单位：独居或者成对
保护状况：无危
分布范围：非洲中部和东部

白冠弯嘴犀鸟几乎全为黑色，冠毛和颈部为白色，但羽毛尖端仍为黑色。尾巴很长，且呈阶梯状，尾梢为白色。喙为黑色，但其基部呈乳白色。

生活在从海平面到海拔 1500 米的茂密丛林。经常会跟着猴群，在它们身后以昆虫、蜘蛛、蜥蜴和蛇为食。它们很少到地面上活动。繁殖情况不详。在天然的树洞或者棕榈树树干上筑巢，高度一般为 10~15 米，雌鸟在那里产下 2 枚卵。

Tockus nasutus
黑嘴弯嘴犀鸟

- 体长：45~51 厘米
- 体重：163~258 克
- 社会单位：独居或成对
- 保护状况：无危
- 分布范围：非洲中部和南部

黑嘴弯嘴犀鸟整体上呈灰色，头部颜色更黑，白色的眉毛一直延伸到脖子旁边。它们栖息于热带草原、开阔的林地以及毗邻草原的茂密森林。它们是杂食性鸟，但最喜昆虫，如蚱蜢、甲虫和螳螂；同时也吃青蛙、蜥蜴、其他鸟类的雏鸟以及水果。主要在树上进食，有时也会下到地面觅食。在树洞中筑巢。产 2~5 枚卵，然后孵化 25 天左右。

与众不同的嘴
嘴上的条纹使它们区别于其同种类的其他犀鸟。

Tockus hartlaubi
黑弯嘴犀鸟

- 体长：32 厘米
- 体重：83~135 克
- 社会单位：独居或成对
- 保护状况：无危
- 分布范围：非洲中部和西部

黑弯嘴犀鸟是一种体形较小的犀鸟，颜色主要为黑色。大的喙呈灰白色，嘴尖有点发黄，有宽宽的亮色眉毛。虹膜为暗栗色。眼睛周围赤裸无毛，呈黑色。

栖息于常年生丛林或地道中，不常去林地退化地区。主要以大型的昆虫为食，尤其是甲虫，也会吃毛虫、蜘蛛，少数情况下会吃水果。

它们喜定居，有领地意识。在高高的树干或树枝上的洞穴筑巢。雌鸟会产下 4 枚卵，雌雄亲鸟共同哺育雏鸟。孵化期和雏鸟留巢期不详。

Anthracoceros coronatus
冠斑犀鸟

- 体长：65 厘米
- 体重：808 克
- 社会单位：独居或成对
- 保护状况：近危
- 分布范围：印度中部和南部、斯里兰卡

冠斑犀鸟整体呈黑色，腹部为灰白色，嘴呈黄色，并有黑色的冠毛。生活在落叶林和多年生植物林边缘。也会去种植园，甚至居民区附近。吃在树丛中获取的水果、昆虫和小型脊椎动物。有时也会下到地面活动。在树洞中筑巢，雌鸟会在巢穴中产下 2~3 枚白色的卵。森林的开发和人口的增加使它们赖以生存的树林逐渐减少和分散。

Aceros nipalensis
棕颈犀鸟

- 体长：0.9~1 米
- 体重：2.3~2.5 千克
- 社会单位：成对或群居
- 保护状况：易危
- 分布范围：印度东北部、中国、尼泊尔、缅甸、泰国、老挝和越南

棕颈犀鸟是最耀眼夺目的犀鸟之一。嘴呈黄色，上面有黑色的直线。雄鸟为黑色，头部、脖子和腹部为栗色，雌鸟全部为黑色。雌鸟和雄鸟的翅羽尖端都为白色。喉部无羽毛，呈红色；喙的基部也无羽毛，呈紫色和蓝色。生活在沿山的茂密落叶林中。在空中进食，很少下到地面上来。以水果为食，主要为无花果和桤果。在高大树木上的天然树洞筑巢，雌鸟在巢穴产 1~2 枚卵。它们喜定居，尽管有时候会在当地随着饮食种类的变化而进行季节性的迁徙。

它们面临的主要问题是栖息地的分散和人类对栖息地的乱砍滥伐。人类对棕颈犀鸟的捕食和贸易对它们的生存来说也是一个严重的威胁。

独特的喙
喙上分布的垂直黑色线条是它们与众不同的特色。

Buceros bicornis
双角犀鸟

- 体长：0.95~1.05米
- 体重：2.1~3.4千克
- 社会单位：成对或群居
- 保护状况：近危
- 分布范围：印度、马来半岛和苏门答腊岛

双角犀鸟是一种体形庞大的犀鸟，整体上为黑色，脖子呈浅黄肉桂色。雄鸟盔突的前后均呈黑色，雌鸟盔突只有后面为红色。尾羽为灰白色，并带有黑色条纹；翅膀为黑色，翅尖为白色并带有黄色条纹，有油光，这使它们看起来闪闪发亮。生活在从海平面到海拔2000米的常年生植物林。主要以水果为食，有时也会吃昆虫，极少吃小型脊椎动物（如鸟类）、爬行动物和哺乳动物。在空中觅食，但也会下到地面，尤其是在吃掉落的果实时。晚上，它们聚在一起，总是在同一处休息，一般选择栖息在没有树叶的高处树枝上。

一夫一妻制，在繁殖期间，领地意识非常强烈。在树的高处筑巢，有时可达35米。在这一时期，它们会将巢穴入口用排泄物做的黏物质封住，雄性负责喂养雌性。雌鸟会产下1~4枚卵，然后孵化38~40天。幼鸟没有盔突，2岁之后会慢慢长出来，之后要经过很多年慢慢地完全发育。它们喜定居，但是如果不在繁殖期，它们的觅食地会变得越来越广阔。

它们比较偏爱大型树木，而这些大树又是贸易的目标，因此，伐木变成了影响它们生存的一个严重威胁。它们同样也面临人类的非法捕猎。

盔突
因为它们的盔突前面分为两端，因此取名"双角"。

体形
它们是体形最大的犀鸟之一。

文化意义
它们的盔突和嘴在印度很多地方被用于宗教仪式。

Buceros rhinoceros
马来犀鸟

- 体长：80~90厘米
- 体重：2~3千克
- 社会单位：成对或小型群居
- 保护状况：近危
- 分布范围：婆罗洲、爪哇、苏门答腊岛和马来半岛

马来犀鸟是一种体形较大的犀鸟，整体上呈黑色。喙呈灰白色，基部为黄色和橙色，有黄色或橙色的盔突，顶端向上弯曲。腿部和尾巴根部为白色，尾羽呈白色，并带有黑色条纹。雌鸟体形略小。

居住于生态环境良好的广阔丛林和热带雨林（从海平面到海拔1400米）。主要以果实、浆果和种子为食。有时也会吃昆虫和小型脊椎动物，如青蛙、鸟类。

4岁左右达到性成熟。在天然洞穴筑巢，雌鸟会在巢穴里产下1~2枚卵，孵化期为6周左右。2个月后，幼鸟就会羽翼丰满，并有条件离开巢穴。它们是一个喜定居的物种，但是如果不是繁殖期，它们会组成一个小团队在当地四处飞行寻找尽可能多的食物。

栖息地的破坏是它们面临的严重威胁之一。在婆罗洲，很多村镇的居民都会捕杀马来犀鸟，以它们的肉为食，用羽毛作为装饰。

彩色的喙
喙上的黄色和橙色色调是由于喙同尾羽腺摩擦而产生的，尾羽腺分泌的一种油性物质将其染成了这种色彩。

肉冠
盔突向上弯曲，因此而得名。

Bucorvus cafer
红脸地犀鸟

体长：0.9~1 米
体重：2.2~6.2 千克
社会单位：群居
保护状况：易危
分布范围：非洲东南部

红脸地犀鸟整体呈黑色，脸部、喉囊为红色。雄鸟和雌鸟相似，但是雌鸟喉部的皮肤为蓝色。盔突相对较小，从根部延伸到喙的中部。

主要以节肢动物为食，但是也会吃青蛙、蟾蜍、蛇、蜥蜴、水果和种子。生活在海拔 3000 米的森林和热带草原。经常组成一些小群体一起活动。合作哺育雏鸟，占主导地位的伴侣会得到其他红脸地犀鸟的帮助。在石头或者树木上的洞穴筑巢，雌鸟在巢穴里产下 1~3 枚卵。

栖息地的破坏和过度放牧是它们面临的重要威胁。

羽毛
白色的初羽在飞行中非常显眼。

合作育雏
在 8~10 只犀鸟的群体中，只有一对有权势的伴侣繁殖。其他的犀鸟帮助哺育这只唯一的雏鸟，它会在这些成鸟的陪伴下度过 6 个月左右。

Ceratogymna atrata
黑盔噪犀鸟

体长：60~70 厘米
体重：0.9~1.6 千克
翼展：110~135 厘米
社会单位：成对或群居
保护状况：无危
分布范围：非洲中部

黑盔噪犀鸟雄鸟全身都呈黑色，只有外部尾羽末端为白色。雌鸟的头部和脖子为红棕色，盔突比雄鸟要小很多。

生活在各种各样的丛林里，它们从树冠上飞来飞去寻找果实，这是它们最重要的食物来源，但它们也会下到地面上吃一些种子和昆虫。雌鸟会在天然的洞穴里产 1~2 枚卵。

Bucorvus abyssinicus
阿比西尼亚地犀鸟

体长：90~100 厘米
体重：4 千克
社会单位：成对或小型群居
保护状况：无危
分布范围：非洲中部

阿比西尼亚地犀鸟体形大，呈黑色，只有初级飞羽为白色。喜定居，生活在大草原和灌木林，在树洞中筑巢。和绝大部分犀鸟不同，它们不封洞穴的入口。雌鸟每窝产 2 枚卵，孵化 40 天左右。在地面觅食，主要吃小型无脊椎动物和脊椎动物，也吃腐肉、果实和种子。

Penelopides panini
棕尾犀鸟

体长：45 厘米
保护状况：濒危
分布范围：菲律宾

肉冠
盔突较小，雄鸟和雌鸟都有。

棕尾犀鸟是一种体形较小的犀鸟，菲律宾特有的鸟类。雄鸟呈肉桂色，背部、喉咙和脸颊为黑色。雌鸟全身都为黑色。雌鸟和雄鸟的尾羽都呈灰白色或浅色，尾端为黑色，胸脯呈肉桂色。

生活在常绿林和海拔 1500 米的果树林。主要以果实为食，会吃少量的昆虫，比如在树丛中捕获的甲虫、蚂蚁，有时也会下到地面寻找蚯蚓。它们喜定居，有领地意识。成对哺育雏鸟，但有时也由甚至 12 只鸟所组成的一个群体合作来完成这项工作。

在树洞中筑巢，用小木块和食物残渣封住洞口。雌鸟在巢穴产下 2~3 枚卵，并孵化 30~35 天。雏鸟在巢穴里生活 2 个月左右。

保护
它们面临的主要威胁是乱砍滥伐和捕猎，据统计，目前全世界的棕尾犀鸟不到 1000 只。

蜂虎与翠鴗

门：	脊索动物门
纲：	鸟纲
目：	佛法僧目
科：	2
种：	34

它们中等大小，身材苗条，羽色鲜艳。喙又长又细，微微向下弯曲。蜂虎生活在旧世界，栖息地开阔；然而翠鴗是美洲大陆特有的鸟类，偏爱热带和亚热带丛林。它们在居民点筑巢，在沙地或者土地上挖洞。

Merops albicollis
白喉蜂虎

体长：19~21厘米
体重：20~28克
社会单位：群居或成对
保护状况：无危
分布范围：非洲北部和中部

白喉蜂虎的背部羽毛为棕绿色，腹部颜色较淡，喉咙呈白色。雏鸟呈暗绿色。栖息于森林或林区边缘，以昆虫为食，蝴蝶、蜜蜂、蜥蜴和蚂蚁都是它们的美食。在群体比较密集的地方筑巢。在其他蜂虎的帮助下，一对伴侣孵化6~7枚卵。

冠毛和脸部
冠毛和脸部为白色和黑色。眼睛呈红色。

年度迁徙
在半沙漠化地区产卵，但是在雨林地区过冬。

Merops orientalis
绿喉蜂虎

体长：18厘米
体重：17.5克
社会单位：群居
保护状况：无危
分布范围：非洲南撒哈拉和亚洲南部

绿喉蜂虎的羽毛呈鲜艳的绿色，因此而得名。中间的尾羽非常长。眼睛周围有一个狭窄的"面罩"。雏鸟羽色暗淡。喙黑且长，用来在飞行中捕食昆虫。栖息于开阔的林地和草原。经常洗沙浴或者快速潜入水中。通常一大群聚集在同一处休息过夜，一直待到清晨。中午过后它们会变得更加活跃。

Merops pusillus
小蜂虎

体长：14~17厘米
体重：16克
社会单位：成对或群居
保护状况：无危
分布范围：非洲南部

小蜂虎是非洲南部地区最小的蜂虎。喉咙为黄色，脖子上有一圈黑色的羽毛（雏鸟没有），腹部为亮丽的黄色，尾巴呈四方形，边缘为黑色。

栖息于热带草原、林地、河边以及各种树林边缘，栖息地海拔高度可达2200米。主要以蜜蜂为食，也会吃苍蝇、蟋蟀、蜻蜓等其他昆虫。9~12月为繁殖期。雌雄亲鸟会挖一个带有小厅室的隧道作为巢穴，巢穴一般位于河流沿岸。它们会在巢穴里孵化2~6枚卵。18~20天后，雏鸟破壳而出。有两种响蜜䴕寄生在它们的巢穴里，即黑喉响蜜䴕和北非响蜜䴕。它们能够发出一系列尖锐的叫声，当其激动时，声音会又长又脆。

从高空出发
捕猎时，在栖息架上观察猎物的动静，然后快速飞行捕获猎物。

种类
可以根据眉羽的颜色区分它们的种类。

Merops nubicus
红蜂虎

体长：24~27 厘米
体重：44~61 克
社会单位：群居
保护状况：无危
分布范围：非洲中部和南部

红蜂虎总体上为胭脂红色，翅膀颜色更深；冠毛、脸颊、腿、尾基部和尾巴呈蓝色或鲜艳的绿色。有黑色的眼线，有的红蜂虎喉咙为绿色。翅膀上有黑色的条纹，尾巴中部的尾羽非常长。幼鸟的羽色更为暗淡。

能在各种环境中生存，如树林、热带草原、农田、河流、湖泊、沼泽和沿海地区。以昆虫为食，如蚱蜢、蜥蜴、蜜蜂、蝴蝶和甲虫等。容易被大火吸引，它们赶到大火前在空中捕食昆虫。同样也可以看到它们像翠鸟一样捕鱼，也会在一些大型鸟类或者各种哺乳动物的背上捕食寄生虫。雌雄亲鸟在种群密集的悬崖上挖洞筑巢，并产下2~5枚卵。

特点
蓝色或绿色的头和腹部以及红色的身体使这种鸟显得别具一格。

集体
它们在种群非常密集的地方筑巢。据统计，1平方米甚至会有60个巢穴。

Merops gularis
黑蜂虎

体长：20 厘米
体重：25~34 克
社会单位：独居、成对或群居
保护状况：无危
分布范围：非洲中部和西部

黑蜂虎的头部为黑色，额头、眉毛和尾巴呈亮蓝色；背部为黑色；胸部羽毛较长，从胸部到尾基部，羽毛越来越密，并且全部为亮蓝色；虹膜和喉咙为深红色。幼鸟和成鸟相似，但是颜色更暗。

生活在密林中的空地、次生林和种植园。常停歇在干枯的树枝或电线上寻找食物，主要以蜜蜂、马蜂和其他一些在空中捕到的昆虫为食。单独或者小团体共同挖洞筑巢。

Electron platyrhynchum
阔嘴翠鴗

体长：36~39 厘米
体重：56~66 克
社会单位：独居或成对
保护状况：无危
分布范围：南美洲西北部和中美洲

阔嘴翠鴗的头部、脖子和胸脯为红色，而背部、腹部和喉咙为蓝绿色。喙扁平，有眼线，胸部有黑色斑纹。尾羽为蓝色。

生活在海拔1100米的湿润丛林。吃昆虫、蜘蛛、蜈蚣，也吃小型脊椎动物，如青蛙、蜥蜴，很少吃水果。经常在树丛中寻找食物，有时也会在空中或者到地面上捕食。

在地面上挖洞作为巢穴，雌鸟会在巢穴产2~3枚卵，由雌雄亲鸟共同孵化。雄鸟或雌鸟能在巢中待很长时间，直到伴侣来替换。准确的孵化时间不详。

Momotus momota
蓝顶翠鴗

体长：38~43 厘米
体重：77~160 克
社会单位：独居或成对
保护状况：无危
分布范围：南美洲北部和中美洲

蓝顶翠鴗中等体形，头部略大。整体呈绿色，胸部为肉桂色，并有一个黑色斑块。尾羽为蓝绿色。虹膜为红色。

栖息于森林和热带雨林、种植园、花园和其他开阔的地方，栖息地海拔可达2100米。在残垣断壁上挖洞或者以通道作为巢穴。主要以昆虫、无脊椎动物以及小型爬行动物为食。有时会到地面，用嘴在枯叶中翻找觅食。经常长时间停歇，偶尔像钟摆一样摇着尾巴。叫声深沉。

冠毛和脸颊
为黑色，边缘呈亮蓝色。

Merops apiaster
黄喉蜂虎

体长：25~29厘米
翼展：36~40厘米
体重：44~78克
社会单位：群居
保护状况：无危
分布范围：欧洲，非洲，亚洲西部、中部和南部

面部特征
黑色的眼线同下颌的淡色条纹对比鲜明。

黄喉蜂虎是夏候鸟：在欧洲南部、非洲北部和亚洲东南部的部分地区度过夏天，但是秋天来临时便回到非洲的栖息地。绚丽多彩的羽毛显得格外耀眼。主要分布在牧草丰富或者作物稀疏的地区。

求偶的表演
雄鸟会用大型猎物来吸引雌鸟，表明它们是捕猎能手，以后能够保证后代的饮食。如果馈赠产生效果，雌鸟就会接受与其交配。

行为举止
有群居的习惯。一般来讲，不在地面停歇，而是在树枝上。如果是在市区，就会在电线上休息。飞行能力强，这是快速有力地振翅产生的效果；经常会把高难度的飞行技巧同滑翔结合起来。

共享栖息架
很多只黄喉蜂虎会停歇在同一个树枝上，它们都时刻保持警惕，注意蜜蜂和其他昆虫的行迹，旨在将其捕获。

昆虫的天敌
就如它们的名字所指的那样，蜜蜂是它们最喜欢的猎物。但是它们同样也会吃蝴蝶、蜻蜓、马蜂和大黄蜂。因其敏锐的视力，它们从远方就能辨认出猎物，然后短距离飞行扑向猎物，直到用它们尖锐的喙捕获目标。雄鸟会将猎物交给雌鸟作为求偶的礼物。

喙
喙长4厘米，微微向下弯曲，喙尖特别锋利、坚实。啄击昆虫时不会受到损伤。

猎物
在空中捕获猎物的技巧令人惊异。这样的技巧有两个目的：将捕获的昆虫作为自己的食物或者作为求偶时的礼物送给雌鸟。

200只蜜蜂
一只蜂虎仅一天就可以吃200只蜜蜂。

筑巢
在河流中游和靠近马路的斜坡上筑巢。挖一个与水平面倾斜20度左右、深2米的洞作为巢穴。在与洞口反向的尽头，修建一个小厅室，在这里它们会产下4~6枚白色的卵，孵化期为20天左右。

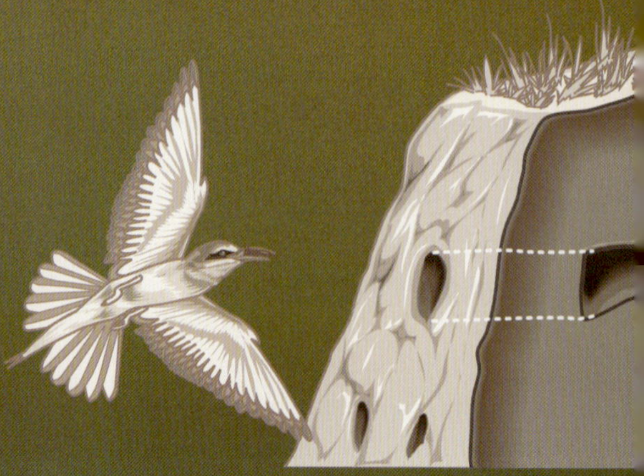

鸟类（下） 79

眼睛
虹膜呈鲜艳的红色。和其他食虫动物一样，具有敏锐的视力，因此，它们在距离20米远的地方就能发现飞行中的蜜蜂。

羽毛
头部和颈部呈棕色和黄色。尾羽和脚为蓝绿色。腹部和胸脯呈蓝色，喉咙为黄色。

爪子
前三个脚趾向前，第四趾向后，这种构造叫作并趾。前面的三趾组成了一个发育成熟的脚掌。中趾的趾甲比其余的大很多。

尾羽
尾羽呈棕绿色。在成鸟的尾羽里，中间的两片羽毛非常突出。

200
200个鸟巢组成一个聚居区。

捕猎技巧

它们的捕食策略有三个明确的步骤。首先，停歇在一个树枝上，观察周围的环境；其次，确定要抓捕的猎物；最后，极速飞行冲向目标。在消化猎物的时候会产生并吐出黑色颗粒，这是没有消化的猎物的残渣。

1 埋伏以待
停留在灌木树枝或电线杆上，等待昆虫靠近。其敏锐的视觉在捕猎阶段起着关键作用。

2 把握时机
一旦发现并选定目标，便迅速出发在空中捕获猎物。最终又回到出发地，享用自己的美食。

3 进食准备
用喙将猎物撞向树枝，直至其死亡，这时就可以享用自己的食物了。这些食物有可能自己食用，也有可能留给巢穴里的雏鸟。

戴胜鸟及其他

门:	脊索动物门
纲:	鸟纲
目:	佛法僧目
科:	3
种:	14

中等体形。主要以昆虫为食,利用它们特别的、又长又弯的喙捕食。杂色短尾鸫是一个特例,它们体形小,喙短且直。羽毛绚丽多彩。在树洞或者地面挖通道筑巢。喜欢喧闹,利用叫声交流可能出现的威胁。

Phoeniculus purpureus
绿林戴胜

体长: 32~37 厘米
体重: 54~99 克
社会单位: 独居、成对或小型群居
保护状况: 无危
分布范围: 非洲中部和南部

绿林戴胜的尾羽长且呈阶梯状,并有白色斑点。喙为红色,细长并微微弯曲。雌鸟与雄鸟相似,但是体形略小,喙呈黑色。

能在多种环境中生存,尤其是开阔的地方,如森林、热带草原、棕榈园、河岸森林等从海平面一直到海拔2000米的地方,在高大的乔木上筑巢。在洞穴里产2~5枚卵,由雌鸟独自孵化17~18天。主要以在树丛中找到的昆虫、蜘蛛和蜈蚣为食。有时候,它们会在树干上像表演杂技般飞来飞去。在吃猎物之前,会将其在树枝上撞几次。在地面时,经常会去白蚁的巢穴。

喜定居,不迁徙,但是会在当地进行小范围的远行。在各个分布区内数目繁多,但是由于栖息地的破坏,数量有可能会减少。

不同策略
雄鸟和雌鸟在不同的高度觅食。雄鸟喜欢在树林低处树枝繁多的地方觅食,而雌鸟则喜欢更高更细的树枝。

爪子和喙
它们的爪子使它们能够很容易地攀爬树干;它们的喙是把猎物从巢穴里抓出的理想工具。

尾羽
尾羽的尖端有白色斑纹。

Phoeniculus castaneiceps
栗头林戴胜

体长: 26~28 厘米
体重: 22 克
社会单位: 独居、成对或小型群居
保护状况: 无危
分布范围: 非洲中部和南部

栗头林戴胜的身材苗条,尾巴长且带有斑纹。整体上呈有光泽的蓝绿色。雄鸟头部为栗色,但是因种类不同颜色也会不同。喙微弯呈灰色。雌鸟和雄鸟相似,但是颜色更为暗淡。

栖息在原始森林和次生林的边缘,从海平面到海拔1500米的地方。主要食甲虫、蚂蚁、蜘蛛和其他节肢动物,还有从树上更高的部分获取的果实、浆果和种子。能够在飞行中捕获猎物。

Rhinopomastus cyanomelas
弯嘴戴胜

体长: 26~30 厘米
体重: 24~38 克
社会单位: 独居、成对或小型群居
保护状况: 无危
分布范围: 非洲南部

弯嘴戴胜整体呈深蓝色,背部为鲜艳的紫色;部分初级飞羽呈白色。喙又细又长,且弯曲,呈灰色。尾羽羽端为白色。雌鸟和雄鸟相似,但体形略小,颜色较淡。生活在茂密的森林和热带草原,海拔可达2000米。主要以昆虫和其他无脊椎动物为食。

Upupa epops
戴胜

体长：26~32 厘米
体重：47~89 克
社会单位：独居、成对或小型群居
保护状况：无危
分布范围：欧洲、亚洲和非洲

戴胜呈肉桂粉色，有显眼的冠毛，顶端为黑色，冠毛经常是闭合的，但在遇到危险时会张开呈扇形。尾羽呈黑色，有白色斑纹。喙又细又长，微弯。腿很短。

生活在开阔的丛林、灌木丛、热带草原、果园和花园里。主要以昆虫及其幼虫为食。有时也食小型的脊椎动物，如蜥蜴、蛇或者蛙类。虽然有鲜艳的羽毛，但仍很难被发现。通常会看到它们在树枝间飞来飞去，或下到地面。遇到危险时，它们会保持静止不动，直到猎物近到眼前时才起飞。然而，经常会听到它们的叫声，因为其声音能传出很远。它们的巢穴一般建在天然树洞或者石缝之间，铺满树叶或小树枝，每窝产 4~8 枚卵，由雌鸟独自孵化 16~18 天。雏鸟在巢内待 1 个月左右。

生活在偏北地区的戴胜鸟繁殖期过后会迁徙。飞行路线呈波浪状，会经常快速地改变方向和高度。

背
背部、翅膀和尾巴有黑白相间的斑纹。

长喙
微弯，用来挖湿土或者粪便里的昆虫。

身体
身体的颜色和翅膀颜色形成鲜明对比。

捕猎者
把猎物撞向树枝或者地面，有时也抛向空中，直到其失去生命。

Todus todus
短尾鴗

体长：10.8 厘米
体重：6.9 克
社会单位：独居或成对
保护状况：无危
分布范围：牙买加

短尾鴗的背部为深绿色，腹部为黄绿色，喉部为深红色，只有侧腹为粉色。嘴呈黑色，下颌为橙色，尾巴小。和杂色短尾鴗相似，但是后者腹部为灰白色，粉色的侧腹十分显眼。

生活在从海平面到海拔 1500 米的湿润或干燥的森林。在树叶之间或飞行中捕食各种昆虫，也吃在中等高度的植被之间找到的水果。

一夫一妻制。在繁殖期雄鸟和雌鸟在树丛中相互追逐、振翅。非繁殖期时它们很安静。在地面或垂直的墙面上筑巢，雌鸟在筑好的巢里产 1~4 枚卵。孵化期和雏鸟留巢期不详。

由于分布范围有限，因此栖息地的破坏是它们面临的主要威胁。

Todus multicolor
杂色短尾鴗

体长：10~11 厘米
体重：5.8 克
社会单位：独居或成对
保护状况：无危
分布范围：古巴

杂色短尾鴗的背部为绿色；喉部为深红色，边缘为白色；腹部为灰白色，侧腹为耀眼的粉色；脖子侧面有天蓝色斑纹；下颌为橙色。

可以在多种环境中生存，尤其喜欢湿润的丛林。也生活在灌木丛、人工松林和次生林。主要以昆虫、蜘蛛和少量的小型脊椎动物（如蜥蜴）为食；有时也会吃一些小果实。一般在树丛中觅食，但也会在飞行过程中捕食昆虫。在土层、腐朽的树干和天然洞穴筑巢。挖洞，并铺上一些柔软的树叶或树枝作为巢穴，雌鸟会在洞内产 3~4 枚卵。孵化期和雏鸟留巢期不详。

巨嘴鸟和啄木鸟

这是一个种类繁多、数目庞大的群体。喙非常具有特色,适于它们的饮食和栖息地。

一般特征

树栖性,中小型身材,爪子适于攀爬。喙坚硬。羽毛亮丽显眼,有绿色、红色、黑色、白色和黄色。有的鲜艳呈彩虹色,而有的则颜色比较暗淡。雄鸟和雌鸟略显不同。在树洞、石缝或地面筑巢,卵呈白色,一般由雌雄亲鸟共同孵化。刚出生的雏鸟,全身赤裸无毛,并且眼睛紧闭。生活在除澳大利亚和南极之外的其他大陆。

门:	脊索动物门
纲:	鸟纲
目:	䴕形目
科:	5
种:	398

描述

䴕形目包括我们非常熟知的鸟类,如啄木鸟科(*Picidae*)和鵎鵼科(*Ramphastidae*),同样也包括其他种类如喷䴕科(*Bucconidae*)、鹟䴕科(*Galbulidae*)、巨嘴拟䴕科(*Semnornithidae*)、非洲拟啄木鸟科(*Lybiidae*)、拟啄木鸟科(*Megalaimidae*)和响蜜䴕科(*Indicatoridae*)。体形差异很大,从体长为8厘米的棕啄木鸟到体长60厘米的托哥巨嘴鸟。爪子一般又短又坚实,脚呈并趾形,即两趾向前,两趾向后,呈"X"状(有些只有三趾,如白眉棕啄木鸟属或三趾啄木鸟)。喙的结构非常特别。如鹟䴕,喙长而细,很结实;有的基部有髭毛(喷䴕科、须䴕科、非洲拟啄木鸟科和拟啄木鸟科);有的形如凿子,用于啄木(啄木鸟);有的颜色鲜艳,尺寸巨大(巨嘴鸟)。啄木鸟的头骨具有特殊的适应能力,能保护它们的大脑在啄木时不受到伤害。上颌骨和颅骨前侧之间的铰链向内弯曲,避免喙被拉开。骨骼和一块特殊的肌肉减缓了啄木的冲击。这块肌肉连接着下颌的后端,能在其啄击前收缩,吸收了冲击力。头部呈直线摆动,使力作用在同一个平面上。一般来讲,䴕形目鸟类的舌头非常灵活,能够伸缩自如。尽管性别不同、羽色不同(性别二态性),但雌鸟的羽色一般并不显得暗淡,有时候只是装饰("胡须"的颜色、啄木鸟的羽冠、响蜜䴕的斑点)的色彩不同,或者喙的长度不同(巨嘴鸟)。尾巴非常灵活,如巨嘴鸟的尾巴,尾羽较硬;啄木鸟在觅食过程中,它们把尾巴抵在

多样性
䴕形目鸟类的嘴很特别。一般它们的体形和样子有很大的差异,就像它们的羽毛一样。

引人注目的色彩
有些䴕形目鸟类拥有色彩斑斓的羽毛,不同年龄和性别的䴕形目羽色差别并不明显。巨嘴鸟喙的颜色是区别其种类的重要判断标准,尤其是在求偶期间。

即将啄孔的树干上,作为自己的第三个支撑点。䴕形目中所有鸟类有着类似的肌肉和骨骼结构。

分布和栖息地

巨嘴鸟、鹟䴕和喷䴕是新热带界特有的鸟类。拟啄木鸟和须䴕分布在亚洲、南美洲、非洲热带和亚热带地区,但大部分都分布于非洲。响蜜䴕生活在非洲,而啄木鸟则分布在除澳大利亚、南极和马达加斯加以外的所有大陆。大部分生活在热带和亚热带的茂密丛林,有时也喜欢在水域附近活动。尽管它们是树栖性鸟类,但有些种类也生活在开阔的地域。这些鸟类中,我们要提到的是草原扑翅䴕(*Colaptes campestris*)、安第斯扑翅䴕(*Colaptes rupicola*)以及非洲拟啄木鸟科的红黄拟啄木鸟。它们中的有些种类能够适应多种栖息环境,能够生活在城市化的环境中,如果园、公园,甚至市中心。有些啄木鸟能够在海拔4000米的地方生存,但是它们一般喜欢生活在低纬度地区。

行为举止与繁衍后代

雄鸟经常会进行求偶表演。一般除了鹟䴕外,其他䴕形目鸟类的叫声并不复杂。啄木鸟会进行地区性交流,能通过啄击树干的声音(鼓声)和同伴交流,这种声音和觅食时发出的声音(凿击声)是完全不同的。大部分种类都喜定居,但是仍有一些种类会进行迁徙,如喷䴕和啄木鸟。啄木鸟在腐朽的树干或者其他相对较软的土层筑巢,在这些地方它们可以用嘴挖洞。巨嘴鸟、须䴕和拟啄木鸟会循环利用这些洞穴,它们和鹟䴕一样,寻找天然洞穴,或自己在树干、峡谷或蚁穴中挖洞筑巢。一般产2~4枚白色的卵,但是也存在特例:如蚁䴕(*Jynx torquilla*)能产10多枚卵,响蜜䴕甚至可以产20枚卵。一般来讲,刚出生的雏鸟都赤裸无毛,需要留巢接受精心哺育。有些种类的雏鸟,如巨嘴鸟和鹟䴕,脚上有肉垫或老茧,使它们免受粗糙巢穴的伤害。雌雄亲鸟共同哺育雏鸟。新热带界的一些须䴕具有社会性,会聚成一个群体在栖息处过漫长的夜晚。关于繁殖,它们是一夫一妻制,但是有助手帮它们照看雏鸟。也有一些种类雄性是与多个雌性交配的,如有些响蜜䴕。有些巨嘴鸟和橡树啄木鸟(*Melanerpes formicivorus*)是一夫一妻制,但是后者的雄性会与多只雌性交配来繁衍后代。啄木鸟、鹟䴕和须䴕会进行家庭聚会。响蜜䴕经常寄居在其他鸟类的巢穴里,雌性既不筑巢也不孵卵。一旦发现可以投宿的鸟类(佛法僧目、䴕形目或雀形目)的巢穴,便立即产1~2枚卵(每枚卵用时10~15秒)。那时,它们会挪走一些寄生巢的卵,或者啄破卵壳,阻止其胚胎生长。寄生的雏鸟比它的义兄弟姐妹成长速度快很多。一生下来就具有攻击性,喙呈钩状,用来啄破卵壳或者攻击和杀死寄生巢内的幼雏,从而垄断所有的食物。由其他种类哺育长大。

啄木鸟的风姿
为了顺利啄击木头,它们以坚硬的尾巴作为支撑,使整个身体构成一个杠杆的样子。另外,趾甲刺进树枝里,加以固定。

并趾的爪子

所有的䴕形目鸟类都有一个共同特点,即脚趾的特殊构造。这一特点使其能够很容易地攀爬树木。两趾(2、3趾)向前,两趾向后(1、4趾一般在基部连接)。1、2、4趾通过肌腱连接。

特例
三趾啄木鸟是没有这种传统构造的䴕形目鸟类之一,因其只有3个脚趾。

"X"形
䴕形目鸟类两趾向前,两趾向后,构成了"X"形。

并趾
鹟䴕科鸟类的脚趾呈特殊的并趾,因为它们的2、3趾在脚掌处连结。

饮食

除须䴕和巨嘴鸟主要以果实为食,而且会吃无脊椎动物和小型的脊椎动物外,䴕形目鸟类基本上以食虫为主。响蜜䴕是䴕形目中唯一的也是少数以蜂蜡为食的鸟类之一。此外,它们也会吃一些节肢动物。啄木鸟捕食昆虫及其幼虫,但同样也吃果实或植物的汁液。鹟䴕的喙又长又细,在飞行中捕食昆虫。

以果为食

巨嘴鸟和须䴕主要以果为食,这使得它们成为热带雨林中传播种子的"代理人"。巨嘴鸟能利用它们的嘴获得最细的树枝上的果实,它们用喙尖够到果实,然后使食物进入到咽喉处。它们也会吃其他能够筑细长巢穴的鸟类的雏鸟或者卵,如酋长鹂属的幼鸟。无花果是亚洲须䴕最重要的食物。它高大的树干吸引了各种各样的鸟类,亚洲须䴕就和其他的鸟类一起聚在这里,尽管有时它们也会吃其他的果实。它们和巨嘴鸟都是把果实全部吞咽,不能消化的部分,如果核,会在之后吐出来。须䴕科的钟声拟䴕属,会吃槲寄生的果实,然后把黏性种子放在巢穴入口周围,这很可能是吓跑掠食者的一个策略。

偏爱和策略

须䴕和巨嘴鸟也吃在树枝和树干或者在地面上捕到的节肢动物。它们会捕食昆虫,如蚂蚁、蝉、蜻蜓、蟋蟀、蚱蜢、甲虫、飞蛾和螳螂。有些种类还会吃蝎子、蜈蚣和小型的脊椎动物,如树栖爬行动物和两栖动物。啄木鸟在不同的时期捕食不同的猎物,如蚂蚁或者其他节肢动物。它们会用嘴敲击树干进行探测,听到空洞的声音,就说明里面有昆虫挖的隧道,然后它们就在那里啄孔,并将舌头伸进去捕食。有些种类只在地面上捕食蚂蚁:它们会先捣毁蚁窝,然后将自己的舌头伸进去捕食粘在舌头上的卵、若虫和成虫。有的鸟类以果实为食:橡树啄木鸟几乎只吃栎属植物的果实,白啄木鸟(*Melanerpes candidus*)吃仙人掌的果实。食果啄木鸟属的啄木鸟吸树干的汁液,甚至能在树干上挖开一条一条的通道,使汁液流出来。啄木鸟的舌头特别长,在所有鸟类中位居榜首:成鸟的舌头几乎和它的整个身体一样长。因舌骨(语言骨)上有发达的肌肉,所以舌头能够伸缩自如。舌骨不和头部连接,而是围在颅骨外面。舌尖有骨针,或鱼叉形的刺,便于它们在自己的巢穴中捕食昆虫。它们的舌头上有一种能够分泌黏性湿润物质的腺,同样利于它们捕食昆虫。蜂蜡是响蜜䴕每天最重要的食物,有时它们也会吃无脊椎动物和果实。如果蜂蜡稀缺,它们就会食用一些类似"胭脂虫"(半翅目)的昆虫的蜡质分泌物。

以昆虫为食

鹟䴕科的鸟类几乎只捕食飞行的昆虫(蝴蝶、蜻蜓、蜜蜂、黄蜂、苍蝇、鞘翅目和双翅目)。它们会在自己的栖息架上等待猎物经过,然后将其捕获,并在树枝上摔打,以除掉猎物的翅膀,会用嘴发出一种特有的机械似的声音。它们的嘴很长,除了作为必需的捕猎工具外,还使得一些猎物(如双翅目)的螯针远离自己的面部。喷䴕除了吃昆虫外,还会吃一些小型的脊椎动物。食肉鸟类在消化后,会吐出一些微小的颗粒状呕吐物,这是它们吞食的猎物未消化部分所形成的组合物(几丁质或骨头)。不论是食果类还是食虫类,为了保护食物资源,它们一般都会有各自的饮食领地,如橡树啄木鸟和鹟䴕。

独特的共生

响蜜䴕的名字源自于它们的一个特殊的行为:通过叫声或肢体动作来吸引人类的注意,把他们准确地引到酿蜜蜜蜂的蜂巢,以获取蜂蜜。同样也能引导其他哺乳动物如蜜獾。这一互利共生行为使哺乳动物们得到了蜂巢的蜂蜜,而鸟类会寻找残留下来的蜂蜡。

黑喉响蜜䴕
Indicator indicator

专家

䴕形目鸟类的喙特别适于捕食。例如：有一些种类的喙特别大，利于获取各种果实；有些种类的喙又特别细，适于啄木或者捣毁蚁穴并将舌头伸入进行捕食；还有一些种类的喙弯且尖，适合捕食空中的昆虫。

喷䴕及其近亲

| 门：脊索动物门 |
| 纲：鸟纲 |
| 目：䴕形目 |
| 科：喷䴕科 |
| 种：35 |

中小型身材，头部大，翅膀短而圆，身体健壮。脚小，尾巴窄小，羽毛柔软。喙坚实，尖端呈钩状，基部有浓密的羽须。脚的2、3趾在基部连接（并趾）。新热带界特有的鸟类：生活在从墨西哥南部到阿根廷之间的地域。

Monasa morphoeus
白额黑䴕

体长：21~29厘米
体重：90~100克
社会单位：独居或小型群居
保护状况：无危
分布范围：中美洲，南美洲到玻利维亚

白额黑䴕不仅生活于树林的中层，也会栖息在树冠上。适应能力很强，在繁茂的雨林、过渡型森林甚至可可种植园中，都能发现它们的踪迹，一般生活在海拔300~750米的高处。

在深10厘米左右的地洞筑巢。繁殖期会互相合作。开始哺育雏鸟前，助手们会聚集在巢穴前。一般产2~3枚卵，由3~6只成鸟照顾。它们是一种喜定居的鸟类。其食物主要为约6克重的蟋蟀，也会吃螳螂、蝉、蝎子和蜥蜴。

有些鸟会跟随兵蚁群、酋长鸟群、拟椋鸟群以及猴群，捕食被这些群体吓跑的昆虫。

喙
喙呈红色或亮橙色，呈流线型，微弯曲。

幼鸟
面部羽毛呈肉桂色。一般情况下，羽毛呈褐色，喉部、胸部和翅羽的边缘呈深咖啡色，喙为淡橙色。

尾巴
尾巴比其他喷䴕科鸟类的长很多。

Malacoptila striata
月胸蓬头䴕

体长：17.5~20厘米
体重：41~45克
社会单位：独居
保护状况：无危
分布范围：巴西东部

月胸蓬头䴕是巴西东部地区特有的鸟类，栖息在树叶茂密的阴暗丛林、原始森林、次生林，不论是在低地还是在海拔2100米的高地都能发现它们的踪迹。以昆虫和小型节肢动物为食。像兵蚁一样，它们会和其他鸟类组成一个混合的群体。在山沟挖隧道筑巢。隧道入口经常会被伪装起来。雌鸟在隧道深处产2~3枚白色的卵。

Chelidoptera tenebrosa
燕翅䴕

体长：14~15厘米
体重：30~41克
社会单位：独居或小型家庭群居
保护状况：无危
分布范围：哥伦比亚、委内瑞拉、圭亚那、巴西、厄瓜多尔、秘鲁、玻利维亚北部

燕翅䴕的栖息地多种多样，湿润的热带雨林、茂密的丛林、牧草丰富的草原都有它们的踪迹。它们偏爱有水的地方。有时会组成6只鸟的小团队。它们的特点是拥有蓝黑色的羽毛和醒目的白色臀部。尾羽短，呈方形，末端有精细的白色条纹。腹部为肉桂色。它们专吃昆虫，一般在飞行中捕获猎物。在沙质土壤或山沟挖隧道筑巢。

鹟䴕

- 门：脊索动物门
- 纲：鸟纲
- 目：䴕形目
- 科：鹟䴕科
- 种：18

中小体形，身材苗条，羽毛一般是丰富多彩的。颅骨后部和枕骨过度向后延伸，使得它们的外形显得特别倾斜。翅羽短而圆，脚为并趾。以昆虫为食，在飞行中捕猎，栖息于新热带界树林茂密的地区。

Galbula ruficauda
棕尾鹟䴕

- 体长：22~25厘米
- 体重：18~28克
- 社会单位：独居
- 保护状况：无危
- 分布范围：从墨西哥到阿根廷北部

棕尾鹟䴕的栖息地多种多样：森林边缘、茂密的丛林、次生林、河流峡谷、沼泽和树木稀疏的大草原。它们一般从醒目的栖息架出发，在飞行中捕食昆虫。抓到猎物后，会将猎物撞向树枝或者其他地方，来除掉其坚硬的部分和翅膀，然后将整个猎物吞食。其主要的食物是蝴蝶、飞蛾和蜻蜓。

喜定居：只进行短距离飞行，从不迁徙。非常活跃。雄鸟把准备好的猎物送给雌鸟吃，作为求偶的礼物。雌鸟和雄鸟在交往中一般互相尊重并且展现自己美丽的尾羽。伴侣双方共同在沙质山沟、蚁穴或者腐朽的树干挖洞筑巢。洞口一般呈长方形，隧道深20~50厘米。雌鸟一般产2~4枚卵，由伴侣双方共同孵化19~23天。雏鸟在巢内待20~26天便可以离开，但是它们仍要和父母再生活8周。有6个亚种，它们之间的羽色和喙的大小不同。

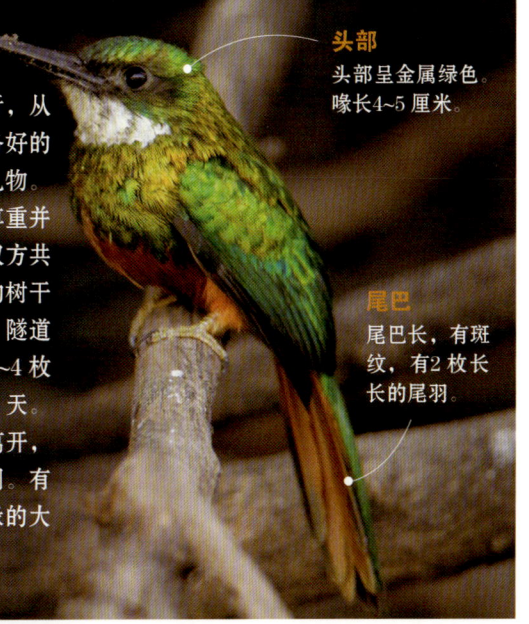

头部
头部呈金属绿色。喙长4~5厘米。

尾巴
尾巴长，有斑纹，有2枚长长的尾羽。

Galbalcyrhynchus leucotis
白耳鹟䴕

- 体长：18~21厘米
- 体重：44~50克
- 社会单位：独居和小型群居
- 保护状况：无危
- 分布范围：哥伦比亚、厄瓜多尔东北部、秘鲁和巴西东北部

白耳鹟䴕生活在湿润的亚马孙热带雨林、原始森林和次生林，甚至是在海拔500米的地方，无论是硬土层地区还是季节性水流淹没的地区都能看到它们的身影。它们一般在这些地区的上层活动。以昆虫为食，尤其喜欢膜翅目和鳞翅目的昆虫。在飞行中捕食，之后便飞回自己的栖息地叫声与啄木鸟相似。一夫一妻制，夫妻在繁殖后代时，会有其他助手帮忙。曾经观察到有6只鸟的小群体。巢穴一般营建在高3米左右的树干或者蚁穴中。

坚硬的喙
是它们捕食猎物的工具。

Jacamerops aureus
大鹟䴕

- 体长：25~30厘米
- 体重：57~76克
- 保护状况：无危
- 分布范围：从哥斯达黎加到玻利维亚

大鹟䴕是鹟䴕科中体形最大的鸟类。生活在湿润丛林和次生林的中部。是比棕尾鹟䴕（*Galbula ruficauda*）更大更健壮的鸟，喙更厚，短而弯曲。在飞行中捕食蝴蝶和蜻蜓，也会在树叶丛中捕食猎物，如甲虫、蜘蛛和蜥蜴。3~6月为繁殖期。它们的巢穴位于树干3~15米处的蚁穴中。

拟䴕和须䴕

门：	脊索动物门
纲：	鸟纲
目：	䴕形目
科：	须䴕科
种：	82

生活在全世界热带丛林和森林边缘。如果有果树，有些种类还可在公园和市区生活。有的生活在有蚁穴的干旱环境中。在新世界并不常见，主要生活在非洲和东南亚。同雀形目的鸟类非常相似，身体健壮，脖子短，头很大。

Capito dayi
黑环须䴕

体长：17.2 厘米
体重：56~74 克
社会单位：独居
保护状况：无危
分布范围：玻利维亚和巴西

黑环须䴕的下巴和喙保持在同一水平面。这种鸟脖子短而粗壮，喙周围有须毛。生活在原始森林的树冠，也会出现在次生林和可可种植园。雄鸟有一个独特的朱红色的冠、一个黑色"脸罩"和一个浅灰色的喙。雌鸟有黑色的冠、颜色较深的喉部。两者腹部都有黑色斑纹。它们会组成一个小群体寻找果实或热带雨林密叶中的无脊椎动物为食。在枯死的树木的树洞中筑巢。每窝产 2 枚均匀的又白又亮的卵，一般产在有木屑铺垫的"床"上，这是亲鸟在洞穴底层专门为雏鸟布置的。幼鸟由雌雄亲鸟共同抚养，其主要食物为果实、昆虫和昆虫幼虫。鸣叫时，由胸部和"膨胀"的喉咙发声，且尾巴和喙保持在同一水平面上。

与众不同
喙又厚又硬；尾巴是同属中最长的。

Eubucco richardsoni
黄喉拟䴕

体长：15 厘米
体重：32 克
社会单位：独居或小型群居
保护状况：无危
分布范围：哥伦比亚、厄瓜多尔、秘鲁、玻利维亚和巴西

黄喉拟䴕栖息于亚马孙河流域的西部。是一种罕见的鸟类，关于它的研究也很缺乏。生活在从低地到海拔 900 米的热带雨林。能够灵活自如地在茂密丛林中部和高空飞翔。新世界的拟䴕和须䴕属于食果和食虫鸟。这种鸟的主要食物为昆虫和蛛形纲动物。其他鸟类只吃果实。在树枝或者藤本植物上积聚的枯叶中寻找猎物。表现出了专业的搜寻技能。羽毛引人注目，背部和尾巴呈橄榄绿色，头顶的羽毛为黑色，喙为灰黄色，喉部为黄色，胸脯为红橙色，腹部的羽毛很长。在其分布区内，有 4 个亚种（*E.r.richardsoni*、*E.r.nigriceps*、*E.r.aurantiicollis* 和 *E.r.Purusianus*）。

Eubucco versicolor
彩拟䴕

体长：16 厘米
体重：26~41 克
翼展：51~60 厘米
社会单位：独居
保护状况：无危
分布范围：秘鲁和玻利维亚

彩拟䴕的体形偏小，喙相对长而尖。该种类（有 3 个亚种）的雄鸟有红冠，喙基部周围为黑色，腹部呈绿色或蓝绿色，喉部为红色，喉部下方和面颊部为蓝色，颈部和胸部为黄色，胸部下部中间为红色，而肋部为绿色。眼睛呈红色，喙为黄色。雌鸟眼睛周围和喉部呈蓝色。与雌鸟相比，雄鸟的羽毛更令人叹为观止。

栖息于有丰富的附生植物和苔藓的低山丛林里。同样在次生林里也能发现它们的踪迹。一般生活在海拔 650~2200 米的地方，但是最好的生存环境是在海拔 1000~2000 米的地方。以各种果实和种子为食，这些占据其饮食的 80%。也会吃昆虫和节肢动物。一般会成群地在丛林里飞行，但是也会独自或成对飞行。其具体的繁殖情况不详。

Semnornis ramphastinus
巨嘴拟䴕

- 体长：20厘米
- 体重：83~113克
- 社会单位：群居
- 保护状况：近危
- 分布范围：南美洲（哥伦比亚和厄瓜多尔东北部）

巨嘴拟䴕居住在山坡树林，包括中生代丛林和树木稀疏的低地丛林，一般分布在海拔1000~2300米的地方。同样在有果树的牧场也能发现它们的踪迹。它们一般由6只鸟组成一个小群体一起生活，其成员一般为一对占主导地位的夫妻和它们前一窝的雏鸟。它们有令人惊讶的合作表现，整个群体共同保卫自己的领地，为了幼鸟能够顺利成长，它们会互相合作。占主导地位的雌鸟一般会在老树洞中产2~3枚卵。此后，它的帮手们就开始帮它完成孵化雏鸟（一般为15天）、喂养照顾幼鸟的工作。43~46天之后，幼鸟便可以离巢，但仍然要依赖群体1个月。每天用12个小时觅食，其主要食物为果实（73%），甚至包括62种不同的果实。同时也会吃小型的无脊椎动物。它们跳跃着在植被中移动，通常会从树的底部开始，沿着树枝一直向上跳。该属的两个种同其他的拟䴕或须䴕相比，不论是在外形上还是行为和饮食方面都更像巨嘴鸟。经常和扁嘴山巨嘴鸟（*Andigena laminirostris*）争夺领地（面积为4~10公顷）和筑巢地。扁嘴山巨嘴鸟常常会毁掉它们的卵其至吃掉它们的幼鸟。除了这些，它们还面临着被当作宠物而被非法抓捕及栖息地遭到严重破坏的威胁。

神秘的羽色
尽管它们有着鲜艳的羽毛，但是在茂密的丛林环境中还是很容易将其同树叶或果实混淆。

繁殖期的合作
研究表明，62%的伴侣在这一时期都有自己的帮手。毫无疑问，它们会比没有帮手的伴侣在哺育雏鸟方面更成功。

喙
喙短而尖，是它们吃果实的有利工具。

强壮的脚
不仅利于它们站在树干上，还能用来抓握打开的果实。

幼鸟和成鸟
除了在成鸟之中存在性别二态性外，幼鸟的羽色也和成鸟的不同。幼鸟颜色不够鲜艳，喙没有钩，虹膜呈黑色而不是红色。2个月后，幼鸟虹膜的颜色才开始改变。

Pogoniulus pusillus
红额钟声拟䴕

体长：9~10.5 厘米
体重：17 克
社会单位：群居
保护状况：无危
栖息地：非洲东北部和东南部

红额钟声拟䴕的身体壮实，头大，尾巴和脖子短。性成熟后，额头会有红色的标志性羽毛。腹部为柠檬黄色，翅膀有明显的金色条纹。一般分布在茂密的灌木丛和河流沿岸的树林中。经常停歇在树枝上鸣叫。在空中捕食，主要吃各种各样的水果，尤其是浆果类；特别喜欢槲寄生果实。另外，还会吃一些小昆虫，它们在飞行中察觉到小虫的踪迹，然后在树叶上将其捕获。是一夫一妻制。雌鸟和雄鸟合作共同生育后代，通常在枯死的树枝或树干上挖洞筑巢，并且经常在之后的繁殖期重复使用。通常一窝产2~4枚白色的卵。幼鸟由雌雄亲鸟共同抚养，其食物主要为水果和昆虫。

背部羽毛
背部呈黑色，有黄色和白色的条纹。

快速鸣叫
每分钟可重复鸣叫100次。

同属种类
经常会和同属的黄额钟声拟䴕（*Pogoniulus chrysoconus*）混淆。除了额头的羽色不同外，它们之间的体形大小也有差别，红额钟声拟䴕比黄额钟声拟䴕稍小。

Gymnobucco bonapartei
灰喉拟䴕

体长：17 厘米
体重：30~55 克
社会单位：群居
保护状况：无危
分布范围：非洲中西部

灰喉拟䴕的羽毛为不引人注目的灰棕色。这使得它们区别于非洲拟啄木鸟科的其他成员（它们大部分都有色彩绚烂的羽毛）。眼圈为黄色，虹膜为黑色。羽须颜色和身体上的羽毛相似。生活在热带丛林里，大部分时间都停在树枝上，发出一系列叫声，因此，和看到它们相比，我们更容易听到它们的叫声。同样也和同类的其他鸟一起在树上筑巢，形成领地。它们通常在干枯的树干上挖洞筑巢。它们主要以昆虫为食，一般在飞行过程中捕猎。另外，它们也会吃水果，尤其是浆果类。由于没有关于这种鸟的充分的科学记录，因此其大部分行为习惯不详。

Lybius chaplini
查氏拟䴕

体长：19 厘米
体重：64~75 克
社会单位：群居
保护状况：易危
分布范围：非洲赞比亚

查氏拟䴕是非洲拟啄木鸟科中唯一一种赞比亚特有的鸟类。只生活在有无花果树的开阔的丛林中，西克莫无花果（*Ficus sycomorus*）是它们的主要食物。羽毛卷曲，呈白色，有深红色的眼圈。尾巴和翅膀是黑色的，飞羽底部边缘为黄色。各种科学研究揭示了其一系列有特定目的的社会行为，其中最突出的有打招呼、求偶、防御等一套互相交往的方式。经常由3只鸟组成一个群体一起鸣叫。它们的叫声非常喧闹，像是一种加速的"咯咯"声。北非响蜜䴕（*Indicator minor*）一般寄生在它们的巢穴中。

Lybius torquatus
黑领拟䴕

体长：19~20 厘米
体重：56~58 克
社会单位：群居
保护状况：易危
分布范围：撒哈拉以南的非洲

黑领拟䴕的脸部包括眼睛为红色，喙和脚为黑色，背部羽毛呈棕色。脖子上的羽毛为胭脂红色，和腹部的柠檬黄色形成鲜明对比。胸脯的位置有一圈黑色项链似的羽毛，因此而得名。经常在地面或者灌木枝上寻找果实，以种子和花蜜为食。它们也会在飞行中捕食小型无脊椎动物。一夫一妻制。雌鸟在之前挖好的数米高的树洞里产2~5枚白色的卵。孵化期为20天。出生的第一个月由亲鸟共同哺育，也会经常得到其他同类的帮助。

耀眼的羽毛
头部多彩的羽毛非常引人注目。

二重唱
伴侣一起同声部合唱。它们一边唱着高音，一边随着节拍摇晃着翅膀。

Trachyphonus erythrocephalus
红黄拟䴕

体长：20~22 厘米
体重：17 克
社会单位：群居
保护状况：无危
分布范围：非洲东部

红黄拟䴕的羽色多彩。脖子为红橙混合色，后颈有黑色斑点，胸部有一圈黑白的如项链般的羽毛，胸部下方和腹部为黄色，因此而得名"红黄拟䴕"。额头为黑色，脚为灰蓝色。背部一般为黑色，有白色斑点。主要分布在热带草原、干旱的灌木林、河床附近的树丛以及悬崖。为杂食性鸟类，主要吃各种各样的果实、种子和小型无脊椎动物，尤其喜欢白蚁。繁殖期一般在雨季，从 4 月份开始。在蚁穴或树洞中筑巢；一窝通常有 5~6 枚卵

二色性和性别二态性
成年雄鸟、雌鸟和幼鸟之间在整体外表上存在一些差异。成年雄鸟羽色更加亮丽，也只有它头上才有冠。

Tricholaema hirsuta
丝胸拟䴕

体长：17 厘米
体重：15~20 克
社会单位：独居
保护状况：无危
分布范围：非洲中西部

丝胸拟䴕喉部下面的羽毛非常特别，这些纤细而繁多的羽毛看起来很像毛发。头部为蓝黑色，脸颊两边有两条白色的条纹，一直从眼睛延伸到颈部。背部羽毛为黑色或棕色，有肉桂色的斑点，而腹部为柠檬黄色，有黑色斑点。雌鸟背部有深黄色甚至橙色的斑点。

生活在热带丛林里。杂食性动物，以水果、地衣、苔藓和昆虫为食。为了觅食，它们会进行季节性迁徙。进食之后，它们会清洁自己的喙：用爪子摩擦自己的喙，来清除上面的残渣。鸣叫时，用不同的节奏反复唱出 1~3 个高音。伴侣之间会进行二重唱来互相交流和保卫自己的领地。

Trachyphonus vaillantii
南非拟䴕

体长：23~24 厘米
体重：70 克
社会单位：独居
保护状况：无危
分布范围：南非

南非拟䴕是非洲拟啄木鸟科中羽色最为绚烂的鸟。体羽有亮丽的红色、白色、黑色和黄色。另一个显著特点是冠羽竖立在头顶，行成额发或冠，它们的俗名就源于此。一般分布在树林、茂密的灌木丛、大草原和水域附近牧草丰富的地方。

主要以昆虫、水果、小型鸟类的卵为食。一夫一妻制。雌鸟在树洞产 1~5 枚卵，然后由亲鸟共同孵化 15 天。雏鸟刚出生时柔弱无力，全身赤裸无毛，眼睛紧闭。由亲鸟共同哺育，第一个月主要吃一些昆虫。叫声绵长有共振，听起来像颤音。它们在守卫领地和雏鸟时具有很强的攻击性。

Psilopogon pyrolophus
火簇拟䴕

体长：26~28 厘米
体重：115~150 克
社会单位：独居
保护状况：无危
分布范围：印度尼西亚、马来西亚和泰国

火簇拟䴕的羽毛一般为翠绿色，一直延伸到腹部。羽毛有一些红色和蓝色的斑点。颈部的金色环形羽毛和面颊部的灰色斑块相连接。昼行性，中午的时候活动量最大，傍晚躲在树丛中。叫声如蝉鸣。繁殖期的伴侣在树干上挖洞筑巢。雌鸟每窝产 2 枚卵，由双方轮流孵化。雏鸟出生的第一周由亲鸟共同哺育，主要吃昆虫。之后，它们所吃的食物会发生变化，慢慢地几乎完全食果。

与众不同
它们的俗名来源于它们多彩的羽冠。

金项链
由金黄色的羽毛构成。

独一无二的喙
喙呈黄色，中间有黑色条纹，这使它们显得与众不同。

Megalaima faiostricta
黄纹拟啄木鸟

体长：24~27 厘米
翼展：35~40 厘米
社会单位：群居
保护状况：无危
分布范围：东南亚

黄纹拟啄木鸟俗名叫绿耳拟啄木鸟，之所以这么叫，是因为其耳羽为绿色。身形小巧，羽毛整体为绿色，脖子短，头大呈白色且带棕色条纹，眼圈为黄色。腹部呈绿色，有黄色条纹，尾羽很短。雄鸟、雌鸟和幼鸟几乎是一样的。有两个亚种：*M.f.faiostricta* 和 *M.f.praetermissa*。它们大部分时间都躲在海拔900米左右的常绿落叶阔叶林中。在树洞中筑巢，孵化期为15天左右。经常会分成一些小团体。雄鸟能发出不同的叫声：保卫领地时，会发出响亮的声音；繁殖期时，声音较为柔和。

生态作用
它们以水果为食，是原产物种种子的重要传播者。

Megalaima asiatica
蓝喉拟啄木鸟

体长：22~23 厘米
体重：82 克
社会单位：群居
保护状况：无危
分布范围：亚洲南部

蓝喉拟啄木鸟的特征在于其脸的两侧为天蓝色，前额和头顶为红色，冠的周围有黑色和黄色的条带。整体上呈绿色。它们生活的自然生态系统包括湿润的有次生植被和果树的丛林。一般栖息在海拔400~2400米的地方。主要以水果为食，还会吃一些无脊椎动物和小型脊椎动物。

Megalaima oorti
黑眉拟啄木鸟

体长：20~23.5 厘米
体重：92.5 克
社会单位：群居
保护状况：无危
分布范围：中国和东南亚

黑眉拟啄木鸟的眼睛上面有黑色的条纹，就好像是眉毛，因此而得名。在中国被称为五色鸟，因为它的羽毛有绿色、黄色、红色、蓝色和黑色五种颜色。有5个亚种，它们在羽色上有细微的差别。栖息在海拔1000多米的高山丛林，生活在丛林的中层和顶部。与在茂密的树冠中发现它们的踪迹相比，我们更容易听到它们的叫声。在树干上挖洞筑巢，主要以水果为食，尤其是浆果类。

Megalaima virens
大拟啄木鸟

体长：32~33 厘米
体重：229 克
社会单位：独居
保护状况：无危
分布范围：亚洲南部

大拟啄木鸟是拟啄木鸟属中最大的鸟类，超过其他同属种类约7倍。有6个亚种，都生活在海拔1000~3000米之间的湿润高山丛林里。冬季会到山谷活动，那里气候较为温和。雌鸟在树洞产卵，通常一窝产3~4枚卵，孵化期为2周。独居，并且喜欢在一个地区定居。但是，少数情况下也会聚成一些小群体。雄鸟和雌鸟会进行响亮的二重唱，这时它们的喉囊会膨胀。主要以水果为食，如无花果以及其他的无花果属果实。也会吃各种各样的种子、花和节肢动物。引人注目的羽色使它们在印度的动物贸易中大受欢迎，这也是它们所面临的严重威胁。

独特的标志
头部呈暗蓝色，喙为黄色，但尖端为黑色。

斗篷似的背羽
背部羽毛为栗色，而翅羽和尾羽为绿色。

下体
呈棕色，有黄色或奶油色斑点，尾巴基部为红色。

响蜜䴕

门:	脊索动物门
纲:	鸟纲
目:	䴕形目
科:	响蜜䴕科
种:	17

它们之所以叫响蜜䴕，是因为它们能够引导大型哺乳动物，甚至引导人类找到蜂巢。响蜜䴕科由4个属构成，一般分布在亚洲和非洲。其所有的种都是寄生长大的，它们在其他鸟类的巢穴中产卵，由其近亲来照顾。幼鸟出生后不久，就会攻击其他鸟的卵或者刚出生的雏鸟。

Indicator indicator
黑喉响蜜䴕

体长：20厘米
体重：50克
社会单位：独居
保护状况：无危
分布范围：撒哈拉以南的非洲

黑喉响蜜䴕的背羽为棕色。雄鸟的喉部为黑色，喙为粉色，眼睛下面有亮色的斑点，而雌鸟则没有这些特点。经常会钻进蜂巢里觅食，一般都是在清晨捕食，因为此时的昆虫不是很活跃，攻击性不强。它们是能够消化蜡的少数鸟类之一。同样它们也会吃一些飞虫和小型鸟类的卵。喜独居，但有时成对或组成一些小团体一起活动。

是寄生鸟类。雌鸟一般产3~7枚卵，然后将它们分别寄养在其他鸟类的空巢里，空巢通常都位于树洞或者树枝中间。这些卵由"养父母"孵化。雏鸟破壳而出后会啄巢内原有的卵，甚至会杀死巢中的其他雏鸟以减少竞争。

厚厚的皮肤
使它们在觅食时可以承受蜜蜂的叮咬。

蜂巢
它们对蜂毒并没有免疫力。高浓度的毒液会使它们面临致命的危险。

至关重要的资源
主要在蜂巢内觅食。不仅吃蜂蜜，还吃蜂卵、蜂蛹、幼虫，甚至是蜂蜡。

Indicator minor
北非响蜜䴕

体长：13~15厘米
体重：28克
社会单位：独居
保护状况：无危
分布范围：撒哈拉以南的非洲

北非响蜜䴕的头部和喉部呈灰色。背部为金橄榄绿色，腹部为灰黄色。生活在树丛中，茂密的丛林和干旱地区除外。一夫多妻制，并且是寄生性鸟类。一只雌鸟一季能产20枚卵，通常都产在其他鸟类的巢中，尤其是拟啄木鸟（非洲拟啄木鸟科）的窝内。

Melichneutes robustus
琴尾响蜜䴕

体长：17厘米
体重：47~61.5克
社会单位：独居
保护状况：无危
分布范围：非洲西部

琴尾响蜜䴕因其尾巴的独特形状而得名。雌鸟腹部有灰色斑点，尾羽比雄鸟稍小。雄鸟通过一系列的叫声和空中的杂技表演来求偶。

杂食性鸟类，食物包括白蚁、蜘蛛、水果、蜡和蜜蜂幼虫。

巨嘴鸟

| 门：脊索动物门 |
| 纲：鸟纲 |
| 目：䴕形目 |
| 科：巨嘴鸟科 |
| 种：40 |

它们生活在美洲的大部分地区，从墨西哥南部到阿根廷北部都可发现它们的身影。喙非常引人注目，大而轻，不会妨碍它们飞行，行动灵活敏捷。羽毛五彩缤纷，面部赤裸无毛。主要以果实为食，但是也会吃昆虫、小型爬行动物、其他鸟类的雏鸟或者卵。在树洞里筑巢休息。

Aulacorhynchus prasinus
绿巨嘴鸟
体长：29~37 厘米
体重：145~180 克
社会单位：群居
保护状况：无危
分布范围：墨西哥、中美洲和南美洲西北部

绿巨嘴鸟因零散分布而产生了很多单独的亚种。有科学家认为，有些亚种之间的区别非常明显，因而对于它们的分类产生了分歧，建议将它们列为不同的种类。

能够在各种各样的环境中生活，尤其是湿润的森林和海拔 3700 米高的开阔丛林。经常会由一只鸟带领的 5~10 个成员所组成的团队一起快速行动。

主要以果实为食，同时也会吃一些种子、昆虫、小型爬行动物和鸟卵。它们是种子的重要传播者，经过其消化道的种子发芽率更高。

3 月到 7 月为繁殖期，根据具体的气候条件而定。求偶过程看起来像是一场无害的啄击战。它们会将遗弃的巢穴扩大，然后雌鸟在其中产 3~4 枚卵。雌鸟和雄鸟轮流孵化 2 周；之后再负责照料雏鸟 6 周。刚出生的雏鸟没有羽毛，眼睛紧闭。一般情况下，雄鸟负责白天照顾雏鸟，而雌鸟则一整晚都待在巢内。

各式各样的喙
各个亚种的喙可以通过形态变化来区分。

均匀的胸部
体羽主要颜色为绿色，背部和腹部颜色有细微差别。

海绵状组织

空心

外层带有角蛋白

彩色的尾羽
位于内侧，呈黄色、粉色和橙色。

大而轻的喙
喙长 6.5~7.5 厘米。尽管体积大，但是很轻，因为喙上半部分为多孔的海绵状组织，且下半部分是空心的。

Selenidera maculirostris
点嘴小巨嘴鸟

体长：30~33 厘米
体重：170 克
社会单位：独居
保护状况：无危
分布范围：南美洲东部

点嘴小巨嘴鸟的喙为灰黄色，有黑色斑点，它的学名就源于此。一般栖息在大西洋沿岸的森林和雨林的中层或低处，海拔不超过 1000 米。成对生活，会进行短距离飞行，并且会在茂密的丛林中跳跃。经常会同其他近亲一起在同一洞穴休息。繁殖期时，在树洞内筑巢，一窝一般会产 2~4 枚卵。孵化期可持续 16 天，并由父母双方共同哺养幼鸟。叫声粗，声调低沉沙哑，和青蛙的叫声相似。一般在清晨和黄昏时分能听到它们的叫声。

性别二态性
头部、胸部和脖子的羽毛把雄鸟和雌鸟区别开来：雄鸟的颜色为黑色，而雌鸟则为栗色。

Aulacorhynchus sulcatus
沟嘴巨嘴鸟

体长：33~36 厘米
体重：150~200 克
社会单位：群居
保护状况：无危
分布范围：委内瑞拉北部和哥伦比亚

沟嘴巨嘴鸟的羽色整体呈绿色，但是喉部为白色。喙为黑色，上面有棕色和深红色的斑点。但是它的一个亚种，即 *A.s.calorhynchus*，喙上的斑点呈黄色。因此，目前关于其分类存在一些争议。DNA 研究表明，实际上它只是沟嘴巨嘴鸟的三个亚种之一。生活在安第斯山脉海拔 2000 米左右的阴雨绵绵的雨林附近。性别二态性不明显，只有喙弯曲的程度存在差异，雄鸟的喙比雌鸟的弯曲程度稍大。另外，雌鸟的喙略小。它们的饮食是巨嘴鸟科最典型的，基本上以果实、其他鸟的雏鸟或卵以及昆虫为主。经常会组成一个小群体，排成一排，在林下到树冠之间飞来飞去寻找食物。

Pteroglossus castanotis
栗耳簇舌巨嘴鸟

体长：36~47 厘米
体重：230~310 克
社会单位：群居
保护状况：无危
分布范围：南美洲中西部

栗耳簇舌巨嘴鸟因黄色胸脯上的一道红色条纹而与众不同。大部分体羽呈黑色，喉部上半部分为栗色，头部两侧为暗棕色。眼圈周围无毛，皮肤呈显眼的绿松石色。

栖息于宽广的热带雨林或者靠近水域的茂密丛林边缘。主要分布在安第斯山脉东部和亚马孙河流域的西南部，从哥伦比亚一直到阿根廷东北部。它们组成 12 个成员的群体，排成一排飞翔，能够避开枝叶繁茂的丛林给它们带来的所有障碍。它们经常会抓住藤本植物或柔软的树枝，甚至头朝下倒挂着来获取果实。

繁殖期取决于物种的分布。它们将啄木鸟（啄木鸟科）的洞穴重新修整、清理和扩建，来作为自己的巢穴；或者在白蚁（蜚蠊目）的窝内筑巢。一窝一般有 2~4 枚卵，孵化期为 18 天。雏鸟留巢喂养，25~30 天之后，离开巢穴。

贪婪的攻击者
攻击黄腰酋长鹂（*Cacicus cela*）和红头啄木鸟属的某些种类的巢穴，以其卵甚至是雏鸟为食。

Pteroglossus beauharnaesii
曲冠簇舌巨嘴鸟

体长：40~45 厘米
体重：190~280 克
社会单位：独居
保护状况：无危
分布范围：玻利维亚、巴西、秘鲁

曲冠簇舌巨嘴鸟的额前和头顶的羽毛卷曲。和其他巨嘴鸟相比，喙相对较短，但是颜色非常引人注目。栖息于亚马孙河流域西南部的热带雨林。直接在树洞中筑巢，不加任何修饰和改善。睡觉时，将尾巴抬起靠在背部，使它们粗壮的身子容入小小的洞穴中。叫声沙哑，缺乏节奏感，中间夹杂着哨音。主要以水果和浆果为食，哺育期会加强饮食，吃一些昆虫和其他鸟类的雏鸟，尤其是黄腰酋长鹂的雏鸟。雌鸟负责照顾并保护刚出生的小鸟，而雄鸟则负责守卫和寻找食物。

喙
用喙剥开果实，果实是它们最重要的食物之一。

尾巴
尾羽也卷曲，只有近距离才能发现。

卷曲的羽毛
羽毛的形态和其功能息息相关。对于这种鸟来说，其头顶的卷曲冠毛起装饰作用。

Pteroglossus aracari
黑颈簇舌巨嘴鸟

体长：35~45 厘米
体重：180~310 克
社会单位：群居
保护状况：无危
分布范围：南美洲东北部

黑颈簇舌巨嘴鸟的喙的颜色非常耀眼：上颌为象牙色，下颌为黑色。身体粗壮，上半部分呈黑色，腹部和胸部为黄色，腹部有一条红色的宽斑纹，非常独特。生活在潮湿的低地热带雨林，尤其喜欢古老腐朽的森林。通常由 10 只鸟组成一个小群体生活在丛林高处。其主要食物为果实，至少食用 100 种不同的果实。筑巢期间，还会吃一些昆虫来补充蛋白质。

Andigena laminirostris
扁嘴山巨嘴鸟

体长：46~51 厘米
体重：275~355 克
社会单位：群居
保护状况：近危
分布范围：哥伦比亚、厄瓜多尔

扁嘴山巨嘴鸟的喙呈彩色且有叠层，这是它们的标志。羽色绚丽：头顶、颈部、尾巴为黑色；胸腹部呈天蓝色；翅膀和腿为棕色和橄榄绿色；尾巴基部呈红色。眼圈周围无毛，皮肤呈绿松石色，眼睛下面为黄色。

一般栖息在海拔 1200~3200 米附生植物茂盛的安第斯山湿润的丛林里，经常和其他种类组成小团体到树丛中层觅食。基本上以果实为食，食用将近 50 种不同的植物果实。也会吃昆虫，尤其是用鞘翅目昆虫来丰富它们的饮食。有时还会吃当地一些植物的花蕾。繁殖期开始之前，不繁殖的鸟会离开巢区。在哥伦比亚，繁殖期一般在秋冬两季；在厄瓜多尔只有冬季为繁殖期。在干枯树干的不同高度筑巢。每窝一般有 2~3 枚卵，由雌鸟和雄鸟共同孵化。雏鸟破壳而出后，由父母负责照顾 45~60 天，一般喂它们吃一些甲虫、蜗牛、卵、老鼠和小鸟，直到其独立。

紫色的喙
喙呈紫色，是其俗名的由来。

哺育雏鸟
繁殖期的伴侣会占据其他鸟类的巢穴。可以同时哺养两窝幼鸟。

鲜艳的羽毛
是它们被捕获当作宠物的原因之一。

Ramphastos sulfuratus
厚嘴巨嘴鸟

体长：46~63厘米
体重：275~550克
社会单位：群居
保护状况：无危
分布范围：非洲中部

厚嘴巨嘴鸟的喙的颜色和其他巨嘴鸟科鸟类的不同。喙呈柠檬绿色，尖端为红色或深红色。下颌有天蓝色斑点，上颌有橙色或黄色斑点。体羽有黑色、红色、黄色和白色。单态性，但雌鸟一般体形稍小，喙略短。

栖息于亚热带湿润丛林、山区和低地。在30~35米的高空休憩和觅食。主要以水果和昆虫为食，有时也会捕食小型鸟类和爬行动物。经常在树上进食，在极少数情况下会到地面上进食。社会性极强，同类间会举行娱乐活动，比如扔水果。它们喜欢由6~10只鸟一起在树枝间跳跃。排成一列笨拙地飞翔。在发情期，雄鸟会赠送食物给雌鸟。之后雄鸟会和接受求偶的雌鸟一同布置树洞作为巢穴，这项任务一般在产卵前6周开始。洞口通常都很狭窄。雌鸟会连续几天产卵，一窝通常有1~4枚卵。雌鸟和雄鸟共同孵化和照顾雏鸟。

饮食
因为主要以果实为食，所以它们是当地主要的种子传播者。

聚集过夜
许多鸟共享一个过夜处。由于洞穴较小，因此它们把喙和尾巴缩到身体下方，挤在一起过夜。

日常活动
每天进食的时间和停歇在树枝上的时间一样长。

Pteroglossus bailloni
橘黄巨嘴鸟

体长：35~40厘米
体重：140克
社会单位：群居
保护状况：近危
分布范围：南美洲东部

橘黄巨嘴鸟的藏红色的羽毛使其在巨嘴鸟中独具一格。背部呈橄榄绿色，喙和其他近亲一样巨大，色彩斑斓。雌鸟和雄鸟非常相似，但是前者的羽毛更绿，且不够光亮。生活在山地丛林和低地地区，虽然它们羽毛绚丽多彩，但是仍然很难在树丛中发现它们的踪迹。一般以当地的果实为食，如蚁栖树（桑科）的果实。它们担任传播种子的重要生态角色。在啄木鸟（啄木鸟科）遗弃的洞穴里筑巢。雌鸟一般产2~3枚卵，和雄鸟共同孵化16天左右。

自然栖息地的破坏是它们所面临的严重威胁，此外，还面临被捕充当宠物的危险。

Ramphastos brevis
乔科巨嘴鸟

体长：46~48厘米
体重：365~480克
社会单位：群居
保护状况：无危
分布范围：哥伦比亚西部和厄瓜多尔

乔科巨嘴鸟整体上为暗黑色，喉部有黄色斑点。尾巴上端基部有白色斑点，基部内侧为红色。眼圈无毛，呈黄绿色。栖息于低地和安第斯山地的丛林中。常和领簇舌巨嘴鸟（*Pteroglossus torquatus*）合作觅食。领簇舌巨嘴鸟的俗名反映了这种种内的关系。基本上以果实为食，但也吃一些小型无脊椎动物。将凤梨科植物周围的积水作为自己的饮水处。自然栖息地的破坏使它们零散地分布在各地，这使得它们觅食越来越困难，也很难找到筑巢和哺养雏鸟的地方。

喙
雌鸟的喙比雄鸟短。

Ramphastos toco
巨嘴鸟

体长：53~66 厘米
翼展：60 厘米
体重：700~800 克
社会单位：群居
保护状况：无危
分布范围：阿根廷、玻利维亚、巴西、法属圭亚那、圭亚那、乌拉圭、秘鲁、苏里南

巢穴
巢穴一般建在树洞、河岸和蚁穴里

巨嘴鸟通常栖息在丛林里，不断拍打翅膀进行短距离飞行，会滑翔，体态优雅。在树枝间跳跃，行动灵活敏捷。喜欢喧闹，但叫声单调，在很远的距离外就可以听到。闲暇时喜欢用嘴在空中画圈来消磨时间。

求偶的特点

大而色彩鲜艳的喙可能是择偶的重要标准，尽管目前还没有明确的研究结果，但是的确能看到它们在交配前会用到喙。每对可能的伴侣都会通过飞翔交换水果来进行互动。这一行为表明它们对彼此感兴趣。

雏鸟

繁殖期一般在春天，一窝通常会有 2~4 枚卵。雏鸟刚出生时，全身赤裸无毛，眼睛紧闭，柔弱且需要保护，一直到它们出生 8 周之后才会渐渐羽翼丰满，喙也会慢慢发育。3~4 岁时性成熟。

与众不同
它们的喙呈彩色，长达 20 厘米左右，但很轻，仅重 40 克。

丛林生活

社会性很强，由 6 个成员组成一个群体共同生活。经常在高空飞翔寻找果实，因此，它们的领地范围很难估算。在其所在的生态系统中扮演着关键性的角色，因为它们吃完水果后，会在飞行过程中将种子通过粪便排出。粪便会掉落到地面上，远离树木，成为种子发芽的有利环境。

强而轻

它们的喙大小不同，强项也不同。巨嘴鸟的喙是长度和韧性或硬度的完美结合，是对树栖性生活和食用果皮又硬又厚的水果的适应。它们长而硬的喙外表是一层坚固的角质鞘，内部是上皮组织。喙的密度为 0.1 克/毫升，也就是说，是水的密度的 1/10。喙的这种特殊结构和低密度的特点不仅利于它们进食，而且使它们能够进行敏捷而均衡的短距离飞行。

喙的内部结构
- 空心区
- 纤维和细胞组织
- 角蛋白
- 外鼻孔
- 上颌
- 下颌骨
- 前颌
- 牙齿
- 顶端
- 下颌
- 喙尖

眼睑
眼睑颜色鲜艳明亮，使得眼睛的轮廓非常独特。其颜色源于色素上皮组织细胞。

显微镜观察
喙的内部结构非常坚硬，有很多密集的细胞层聚集骨质支撑杆，富含钙盐。

鸟类（下） 99

羽毛
主要的颜色为黑色；白色的"胸饰"同黄色的脸颊和蓝色的眼睑对比鲜明，肛门附近为红色，尾基部为白色。

攀禽
脚趾为并趾，两趾向前，两趾向后。能够快速而又灵活地爬到树枝上。

15%
每日所吃的食物占身体总重量的15%。

平衡地飞行

与身体其他部位不成比例的嘴看起来似乎会导致它们飞行时失去平衡，但事实上喙的结构和质地却是它们在飞行中保持平衡的关键。和身体其他部位相比，尽管喙的长度占了整个身体的1/3，但是重量不到体重的5%。因此，身体的重心位于身体的中部和翅膀的中轴线上。

展翅高飞时，翼展可达60厘米。

内部中空，很轻，不会导致飞行失衡。

喙的长度占身体总长的1/3。

5%
喙的重量占身体总重量的5%。

Ramphastos dicolorus
红胸巨嘴鸟

体长：40~46厘米
体重：265~400克
社会单位：成对或小型群居
保护状况：无危
分布范围：南美洲东南部

和同属的其他巨嘴鸟一样，红胸巨嘴鸟无明显的性别二态性：雄鸟和雌鸟相似，通过测量喙和泄殖腔的长度来辨别性别。通常，雌性的喙和泄殖腔比雄性略短。眼睑呈天蓝色，周围有一圈红色裸皮。胸部呈黄色，腹部为红色。它们是巨嘴鸟科中最小的种类。尽管经常会看到它们独自行动，但它们也习惯至多20只鸟聚成一个群体在果树上觅食，有时甚至会和其他种类的巨嘴鸟一起。因肠道很短，所以它们尤其偏爱果实。从立春到2月，在天然的树洞或啄木鸟遗弃的洞穴中筑巢，一般位于6~8米高的树木。产2~4枚白色的卵，由夫妻双方共同孵化18天左右。刚出生的雏鸟全身赤裸无毛，眼睛紧闭，40天左右就可以离开巢穴。

羽毛
背部呈炭黑色，和身体的其他部分对比鲜明。

喙
喙为绿色，只有和头部连接的地方为黑色。

调节体温
由于喙上的血管可以散热，因此它们能够自行调节体温。如果周围温度较低，血流的速度也会降低，这样就不会导致热量流失。

Ramphastos swainsonii
栗嘴巨嘴鸟

体长：53~56厘米
体重：600~700克
社会单位：成对或小型群居
保护状况：无危
分布范围：中美洲和南美洲东北部

栗嘴巨嘴鸟是一种体形较大的鸟类，巨大的喙长145~170毫米。是体形庞大的巨嘴鸟之一。通常生活在海拔低于1000米的低地热带雨林里，但在哥伦比亚有生活在海拔2000米的记录。栖息在不同的环境中，如茂密的丛林、种植园。如果树木适宜，它们甚至可以在花园中生活。叫声类似于狗等动物的嚎叫（当地人将其形容为"上帝的恩赐"），这使它们不同于有类似羽毛的其他种类，其他种类的叫声为尖细型。它们还可以通过翅羽外侧羽毛的缺口发出机械似的声音。虽然和其他巨嘴鸟一样，主要以果实为食，但是它们也会吃昆虫、爬行动物和鸟卵。12月到次年7月筑巢。求偶期间会积极表现自己，然后互换食物。情侣会占据5~15米高处的天然洞穴。雌鸟在巢内产2~4枚卵，之后由夫妻双方共同孵化。

喙
下颌和近一半上颌呈棕色，其余部分为黄色。

喉咙
面部和颈部表层的羽毛为黄色，里层为白色

舌头
舌头长15厘米，又平又窄，几乎和喙一样长。

Ramphastos tucanus
红嘴巨嘴鸟

体长：53~61 厘米
体重：600~700 克
社会单位：成对或小型群居
保护状况：无危
分布范围：南美洲（亚马孙河）

红嘴巨嘴鸟是一种体形庞大的巨嘴鸟，喙长 14~18 厘米。身体颜色大部分呈黑色，但因种类不同，会发生变化。喙的基部为蓝色；背部、翅膀和尾巴为黑色；尾巴基部上端的羽毛为黄色，下端为红色；喉部和胸部为白色，略显黄色；胸部有胭脂红的条纹；腹部为黑色；眼睛周围的皮肤为天蓝色，虹膜呈咖啡色。和雄鸟相比，雌鸟体形稍小，喙略短。喜欢以果实、花和花蜜为食，但是也会吃甲虫、毛虫、蜘蛛、白蚁和小型脊椎动物（如爬行动物）和其他鸟类的卵和雏鸟。经常出现在开阔的热带雨林的中上层，尤其是靠近水域的地方，有时也会出现在村镇里的树上。

非常活跃、显眼和吵闹。雌鸟和雄鸟叫声不同，雌鸟音调高，而雄鸟音调较低。飞行路线呈波浪状上下起伏，振翅和滑翔交替转换。它们组成小群体在高大乔木的枝叶间寻找食物。在大树 3~20 米高处的树洞筑巢。在 1 米多深的地方产卵，一窝有 2~4 枚白色椭圆形卵。孵化期为 14~15 天。喂雏鸟吃果实、节肢动物和小型脊椎动物。

保护
雏鸟脚上有特殊的肉垫，能够保护它们免受粗糙巢穴的伤害。为了使巢穴柔软舒适，它们会在窝内铺上自己反刍的软化的果实种子或者木屑。

独特的目光
眼圈的颜色和白色面颊对比鲜明，使它们的目光显得十分锐利。

喙
喙大而扁，边缘锋利。

生态指标
因其体形、对丛林的依赖性以及传播种子的生态作用，它们成为评价丛林生态状态的重要指标。

栖息架
脚趾紧紧抓住树枝，灵活地行走。

尾巴
尾羽呈黑色，大小和其他种类相似，样子呈方形。

独特的外貌
喙的特殊结构使得鼻孔和外鼻孔延伸到了喙的基部。

啄木鸟及其近亲

门：脊索动物门	
纲：鸟纲	
目：䴕形目	
科：1	
种：213	

树栖性鸟类，擅于攀爬树干和树枝。两趾向前，两趾向后。喙非常坚硬，能在树干上啄孔，来捕食幼虫和营巢。舌头很长，可伸缩，舌尖有触须。头部和颈部的骨头和肌肉能够承受敲击。具有世界性，除苔原和大洋洲外，其他地方均有分布，一般生活在树木丛生的地方。

颈部
颈部为均匀的灰色，和身体的其他部位形成对比。

尾部
尾羽内侧为红色。

Colaptes auratus
北扑翅䴕
体长：30~35 厘米
体重：88~164 克
社会单位：独居
保护状况：无危
分布范围：北美洲、中美洲、安的列斯群岛

北扑翅䴕栖息在开阔的丛林和稀树草原。在城市里的公园和花园也能发现它们的踪迹。在没有树木的草原比较罕见。除生活在古巴岛的北扑翅䴕为候鸟外，其余的都喜定居。通常都是独自活动，大部分时间在地面徘徊寻找食物。它们主要以蚂蚁和其他节肢动物为食。会季节性地食用果实和种子。有时用喙敲击木头捕食昆虫。体羽为棕褐色，有斑点，可以隐藏在周围的环境中，使其能够安全地啄木而不被发现，尤其是在进食的时候。腹部羽色和背部差别很大，胸部有黑色斑点，腹部和肋部有暗色圆点。一夫一妻制，结合为稳定的伴侣。在树洞筑巢，一般远离可提供建筑木材的林区。2~8 月为繁殖期，时间非常充裕，可以哺养两窝雏鸟。雌鸟每窝产3~12 枚卵，由雌鸟和雄鸟共同孵化11~12 天。刚出生的雏鸟由父母吐出吃下的食物来喂养。出生后 25~28 天，雏鸟便可以离开巢穴。

Colpates campestris
草原扑翅䴕
体长：28~31 厘米
体重：148~153 克
社会单位：群居
保护状况：无危
分布范围：南美洲

草原扑翅䴕生活在海拔 800 米的草原、稀树草原、开阔的丛林和田野里。喜欢定居，具有领地意识，陆栖性，在地面通过跳跃甚至行走来觅食。几乎只吃蚂蚁和白蚁。极少的情况下，会吃一些果实。繁殖活动从选择筑巢地开始，一般在树木、棕榈和杆子上筑巢，生活在草地上的草原扑翅䴕挖蚁穴或软土层筑巢。使用树洞的伴侣会连续两年重复利用自己的巢穴。一窝一般有 4~5 枚白色的椭圆形卵。

Picus viridis
欧洲绿啄木鸟

体长：30~36 厘米
体重：90~175 克
社会单位：群居
保护状况：无危
分布范围：欧亚大陆

欧洲绿啄木鸟大部分时间在地面捕食蚂蚁，这是它们最主要的食物，另外它们还会吃一些其他的昆虫和小型爬行动物。

它们的喙是进化适应的结果：因为在地面觅食，所以喙变得很脆弱，不能啄木。这是一种非常害羞，且喜欢定居的鸟，尽管它们的名字听起来很强大。

栖息在草本植物丰富、树木稀疏、有大量蚁穴的地方或者小型开阔树林和田地里。在栎树、山毛榉、柳树和欧洲中部的果树以及北部的杨树上筑巢。一般在腐朽的树干上挖洞作为巢穴，洞口相对较大。有些树洞会反复使用10年。一窝有4~6枚白色的卵，由父母孵化19~20天。成鸟主要给它们的雏鸟喂不同种类的蚂蚁。出生后3周，幼鸟便离开巢穴。

在地面觅食

带有黏液的舌头

倒钩

进食时间
舌头长10厘米，因其分泌唾液，所以舌头具有黏性。它们将舌头伸进蚁穴，用带有倒钩的舌尖捕获猎物。

Dryocupus martius
黑啄木鸟

体长：47~57 厘米
体重：260~370 克
社会单位：独居或成对
保护状况：无危
分布范围：欧亚大陆

黑啄木鸟广泛分布于欧亚大陆，栖息在成熟的树林，以及针阔叶混交林或落叶林里。雄鸟和雌鸟不同，雄鸟前额、头顶和颈部为红色，雌鸟前额呈黑色。每对伴侣占据300~400公顷的栖息地作为自己的领地，在其中觅食和繁衍后代。主要以蚂蚁、甲虫及其幼虫为食。有时也会吃其他昆虫、坚果、种子和水果。

繁殖期从1月份的求偶开始，3月份，在北半球的春天，开始筑巢。大部分巢穴位于生病但还活着的树的树干上。

结为伴侣的雌鸟和雄鸟在巢中孵化3~5枚卵，孵化期为2周。雏鸟出生后，由亲鸟通过反刍捕食的昆虫来喂养。幼鸟在出生约28天后，便离开巢穴。

喂养雏鸟
在树干上寻找昆虫的幼虫或其他食物来喂养雏鸟。

羽冠
猩红色的羽冠与黑色身体的其他部分对比鲜明。

支撑
坚硬的尾巴为它们在啄击树木时提供支撑。

Dryocupus pileatus
北美黑啄木鸟

体长：40~49 厘米
体重：250~364 克
社会单位：成对
保护状况：无危
分布范围：北美洲

北美黑啄木鸟成对生活，有领地意识，一整年都在自己的领地内活动。栖息于常绿林、落叶林以及针叶林中。主要以昆虫为食，包括蚂蚁、甲虫，以及它们的幼虫。有时也会吃果实和坚果。在有高大树干的枯树上挖洞筑巢。巢穴有很多入口，雌雄亲鸟在白天孵化4枚卵，然而晚上，只由雄鸟负责孵化。2周后，雏鸟出生。

Melanerpes formicivorus

橡树啄木鸟

体长：19~23 厘米
翼展：35~43 厘米
体重：85~90 克
社会单位：群居
保护状况：无危
分布范围：南美洲北部、北美洲南部

繁育者
雄性橡树啄木鸟在橡树上啄孔，为自己的群体筑巢。

橡树啄木鸟社会性很强，非常活跃，12 只鸟组成一个群体，共同生活在枯树的内皮层。能够灵活地在飞行过程中捕食昆虫。在捕食蚂蚁时才会下到地面。不迁徙，当有成员寻找伴侣或者新的橡树时，它们的群体才会分散。

饮食

主要为橡果，有时也会吃种子、果实、植物汁液和花蜜。此外，一年当中也会吃昆虫，如飞蚁、蜜蜂、甲虫和蝴蝶。

筑巢

在枯树 6~21 米的地方挖洞筑巢，巢内有 3 只鸟负责孵化和喂养雏鸟。

不断啄击
每秒啄 25 次朽木，每天能敲击树干 500~600 次。

独特的羽毛

雄鸟和雌鸟羽色不同。成鸟的羽冠和颈部为红色，喙的基部和下巴为黑色。尾羽基部、前额、面部和喉部为白色，就像初羽内侧的斑点。身体的其他部位呈蓝黑色。虹膜为白色或黄色，喙为黑色，爪子呈灰色。幼年雄鸟和成鸟相似，但是颜色更为暗淡，羽毛略带灰色，条纹不清晰，虹膜为咖啡色或者灰色。

12000
橡树啄木鸟每天啄木 12000 次。

特殊的脑部结构

在敲击木头时承受的重力加速度为 1500 克（重力加速度的单位），是以 27 千米/时的速度撞击人的头部时的重力加速度的 5 倍。

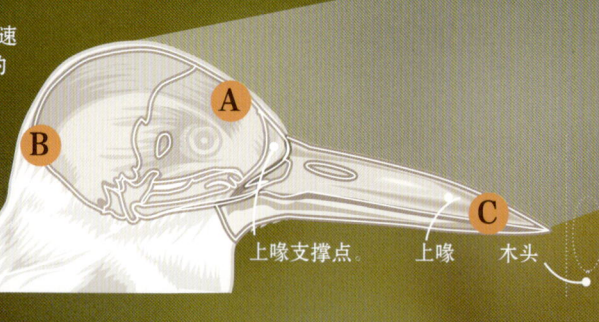

海绵状组织（减缓撞击力） 上喙支撑点 上喙 木头

A 前额的骨松质能减缓撞击力的影响。
B 后脑的骨密质接受极小部分撞击振动的影响。
C 喙尖被向后和向下推。

繁殖群体

一个群体中，4 只雄性争夺同 1~3 只雌性繁衍后代的权利，它们共同生活在同一巢穴中。一开始雌性间的生殖竞争非常激烈，甚至会毁掉对方的卵。两次共同产卵之后，这种现象就不再出现。雄性之间的生殖竞争体现在交配时阻碍或干扰对方。没有求偶仪式，也不会结为一夫一妻的伴侣。此外，它们还同其他不繁殖的雄性和雌性一起生活，但只有当它们占领了另一棵树，或者有鸟从自己群体或其他群体落单的时候，它们才这样做。

繁殖者

雄鸟　　　　　　　　　　　雌鸟

陪伴者

鸟类（下） 105

性别二态性
雄鸟头顶羽毛呈红色，而雌鸟只有颈部的羽毛为红色，头顶的羽毛则为黑色。

闪亮的羽毛
羽毛的主要颜色为黑色或蓝色，有光泽。

坚硬的尾巴
它们把尾巴作为啄击木头时的一个支撑点。

15万
它们在同一个树干上能储存15万颗橡果。

橡果的仓库

它们的主要食物是橡树的果实。经常会看到它们在橡树林或者有橡树的草原啄树干以存储食物。它们啄木的频率为每秒18~22次，能够在朽木上啄洞。每棵树上可以啄超过15万个洞，每个洞深5厘米。

1 开始
开始行动之前，先晃动身体，使身体距离停留位置5厘米。然后在树干上保持身体平衡，开始钻木工作。

时间：2毫秒

2 推动
爪子抓住树干，尾巴像杠杆一样支在树干上，躯干和全身肌肉会随着啄击的方向运动。

时间：7毫秒

3 加速
紧绷的身体和坚硬的颈部将头引向树干。坚硬的尾羽是身体外部的一个支撑点，使得啄击更加有力。

时间：13毫秒

4 啄击
啄击树干，木屑不断被凿出。头部和喙承受啄击时的重力加速度。整个动作花费20毫秒。

时间：20毫秒

Picus canus
灰头绿啄木鸟
体长：25~28厘米
体重：125~165克
社会单位：独居
保护状况：无危
分布范围：欧洲、亚洲

灰头绿啄木鸟也叫灰头啄木鸟，背部呈绿色，腹部为淡灰色，尾巴为黄色。头部颜色和腹部相似，并有黑色须毛。雄鸟和雌鸟不同，有红色的羽冠。

栖息在有大量朽木的混合林，但是在辽阔的草原也能发现它们的踪迹。5月为繁殖期，产5~10枚卵，由雌雄亲鸟共同抚养。15~17天之后，雏鸟破壳而出，4周后学习飞行。饮食会随季节变化：夏季以蠕虫、甲虫幼虫和其他在树皮、树干内部或下部找到的昆虫为食；冬天，它们则更喜欢种子。

外形
喙非常坚硬，利于啄木。舌头又细又尖，带有细小的须毛，利于取出食物。

并趾
两趾向前，两趾向后。这一构造利于它们抓紧树枝和树干。

Melanerpes cactorum
白额啄木鸟
体长：16~19厘米
体重：68~73克
社会单位：群居
保护状况：无危
分布范围：秘鲁、巴拉圭、乌拉圭、阿根廷北部

白额啄木鸟的背部呈黑色，前额和颈部为白色。此外，雄鸟羽冠为红色，与雌鸟有明显的区别。翅膀、肋部和尾巴有条纹。黄色的喉部在灰色的胸部上方显得非常突出。主要栖息在角豆树林、格兰查科热带草原上，在树洞里筑巢。喜欢爬到灌木丛中显眼的地方休息。

Dendrocopos major
大斑啄木鸟
体长：23~26厘米
翼展：38~44厘米
体重：85克
社会单位：独居
保护状况：无危
分布范围：欧洲、非洲北部、亚洲东部

大斑啄木鸟是啄木鸟属中最著名的鸟类之一。羽毛呈红色、黑色和白色。颈部羽毛、尾羽内侧和腹部底端为红色。上腹部、胸部和眼睛周围的羽毛呈白色。雌鸟颈部有红色斑点。与其他鸟类不同，腹部无黑色条纹状图样，但是仍然很容易同本属的其他种类混淆。栖息在橡树、冷杉和松树林里，在其他类似的环境（包括市区）也能生存。主要以在树皮下找到的昆虫幼虫为食。同样也吃其他节肢动物、干果，极少数情况下，会吃其他鸟类的卵和幼雏。拥有高超的爬树技能，能够垂直、绕圈或呈螺旋形爬树。利用废弃的洞穴，或自己挖洞作为巢穴。它们的巢穴呈椭圆形，一般位于10米高的地方。巢穴尽头有小厅室，里边存放着12枚卵。雏鸟由亲鸟共同喂养和照顾。会进行短距离迁徙。

特别的声音
从很远的地方就能听到它们敲击树干的声音。

叫声
叫声尖锐，在飞行中通过鸣叫交流。

天才的攀登者
为了爬树，它们用爪子抓紧树干的同时，会把坚硬的尾羽靠在树干上作为支撑。

交配
雄鸟会绕圈飞行，然后停在雌鸟旁边，同时挥动半开的翅膀。

Campephilus magellanicus
阿根廷啄木鸟

体长：36~38 厘米
体重：276~363 克
社会单位：群居
保护状况：无危
分布范围：智利、阿根廷

阿根廷啄木鸟生活在阿劳卡尼亚的森林里。羽毛呈蓝黑色，但是有明显的性别二态性：雄鸟头部、羽冠和喉部为鲜艳夺目的红色；而雌鸟头部为黑色，羽冠比雄鸟大，非常显眼，并向前弯曲。另外，翅羽上有白色条纹。以卵、幼虫或成虫为食，它们在树干和细小的树枝上觅食。经常低飞，穿插短暂的振翅滑翔。以坚硬的尾羽为支撑，跳跃着爬树。近距离可以听到它们爬树时趾甲划过树皮的声音。它们的敲击声同样也用来建立和守护自己的领地，以及确定伴侣的位置。此外，它们还用各种各样的声音进行交流。繁殖期在 11 月，在一些挺立的枯树上筑巢。

栖息地
生活在假山毛榉树林。它是南美洲最大的啄木鸟，也是当地唯一的大型啄木鸟。

有抵抗力的头部
因头部和颈部特殊的肌肉组织，脖子并不会振动频繁。

有选择的啄击
啄击强度、时间和频率根据猎物的种类而定。

Melanerpes carolinus
红腹啄木鸟

体长：15~18 厘米
翼展：24 厘米
体重：66~73 克
社会单位：独居或群居
保护状况：无危
分布范围：美国东南部

红腹啄木鸟成鸟的面部和下体为灰色。背部、尾巴和翅膀上有黑白相间的斑纹。正如其名字所示，腹部呈红色，雌鸟的颈部有红色斑点。栖息在开阔的丛林和沼泽地里。冬天时，居住在北方的成鸟会向南迁移。由于乱砍滥伐越来越严重，它们也会生活在非热带区。在干枯的树木或植物枝干上挖洞，雌雄亲鸟合作筑巢。在居民区，它们经常在电线杆上安家。雄鸟经常会用各种叫声吸引雌鸟。每窝产 3~8 枚卵，由亲鸟共同孵化 11~14 天。

飞行方式
同其他种类的啄木鸟一样，它们也擅于上下起伏飞翔。

有远见
利用附近的树木或一些栅栏杆的缝隙储存年末的食物。

Melanerpes erythrocephalus
红头啄木鸟

体长：19~32 厘米
翼展：42 厘米
体重：56~91 克
社会单位：成对或独居
保护状况：近危
分布范围：北美洲

红头啄木鸟的羽毛鲜艳亮丽，头部和颈部呈红色，下体为白色，翅膀和背部为黑色和白色。它们是啄木鸟科中最具攻击性的鸟类之一。杂食性鸟，昆虫、种子、植物、干果、浆果都是它们的美食，有时还会吃其他鸟类的卵。5 月初会产 7 枚卵。

Campethera abingoni
金尾啄木鸟

体长：23厘米
翼展：273~348厘米
体重：70克
社会单位：群居
保护状况：无危
分布范围：非洲南部，马达加斯加除外

金尾啄木鸟生活在河流沿岸的丛林里。腹部为白色，有黑色斑点；翅膀呈棕色和白色；雄鸟头部大部分为红色，而雌鸟羽毛为黑色和红色。以无脊椎动物为食，主要为从树皮下面找到的幼虫。舌头构造特别，上面有倒刺，便于其钩出食物。也会挖蚁穴或吃树枝上的昆虫。

一夫一妻制。夫妻合作在数米高的树洞中筑巢。巢穴可被多次重复利用。一般在9月产2~3枚白色的卵。由父母共同孵化13天。几周后，幼鸟独立并离开巢穴。

性别二态性
雌鸟头部为黑色和红色，而雄鸟头部呈红色。

Celeus flavescens
淡黄冠栗啄木鸟

体长：23厘米
体重：70克
社会单位：群居
保护状况：无危
分布范围：巴西、巴拉圭、阿根廷

淡黄冠栗啄木鸟的冠毛为黄色，背部和上体呈黑色，有黄白色条纹或斑点，下体全部为黑色。雄鸟面颊有红色条纹，而雌鸟则是黑色条纹。

生活在热带丛林、有棕榈树的热带草原和一些竹林。主要以蚂蚁和白蚁为食，也会吃一些果实。

Geocolaptes olivaceus
地啄木鸟

体长：22~30厘米
体重：105~134克
社会单位：群居
保护状况：无危
分布范围：南非

地啄木鸟生活在干旱地区和相对凉爽的山区，尤其喜欢没有树木和灌木的草原。经常成对或由6个成员组成的小群体一起活动。头部和脚一样呈灰色，背部和尾巴呈绿色，下体为红色，喉部为白色。翅膀和尾巴上有明显的斑点。主要以无脊椎动物为食，如昆虫的幼虫和蚂蚁，利用长而黏的舌头从枯死的树干、石缝或者地缝中捕食。巢穴呈隧道状，由雌鸟和雄鸟共同营建，一般位于地层或者蚁穴下面。一夫一妻制。只有在伴侣去世时，才会找新的同伴。雌鸟在7~12月之间产卵，特别是8~9月。巢穴由一个0.5~1米长的隧道构成。隧道尽头有一个小厅室，雌鸟在此产2~4枚卵，由亲鸟共同孵化，幼鸟和成鸟一起生活，直到下一个繁殖季来临。

暗淡的绿色
背部的颜色很容易和高山沙漠的色调相混淆。

庞大的体形
是当地最大的鸟类之一。

适应环境
栖息地没有树木，因此，它们会在地洞、蚁穴或者石缝中筑巢。

鼠鸟

门：	脊索动物门
纲：	鸟纲
目：	鼠鸟目
科：	鼠鸟科
属：	2
种：	6

鼠鸟口只有一个科。羽毛为灰色或栗色。尾巴又长又硬。脚很短，4个脚趾全部可以朝前。爪子很发达。大部分为素食主义者。是撒哈拉以南的非洲大陆特有的鸟类。生活在从海平面到海拔 2450 米的山地、热带草原以及合欢树林。

Urocolius macrourus
蓝枕鼠鸟

体长：33~36 厘米
体重：34~50 克
社会单位：群居
保护状况：无危
分布范围：非洲北部和中部

蓝枕鼠鸟生活在东非最干旱的地区。一般 20 只鼠鸟组成一个群体。另外，有很强的团体凝聚力，会通过一种特别的叫声来保持恒定的日常活动，包括进食、休息和个人卫生。栖息在树木稀疏的地区，主要以水果为食，但也会吃树叶、花和花骨朵。树栖性，在树叶间穿梭（令人联想到啮齿目动物）寻找浆果和幼芽。这种生活习惯和它们脚的构造是其俗名——鼠鸟的来源。雨季或雨季过后即五六月份，在树上筑巢。雌鸟产 2~3 枚卵，孵化期为 11 天。大部分鼠鸟分布在尼日利亚。它们面临的最主要的威胁是成群的红嘴奎利亚雀（*Quelea quelea*）的破坏，因为它们对筑巢地的破坏和人们对它们使用的大量毒药影响了蓝枕鼠鸟的生存。相反，在塞内加尔，该鸟的数目出现了大幅度增加。

性成熟
幼鸟颈部无蓝色羽毛，只有到成年时，才会长出这种蓝色羽毛。

灵活的脚
脚趾很大，使得它们能够在地面上灵活地走动，而不受大尾巴的影响。

突出的尾巴
尾巴为灰色，和身体其他部位相比，显得很长，便于它们在树枝上保持平衡。

Colius striatus
斑鼠鸟

体长：35 厘米
体重：57 克
社会单位：群居
保护状况：无危
分布范围：从喀麦隆东部到厄立特里亚和埃塞俄比亚、非洲东南部和南非

斑鼠鸟羽毛为棕色，羽冠非常突出。雄鸟和雌鸟之间没有明显区别。栖息于矮灌木丰富的热带草原，有时在市区也能找到它们的踪迹。社会性很强，一般 20 只鸟组成一个群体。经常会看到它们成群结队地在地面觅食或洗泥浴，并互相梳洗。每个群体占据超过 6 公顷的土地作为自己的领地，不与其他群体的领地重叠。具有很强的领地意识，有利于保证其饮食和筑巢区。群体合作筑巢和保卫自己的家园，甚至会共同孵卵和照顾雏鸟。

雀形目鸟类

它们是最多样化的鸟类物种。其历史可追溯到70多万年前恐龙灭绝之前。现在它们的种类多样且拥有很强的适应性。它们的体形很小,但进化的速度快。拥有独特的腿和复杂的发声器官。

什么是雀形目鸟类

它们的鸣管肌肉发达且具鲜明特色,这使得它们能比其他鸟类鸣唱或鸣叫出更精致的声音。它们被单列为一目——雀形目,俗称鸣禽,是鸟类中最复杂且多样的一个目。约有58%的鸟类被归类于这个目。除了南极洲之外,它们分布于全球。

门:	脊索动物门
纲:	鸟纲
目:	雀形目
科:	93
种:	5274

雀形目

雀形目这个名称是由林奈先生基于家麻雀(*Passer domesticus*)的学名而命名的。雀形目鸟类的脚的特征让它们易于停留在树杈、小树枝、草和电线上。

一般特征

体形大小从中型至小型皆有,其中体形最大的物种为渡鸦(*Corvus corax*),体重可达1.7千克。体形最高的物种为澳洲琴鸟(琴鸟属),体长包括尾巴超过1米,尾巴比身体更长一些;体形最小的物种为分布于南美洲的橙尾鸲莺属以及纯色姬霸鹟属的鸟类,它们的体长介于8~9厘米。大部分的雀形目鸟类所吃的食物为昆虫、种子、果实和花蜜。雀形目鸟类的4个脚趾之间无脚蹼,全部连接于同一水平线上,3趾朝前,1趾朝后。朝后的脚趾相当发达,且永远不可逆。脚趾之间无脚蹼,即使是水栖的物种也无脚蹼(例如河乌科和灶鸟科的抖尾地雀属)。此外,它们上腭的结构也与其他鸟类不同,鼻腺体很小,颈椎的数量也较少。除了阔嘴鸟属有15枚颈椎之外,其余大多数雀形目鸟类的颈椎数量为14枚。它们的盲肠很短,且已退化至无作用,尾脂腺

雀形目鸟类世界

所有的鸟类可分为雀形目鸟类和非雀形目鸟类两大类。雀形目可细分为鸣禽亚目和霸鹟亚目。

雀形目鸟类 58%

非雀形目鸟类 42%

多样性

霸鹟亚目鸟类中有两个科极具重要性：灶鸟科，拥有 109 个物种；霸鹟科，拥有超过 400 个物种。鸣禽亚目鸟类较值得注意的科为拥有 138 个物种的燕雀科，以及拥有 115 个代表物种的鸦科。

棕灶鸟
Furnarius rufus

大食蝇霸鹟
Pitangus sulphuratus

冠红腊嘴鹀
Paroaria coronata

喜鹊
Pica pica

裸露于外。雄鸟的生殖细胞，也就是精子，所呈现的方式跟其他鸟类有很大的不同。翅膀通常有 9~10 根初级飞羽，9 根次级飞羽，尾巴有 12 根羽毛。它们的羽毛脱毛是有方向性的，初级飞羽从里到外慢慢更换（除了旋木雀属为离心式脱毛），它们尾巴的羽毛也是从最中心向外慢慢更换。少数物种的鸣管位于气管内，大多数物种的鸣管通常位于气管与支气管交界的位置。除了澳洲琴鸟的孵化期为 35~40 天之外，雀形目鸟类的孵化期一般为 11~21 天。雏鸟出生时无视力，无羽毛，因此需依赖成鸟照顾较长的时间。通常由双亲轮流照顾使其发育完全，但也有少数物种将卵寄生于其他鸟类的鸟巢中，例如拟黄鹂科的牛鹂属鸟类。某些物种只将卵寄生于某种特定鸟类的鸟巢中，而有些物种则将卵寄生于多种鸟类的鸟巢中，例如紫辉牛鹂（*Molothrus bonariensis*）会将卵寄生于不同族群的鸟类的鸟巢中。

起源、演化和分类

雀形目鸟类与其他陆地鸟类的血缘关系目前仍然是一个谜。它们可能起源于白垩纪时期，之后成功地演化至今。近期的演化，在稀缺和零散的化石中很难将它们从许多群体中明确划分出来，因此并无明确界限。1847 年，德国鸟类学家菲利浦·姆列尔第一个指出雀形目鸟类的鸣管（也称为发声器）内肌肉数量不同。从那时候开始，经过长时间的分类，科学家们将它们分成 4 个亚目。最先被分类出的 3 个亚目有 4 对或少于 4 对的肌肉，被命名为"霸鹟亚目"，它们被认为是雀形目鸟类中最"原始"的鸟类。第 4 个亚目为鸣禽亚目，该目的鸟类鸣管的肌肉有 5~8 对。目前以 DNA 作为研究基础的结果最能被接受，其结果将雀形目鸟类分为两个亚目，分别为霸鹟亚目和鸣禽亚目。雀形目鸟类之间的差异并不像非雀形目鸟类之间那么大。

鸣禽亚目和霸鹟亚目

霸鹟亚目由大约 1000 个物种所组成。它们的鸣唱声很简单，歌声因地区和物种不同而略有差异。鸣禽亚目的鸟类同样也被称为"会唱歌的鸟"，由大约 4000 个物种组成。根据不同的系统分类，可分成 36~55 个科。它们通过遗传以及学习能鸣唱出美妙的歌曲。某些物种能拼凑出旋律。它们的鸣唱声差异很大，但无疑雀形目鸟类是最好的"音乐家"和"模仿家"。它们被认为是进化最成功的脊椎动物，其物种的数量比哺乳动物中物种最多的啮齿目动物还要多。

最聪明的鸟类

乌鸦被认为是所有鸟类中最聪明的鸟类。在日本，乌鸦已学会将坚果扔至汽车前方让汽车碾碎，它们会等待红灯出现之后才前去取得食物。它们有认知能力，甚至比非人类的灵长类动物还要聪明。

鸦科
它们有非常复杂的社会组织，是适应能力强且进化相当成功的鸟类。它们分布于全世界，有大量的物种经证实为鸦科物种。

第一步
乌鸦停在电线上，将一枚坚果抛在有交通信号灯的路口。

第二步
耐心地等待汽车将坚果碾碎，让它可以轻易食用。

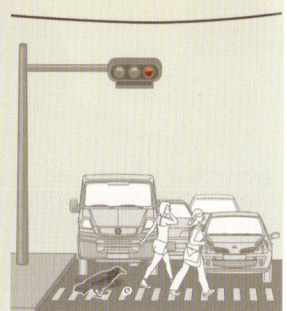
第三步
当信号灯变化之后，它跟着行人走斑马线，取得食物。

饮食

雀形目鸟类由多样化的物种所组成，占全世界所有鸟类物种的一半以上。它们所吃的食物也相当多样。大部分物种的食物为无脊椎动物、果实和种子，也有某些物种会吃花蜜。某些物种有能力杀死小型脊椎动物，如两栖动物、爬行动物和啮齿目动物，甚至兔子。水栖类物种擅长捕捉小鱼和软体动物。有些物种甚至也会吃腐肉。

适应力

饮食的类型主要取决于喙的形状。喙强而有力且呈锥状（锥嘴鸟），它们是主要吃种子的物种，如燕雀科、织布鸟科、鸦科以及其他鸟类；喙同样强而有力且喙尖呈钩状的物种包括蚁鸟科、霸鹟科和伞鸟科。喙短且呈分裂状，这类物种在飞行中捕获昆虫，如燕科鸟类。此外，也有喙的形状相当引人注目的物种，如䴓雀（䴓雀科）和欧洲红翅旋壁雀（䴓科）。这两个科中的镰嘴鸟属、雷啸鸟属、旋壁雀属鸟类的喙相当长且弯曲，使它们能伸入树洞、附生植物或岩石之间寻找昆虫。红交嘴雀的喙较特别，在喙尖处交叉，在开启针叶树的球果取得种子时相当实用。其他没有这种"工具"的鸟类必须等到球果自然开启之后才能取得种子。

某些物种的主要食物为花蜜，它们的喙较特殊，跟蜂鸟的喙相似。某些吸蜜鸟科和太阳鸟科的鸟类属于这类物种。栖息于美洲丛林的雀形目鸟类（铲嘴雀属，霸鹟科）的喙较扁平，它们擅长使用既宽又短，且基端有感觉毛的喙捕捉昆虫。雀形目鸟类中有多个物种能捕捉脊椎动物，伯劳鸟（伯劳属，伯劳科）无疑是这类物种的代表。它们使用跟猛禽（隼科）类似的技巧捕获猎物，捕捉昆虫、啮齿动物和其他鸟类。它们有一个边缘呈齿状的喙，让它们能以此杀死猎物，之后用喙尖将猎物刺穿或弄成条状以便后续食用。某些体格较健壮

偏爱血液

据推断，牛椋鸟科的两个非洲物种对于大型哺乳类动物有益处，可帮它们清除身体外部的寄生虫。尽管如此，在近期的研究中发现，这些鸟类物种较喜欢的其实是血液，它们不仅从昆虫身上取得血液，也从伤口中取得血液。

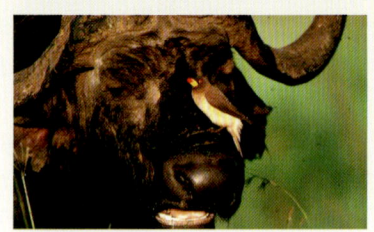

黄嘴牛椋鸟
Buphagus africanus

以寄生虫为食
红嘴牛椋鸟
（*Buphagus erythrorhynchus*）

的霸鹟也有能力捕捉脊椎动物。

喙虽然是用于捕捉和食用猎物的"工具",但腿、脚趾和趾甲对这些鸟类也很重要。脚趾和趾甲的变化不仅关系着它们寻找的食物类型,也关系着它们停下来捕捉猎物的地点。例如红翅旋壁雀(*Tichodroma muraria*)为了在岩石中取得它们的食物,会使用它们椭圆形的趾甲爬上垂直的峭壁。许多雀形目鸟类的尾巴在它们觅食时也发挥着关键的协助作用。旋木雀和雷啸鸟的尾巴形状和坚硬度适中,让它们能够支撑身体,使它们能够使用跟啄木鸟相似的方式攀爬和站立于树干和树枝之间。

某些科,如霸鹟科,该科鸟类的尾巴使它们在飞行时可以做多种变化,是在空中捕捉昆虫时必不可少的工具。某些物种会到一些其他鸟类不常去的地方觅食,有些物种也会使用一些策略捕获食物来证明它们的智商。牛椋鸟科(牛椋鸟属)鸟类的喙为金黄色或红色,它们可能成群行动,以寄生在水牛和犀牛的皮肤和毛发中的虱子为食。牛霸鹟(*Machetornis rixosus*)也吃众多寄生在南美洲哺乳类动物身上的寄生虫。

白喉河乌(河乌属;河乌科)是雀形目鸟类中能够完全潜入水中数十秒捕食的鸟类。它们拥有潜水能力,能行走于水底捕捉昆虫、软体动物和小鱼。

拟䴕树雀(*Camarhynchus pallidus*)是一种善用工具的物种。它们偏爱捕食生活在树木中的幼虫。由于它们没有适合将幼虫取出的长舌头和喙,因此它们使用仙人掌的刺或是小树枝作为工具将幼虫取出。其他雀形目鸟类的物种会用它们的智商将食物取出,例如鸦科鸟类,它们会将蜗牛扔到岩石上以破坏其硬壳后取食。松鸦(*Garrulus glandarius*)的情况较特殊,它们可以储存大量橡子在冬季时食用。星鸦(*Nucifraga caryocatactes*)所吃的食物为坚果,它们习惯在秋季时储存剩余的食物,它们有能力在冬季时飞回储存食物的地点取得食物,甚至食物被埋于雪的下方时它们也能寻找得到。

功能

雀形目鸟类在吃果实的同时有助于散播种子。它们选择的果实果肉较丰厚,种子由外壳保护于内部。鸟类的消化系统溶解包覆于外部的果肉,可以使内部的种子发芽或促进发芽。这个过程通常被称为"鸟类播种",它们在森林的生态和运作中扮演着关键的角色。此外,鸟类也吃大量的昆虫,这个方式可以自然地控制许多可能伤害人类的昆虫物种的数量。

行动
拟䴕树雀(裸鼻雀科)是会使用工具来捕捉猎物的少数鸟类之一,图为它正用工具深入树干中捕捉幼虫。

另一个重要的功能是某些雀形目鸟类在吸食花蜜的同时能协助它们造访的花朵传播花粉,这个过程被称为"鸟媒传粉"。在进化的过程中,花朵已能适应经进化的结构,以便吸引和接受鸟类传播花粉。

潜水鸟

白喉河乌(*Cinclus cinclus*)是雀形目鸟类中一个有趣的例子,它们能适应在河道中捕捉猎物。它们能完全潜入水中约30秒。它们血液中的血红蛋白能比其他鸟类携带更高浓度的氧气。它们的短翅拥有如同鱼鳍的功能;鼻孔处有"翼片",可防止水进入呼吸系统;眼睛有特殊的肌肉,能够提高其在水中的视力。

美洲代表
棕喉河乌(*Cinclus schulzi*)栖息于美洲,它们觅食的适应能力与白喉河乌相似。

羽毛和颜色

　　雀形目鸟类物种多样，其羽毛的组合和形态几乎可占满整个颜色光谱。它们的常见名称和学名经常涉及其羽毛的颜色和特点，以协助鸟类爱好者和科学家识别不同的物种。跟所有的鸟类一样，羽毛有助于它们飞行。此外，羽毛也有许多功能，例如防冷、防热、防水、吸引异性，以及用于隐藏以防御天敌等。

羽毛的颜色

　　雀形目鸟类中栖息于美洲的灶鸟科（以棕灶鸟 *Furnarius rufus* 最具代表性）或栖息于欧洲的百灵科（例如云雀 *Alauda arvensis*）为羽毛颜色较不鲜艳的鸟类。通常这些科的雄鸟和雌鸟的性别很难分辨，它们朴实的羽毛色调跟所栖息环境的色调相似。在地球另一端的巴布亚新几内亚可以发现极乐鸟，它们有43个物种，羽毛的颜色和形态相当多样，令人难以形容。它们运用其不可思议的羽毛跳一种特别的求偶舞蹈。这些物种的雄鸟的羽毛相当鲜艳多彩。雌鸟的羽毛颜色跟其他物种的雌鸟一样，不那么鲜艳，使它们能在筑巢时不被发现，避免暴露其鸟巢的位置。在美洲可通过美丽的羽毛辨别一些鸟类，如伞鸟科和裸鼻雀科，特别是伞鸟属和唐加拉雀属，它们羽毛的颜色由釉面绿松石色、蓝色、猩红色和紫色所组成。雀形目鸟类羽毛的颜色不仅受到遗传的影响，也跟它们所吃的食物和营养状况有关。鸟类身体自身产生的一种氨基酸和黑色素是它们羽毛呈黑色的因素；遗传缺陷为全部或部分白化病形成的原因，偶尔也会在它们身上发现。其他色素，如胡萝卜素，它们从食物中取得，提供羽毛的红色、黄色和橙色的色调。大家所熟知的金丝雀（*Serinus canaria*）就是一个显著的例子，它们因食入食物的胡萝卜素而呈现的自然颜色，加深了羽毛的色调，使它们成为家禽饲养的热门选项。卟啉为第三种色素，使鸟类形成粉红色、绿色和红色的羽毛。白色、蓝色、紫色的羽毛颜色的色素为自然色。某些羽毛拥有可作为棱镜的特殊结构，能使光穿透各个角蛋白层，使羽毛呈现金属色。这种颜色被称为结构色，在雀形目鸟类中可在某些拟黄鹂科物种的身上观察到这类情形，例如紫辉牛鹂（*Molothrus bonariensis*）。通常栖息于热带森林中的鸟类羽毛颜色较多样，跟那些栖息在开放空间（特别是干旱地区）的鸟类羽毛的颜色有明显的差异，栖息于开放空间的鸟类的羽毛色调较温和。有相当多的雀形目鸟类物种在一年之中会更换羽毛的颜色。例如栖息于旧世界地区的某些物种（鸫属；鸦科）和栖息于美洲的林莺科鸟类都是会更换羽毛颜色的物种。这些物种中，雄鸟一年中的大部分时间羽毛颜色跟雌鸟相同，为羽毛的"休息时期"。当抵达它们的繁殖区域前它们的羽毛会变色，变成颜色较醒目且强烈的色调，这种羽毛被称为"繁殖羽"。

护理和卫生

　　大家曾经一定驻足并惊讶地观察过某只雀形目鸟类正护理着自己的羽毛。这种情况跟其他鸟类相同，它们必须清理并保持羽毛在最好的卫生状态才能生存。它们运用位于尾巴底部的尾脂腺分泌的油状物质护理羽毛。它们使用喙将这些油状物质涂在羽毛上，擦亮羽毛并使其有防水的功能。此外，还有其他护理方式，如清理羽毛的寄生虫、使羽毛保持清爽或去除羽毛上多余的油脂。它们经常通过日光浴来清洗羽毛，也会以"干洗"的方式在地上摩擦清理。值得注意的是，某些鸟类，如夜莺（*Luscinia megarhynchos*）会收集蚂蚁并用它们摩擦自己的身体。据推测，昆虫分泌的化学物质能杀灭细菌、螨虫和引起真菌病的真菌。甚至也会看到某些特定物种直接坐在蚁丘上方。"起尖"是一种经常使鸟类致死的疾病，这是一种尾脂腺阻塞所引起的疾病，也是笼中饲养的鸟类的常见疾病，因此，野生鸟类花时间护理它们的羽毛是相当合理的。

彩虹色的色圈
鸟类是脊椎动物中颜色最多样的动物，因为它们的羽毛中渗入了胡萝卜素、黑色素和四吡咯衍生物类色素。有些颜色是通过光的反射或缺乏其他物质而形成的。

华丽与朴实

雀形目鸟类中有羽毛颜色相当华丽且引人注目的物种,也有羽毛颜色相当朴实且能融入环境中的物种。

羽毛

相似的羽毛颜色

灶鸟科鸟类中的多个物种的外观没有明显的差异。细微的差异在于尾巴的长短和颜色、喉咙的花纹、翅膀色带的色调以及飞行的方式,这些都是识别这些物种重要的信息。

羽毛颜色差异极大

金丝雀(*Serinus canaria*)是羽毛颜色差异较大的物种。自17世纪以来,选择性的育种计划以及基因突变的情况,使得这类物种的羽毛颜色目前已超过500种。这种情况在动物界是独一无二的。

伴侣与鸟巢

它们使用各种材料筑巢，巢的形状不一，筑巢的地点包括地面上、树上、灌木丛中，或是在岩石间。它们通常由雌雄双方共同照顾雏鸟，但某些物种较特殊，如娇鹟（娇鹟科）以及将求偶地点称为求偶场的极乐鸟（极乐鸟科），它们是由雌鸟负责建造鸟巢和照顾雏鸟的。它们可能单独或集群筑巢。此外，也有一些寄生物种，将它们的卵寄生在其他鸟类的鸟巢中。

求偶

某些雀形目鸟类会执行一些复杂的仪式进行求偶。它们能在树枝上跳跃和改变方向，或发出引人注意的鸣叫声。某些物种甚至会使用种子、草和其他元素装饰自己的领地。尽管如此，大部分物种所表现出的求偶方式都是比较温和的。

雏鸟

由雄鸟和雌鸟双方共同照顾刚出生的雏鸟，直至雏鸟能自行离巢为止。

庇护所

鸟巢，除了是孵化并保护卵以及喂养雏鸟的场所之外，它对于鸟类而言有特别的重要性，因为尚未长羽毛的赤裸的雏鸟需要庇护，雏鸟的双亲需要使用鸟巢协助雏鸟。大部分物种会自己建巢，但也有些物种会翻新其他鸟类的鸟巢。它们同样也会让其他鸟类孵化和哺养它们的雏鸟，这种行为被称为巢寄生或育雏寄生。它们所建的鸟巢形状多样，且体积也因选择的材料和筑巢地点而有所不同。鸟巢的结构可以是简单的也可以复杂的，会建在醒目可见的位置或是可以用周围环境伪装的位置。建造鸟巢的区域相当多样，可以是地面、树洞内、不同高度的植物枝叶中，也可悬挂于树枝或建在树枝上，或是建于岩石之间。特别是白喉河乌（河乌科），它们会将巢筑于河流和溪流沿岸的瀑布下方。某些鸟类也会将巢筑于人类居住区附近或是建筑物的孔洞中。

多样性

建筑鸟巢可使用多种不同的材料，例如泥土、草、毛发、羽毛、植物纤维、树根、树枝、树叶、蜘蛛网和地衣，甚至也使用人造材料。大部分物种以高脚杯形状或茶杯形状建造开放式的鸟巢，但也有某些物种会建造封闭式或顶端以圆顶盖住的鸟巢，从底部或顶部进入。棕灶鸟（*Furnarius rufus*）所筑的鸟巢是这类鸟巢中最具特色的鸟巢之一，其名称源自于它们建造鸟巢的习性，它们以泥土作为建造鸟巢的基本材料，搭配稻草将巢建造成炉灶的形状，末端经常使用一根杆子，或是某些暴露在外的地方支撑。泥巴同样也是燕科鸟类用于建造鸟巢的材料，例如家燕（*Hirundo rustica*）使用潮湿的泥土搭配毛发将杯状的鸟巢筑于垂直的墙上。白腹毛脚燕（*Delichon urbicum*）使用泥土在鸟巢顶端建造一个入口。蓝白南美燕（*Notiochelidon cyanoleuca*）和崖沙燕（*Riparia riparia*）将鸟巢筑于峡谷的洞孔中。某些拟黄鹂科鸟类会使用长度平均或更长的植物纤维建造如同袜子形状或袋子形状的悬挂式鸟巢，有时候长度可超过1米，并将鸟巢入口建于顶端。棘雀（棘雀属）或巨灶鸫（巨灶鸫属）建造体积较大的鸟巢，使用小棍棒固定或悬挂于树枝的末端；鸟巢的长度可能超过2米，也可能有一室或多室，但成鸟伴侣只使用其中的一室。拟黄鹂（*Icterus icterus*）通常会篡夺其他鸟类的巢穴，驱逐原本居住于内的鸟类，甚至会破坏它们的卵和雏鸟。强霸鹟（*Legatus leucophaius*）

鸟巢类型

雀形目鸟类建造的鸟巢通常为开放式的,但也有一些是封闭式的或呈拱形的。它们使用多种材料建造,例如泥土、树叶和植物纤维。它们甚至也会挖掘峭壁作为鸟巢或使用其他鸟类留下的鸟巢。

白腹毛脚燕
(*Delichon urbicum*)
使用泥巴制成的小泥球建造鸟巢。

群居织巢鸟
(*Philetarius socius*)
建造群体居住的鸟巢。

红嘴奎利亚雀
(*Quelea quelea*)
将鸟巢建在其他同种鸟类的鸟巢旁边。

崖沙燕
(*Riparia riparia*)
在峡谷的洞孔内筑巢。

棕灶鸟
(*Furnarius rufus*)
鸟巢呈拱形。

黑额织雀
(*Ploceus velatus*)
使用草和羽毛编织它们的鸟巢。

是有这种习性的最具代表性的鸟类。栗翅牛鹂(*Agelaioides badius*)通常会占据木棍建造的鸟巢,跟集木雀(*Anumbius annumbi*)和棕胸崖燕(*Progne tapera*)一样,几乎全部占据棕灶鸟的鸟巢。灰缝叶莺(*Orthotomus ruficeps*)使用一片或多片含有植物纤维的叶子以及其他材料一起建造鸟巢。群居物种,特别是织巢鸟,能使用细长条的树叶编织出非常坚固且结实的鸟巢。非洲群居织巢鸟(*Philetarius socius*)使用树枝建造一个巨大的鸟巢,可能含有超过100个入口,由许多一夫一妻制的伴侣分别居住。反之,某些物种以相对较弱势的方式将鸟巢单独建在洞孔内(例如伞鸟科),这类鸟巢的特色在于可让它们观察外边的环境,防止肉食性动物的攻击。某些鸟类使用啄木鸟留下的巢穴、树洞或岩石的天然洞孔作为鸟巢。灶鸟科鸟类建造的鸟巢类型变化相当多样。某些鸟巢的结构相当特别,与喂养雏鸟无关,如栖息于澳大利亚和新几内亚岛的花亭鸟(园丁鸟科)所建造的鸟巢,外观跟木屋或凉亭相似,由雄鸟使用有颜色的材料布置(花、软体动物的壳、塑料、水果和其他材料),是一种吸引雌鸟的策略。

双亲共同照顾

雌鸟产卵的时间通常会持续好几天,根据鸟巢的大小可容纳1~14枚卵。华丽琴鸟(*Menura novaehollandiae*)是雀形目中体形最大的物种,只产1枚卵,而体形最小的蓝山雀(山雀属)所产的卵的数量最多。通常由雌鸟负责孵化,但蚁鸟(蚁鸟科)的雄鸟也会参与孵化甚至喂养雏鸟。某些物种如果自己没有产卵并孵化,会帮忙照顾其他鸟类的雏鸟,如澳大利亚的细尾鹩莺(细尾鹩莺科)和新世界喜鹊(鸦科),它们通常在需要时只建造一个喂养雏鸟的鸟巢,但如果鸟巢受到破坏它们能再建一个。平均孵化期为11~21天。除了少数伞鸟科物种和蚁鸟(蚁鸟科)之外,大部分雀形目雏鸟出生时都闭着眼睛,羽毛很少或完全无羽毛。雏鸟留巢期通常为10~15天(琴鸟留巢期约为42天)。某些物种的卵产出时外层包着薄膜,为了维护鸟巢整洁,薄膜有可能被扔掉或被其双亲吃掉。寄生物种的雌鸟会将卵产在其他鸟类的鸟巢中,某些牛鹂属鸟类(拟黄鹂科)会将卵寄生在少数特定物种的鸟巢中,而其他寄生鸟类会将卵寄生于数十个物种的鸟巢中。非洲维达鸟(维达鸟科)的雏鸟外观跟它们寄生鸟巢的雏鸟几乎没有差别,卵的外观通常也相似。

炫耀和伪装

白尾莺、极乐鸟、花亭鸟是鸟类之中雄鸟会炫耀其鲜艳羽毛来求偶的鸟类。这些物种的雌鸟的羽毛颜色较不鲜艳,由它们负责照顾雏鸟,用这种方式能防止天敌发现鸟巢。

紫辉牛鹂
Molothrus bonariensis

本能

雀形目鸟类的雏鸟张开嘴巴等它们的父母带食物来喂食它们。

擅长歌唱的鸟类

根据许多文化记载，可见雀形目鸟类的声音是其进化过程中最复杂的特征之一。它们的歌唱是鸣管活动产生的结果。鸣管是它们特殊的发声器官，是雀形目鸟类比较发达的器官。许多声调是它们经学习之后所发出的声调，这些声调相当复杂且令人吃惊。

进化优势

早期的鸟类距今已有1.5亿年历史，它们生活在植被茂密的森林环境。在这个封闭的栖息地，它们优良的视力是一种适应环境的优势。此外，发声的能力让它们可以跟同伴取得联系，知道它们的位置，并随时留意周围即将发生的危险。经过漫长的进化过程，最终进化出了雀形目鸟类所拥有的这项比其他任何鸟类都更加优越的技能。

气管
锁骨气囊
半月膜
气管背侧肌
鸣管背侧肌
支气管软骨

鸣管腹侧肌
气管支气管腹侧肌

5~9
鸣管有5~9组可活动的肌肉。

鸣管

鸣管是一种位于气管和支气管交界处的构造，其直径不超过5毫米。在鸣管背侧肌（鸣管肌（dS））和气管支气管腹侧肌（dTB）发声时会使支气管软骨收缩并往鸣管方向旋转，鸣管因空气流动产生振动和声音。

300
夜莺可发出300种求偶的鸣唱旋律。

雏鸟
以不和谐的旋律唱个不停来吸引亲鸟注意,让亲鸟来喂食它们。

领地
成鸟学习唱歌,除其他特殊原因外,一般是为了吸引同伴注意和明确地宣示其领地主权。

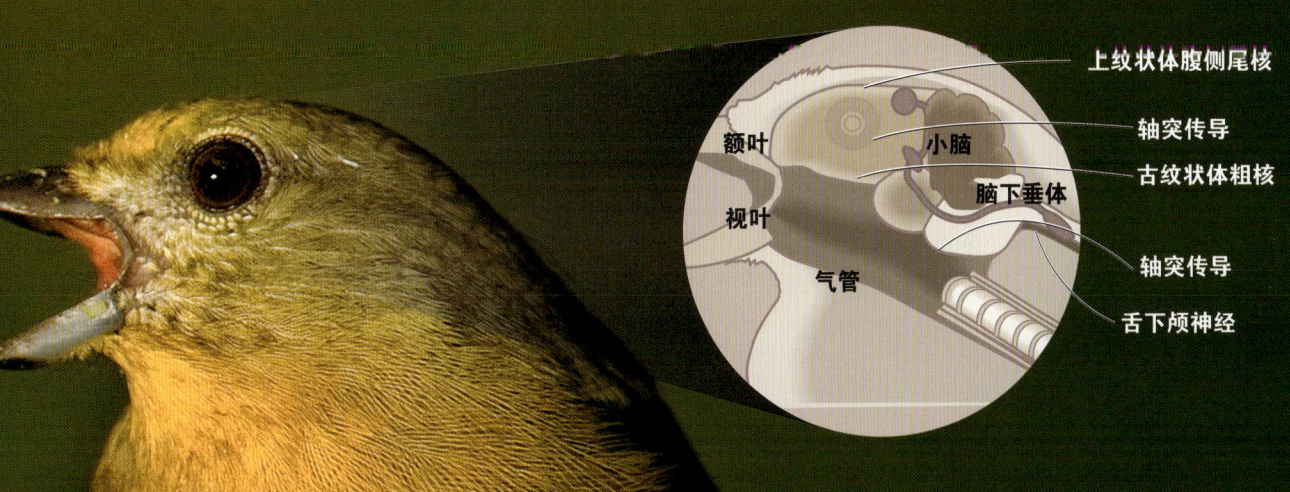

大脑与歌唱
声音的发声与调节由神经系统所控制。大脑是记录已学习旋律的器官,神经系统通过神经元突触循环传导,以固定的方向传导至神经末梢、中枢、外周神经系统和鸣管的肌肉。

紫歌雀
（*Euphonia violacea aurantiicollis*）
它们的体形很小,很难从茂密的树叶中发现它们的身影,但它们喧闹的鸣唱声会泄露其踪迹。

不同类型的发声

叽咋柳莺	欧亚鸲	松鸦	夜莺
(*Phylloscopus collybita*)	(*Erithacus rubecula*)	(*Garrulus glandarius*)	(*Luscinia megarthynchos*)

鸣叫声
是结合高音和低音的混合鸣叫声,无特定旋律,在看到异性或异性接近时发出,目的在于求偶时吸引异性的注意。

联系时的鸣叫声
是栖息于森林的物种和群体在飞行时用于彼此联系的鸣叫声。基于各种目的由个体或群体发声以吸引其他同伴注意。

警示时的鸣叫声
是一种跟其他许多物种叫声相似的短鸣声。由于某些鸟类能模仿其他鸟类的鸣叫声,因此,当其他鸟类发出警示鸣叫时,它们能理解其鸣叫声的含意。

歌唱
鸣叫声较优于其他雀形目鸟类,且持续时间较长,其中以云雀、夜莺和金丝雀较为有名。

濒危的雀形目鸟类

由大量物种组成且分布于世界各地的雀形目鸟类，是鸟类中演化最成功的。尽管如此，它们中的许多物种也正濒临灭绝。各个地区的雀形目鸟类所面临的危机并不相同，其中主要的危机为丧失栖息地、被作为宠物饲养、外来植物和动物入侵。它们跟其他鸟类一样，对环境变化有很强的敏感性，是环境是否良好的重要指标。

进化和退化

雀形目鸟类的许多物种栖息于相当特别且受限制的区域。在20世纪，这些特别的栖息区域正逐渐被改变或破坏，因而导致许多物种面临灭绝的危机。

一般情况下，栖息于特殊环境的鸟类表示它们对环境和食物种类有特别的需求，因此，当改变生活条件使它们需要重新适应环境时，它们的生存受到威胁。很多情况是因为它们的生活习性（如飞行能力）使它们无法前往那些生活环境未遭变化的区域。它们之所以面临危机，其中一个主要且明确的原因是全球的树林和森林被砍伐，用作木材或用来造纸，或将林地作为农业扩展用地。支持最多样化的生物体在地球上生活的热带雨林环境正逐渐消失或快速消失。这些热带雨林地区被命名为"生物多样性热点地区"，栖息于这些地区的生物数量在20世纪有明显的下降趋势。几乎所有栖息于这些地区的重要生物都受到生态环境不同程度的影响。仅存的罕见草原和原生草原被大量改造成为种植区或因家畜过度放牧而遭到破坏。水资源丰富的地区总是有许多生物栖息，而这些地区也正受到威胁，如被转变为农田，这些转变都使栖息于这些区域的多样性生物受到伤害，导致许多水生鸟类和其他生物的数量严重下降。

其他威胁

人类因喜爱这些鸟类的美丽羽毛或富有旋律的歌声而将它们关在鸟笼里，这也导致了许多物种的数量下降。这些羽毛颜色鲜艳的物种是非洲、亚洲和南美洲国际贸易热门的交易商品。人类改变了开拓贸易的方式，将多种动物作为交易商品（如老鼠、猫、狗和其他动物）并运送至世界各地。这些被运送到其他地方的外来物种所栖息的环境大部分都是相当脆弱的，例如可能是岛屿、被分割成块状的自然保护区、地形差异极大的区域、濒危物种和特有物种的领地、群居鸟类筑巢的重要区域。野生动物栖息的地方较偏僻，特别是完全与外界隔离且几乎没有天敌入侵的岛屿很容易引进外来物种。国际自然保护联盟（IUCN）将这些外来物种归类为偶然的或有意的迁入。某些外来物种被称为"入侵者"，它们在没有人类协助的情况下自行繁殖，自己能将栖息地变换至天然或半天然地区或是几乎无天敌的区域，因而使得维持好几个世纪的生态系统产生急剧的变化。外来物种引起的竞争、捕食、取代、驱逐以及排斥本地物种的现象，使得本地物种面临绝种的危机。例如栖息于印度洋塞舌尔群岛的属于鹟科的塞舌尔鹊鸲（*Copsychus sechellarum*），它们的数量因为外来物种——家猫的引进而逐渐减少，正濒临灭绝。一个物种的数量总和同样也受到其他因素的影响。例如栖息于靠近澳大利亚诺福克群岛的属于绣眼鸟科的白胸绣眼鸟（*Zosterops albogularis*），是极度濒危的物种，其面临的主要威胁是栖息地受到破坏（主要为毁林）以及外来物种的入侵（哺乳动物和鸟类）。它们的数量从外来物种——灰胸绣眼鸟（*Zosterops lateralis*）入侵并将它们驱离繁殖区域之后开始减少。家麻雀（*Passer domesticus*）为雀形目鸟类中成功分布于世界各地的鸟类之一，它们离开了原始的栖息地，被带至世界各地，驱逐了该地区的原生物种。

宠物

在贸易的运输过程中，鸟类会被放入没有水和食物的小箱子，导致数百万只鸟类死亡。据估计，在贸易运输过程中，每成功运输1只鸟，在运输过程中至少有4只鸟死亡。

棕胸食籽雀
Sporophila minuta

三色黑鹂

Agelaius tricolor

繁殖栖息地和筑巢地的丧失、筑巢的低成功率是它们目前数量减少的主要原因。

波纹林莺

Sylvia undata

主要栖息于伊比利亚半岛和非洲北部。它们的数量正加速减少,主要的原因是栖息地的减少和破坏。

彭巴草地鹨

Sturnella defilippii

栖息地大面积的草原被转换成农业和畜牧用地以及土地沙漠化,是它们数量下降的主要因素。

查岛鸲鹟

Petroica traversi

为新西兰查塔姆群岛的特有物种,1980年仅存5只,随后开始执行繁殖计划。

镰嘴管舌雀

Vestiaria coccinea

它们数量减少的原因跟其他岛屿物种减少的原因相同,都是栖息地丧失或减少以及外来哺乳类物种的捕食。此外,疾病也是一个原因,因为它们很容易被家禽散播的禽疟疾和禽流感所感染。

夏威夷地方性物种

现存总数约35万只,除其他影响其数量的因素之外,农业开发也是使它们生存面临危险的因素之一。

科与种

世界性鸟类

门：	脊索动物门
纲：	鸟纲
目：	雀形目
科：	3
种：	271

它们分布于世界各地，鸦科鸟类有非常强的适应飞行的能力，而燕科鸟类和鹡鸰科鸟类则跟它们相反，为陆栖鸟类。它们大多数栖息于亚热带和温带地区的半沙漠区、草原、森林和雨林，在树上、峭壁、岩石壁或地上筑巢。燕科鸟类为群居鸟类，通常很多鸟巢紧邻在一起形成群落。

Cyanocitta cristata
冠蓝鸦

体长：25~28厘米
体重：70~100克
社会单位：群居
保护状况：无危
分布范围：北美洲东部，从纽芬兰至德克萨斯州和科罗拉多州

冠蓝鸦的背部主要的颜色为蓝色，略有一些紫色的色调，脸部至喉咙环绕着一条黑色条纹。

栖息于橡树和松树茂密的森林。是一种定居鸟，但某些群体会迁徙。其主要食物是在树上或地面上寻得的坚果，也吃其他鸟类的雏鸟和卵。此外，它们也会捕食两栖动物和昆虫。

它们的鸣唱声很响亮，声调强烈且多变。它们通常站立于树枝上鸣唱。此外，它们也使用身体语言沟通，特别是通过移动和改变其冠的位置来沟通。它们飞行时相当安静，是一夫一妻制，在春季时许多雄鸟会同时向一只雌鸟求偶，雄鸟在地上低头发出鸣叫声。雄鸟和雌鸟双方会共同在大型灌木上使用树枝和其他材料筑巢。雌鸟产4~5枚卵并负责孵化16~18天。雏鸟由双方共同喂养。

喙
喙坚硬且锋利，利于它们进食时剥开坚果。

Cyanocorax chrysops
绒冠蓝鸦

体长：35~37厘米
体重：124~170克
社会单位：群居
保护状况：无危
分布范围：南美洲（巴西南部、乌拉圭、阿根廷北部、巴拉圭和玻利维亚）

绒冠蓝鸦的背部为蓝紫色，腹部为奶油色，头部、颈部和突出的冠为黑色。它们觅食时由10~12只个体组成一个群组，活跃地短飞或迅速飞行于树枝间或地面上以寻找食物。它们能模仿其他鸟类的鸣叫声和猴子的声音，甚至也能模仿人类的声音。它们是一种很特别的鸟，经常聚集成小群体跟在游客后方。

眼睛
虹膜是黄色的，跟黑色的羽毛呈强烈对比。

Cyanolyca nanus
小蓝头鹊

体长：20~24厘米
翼展：29~31厘米
体重：39~41克
社会单位：群居
保护状况：易危
分布范围：墨西哥

小蓝头鹊是小型且体形细长的鸦科鸟，羽毛颜色为钢铁般的蓝色，面部为黑色。栖息于海拔高度介于1400~3200米的潮湿的橡树林或松树林。它们会发出3种像是鼻音的鸣叫声，以及1种警示鸣叫声。它们以高难度且敏捷的动作迅速地捕捉猎物，通常跟其他鸟类一样，由4~10只组成一个小集体共同觅食。它们在树冠下方寻找昆虫、甲虫、双翅目昆虫、附生植物作为食物。每年3月它们会在高度介于7~15米的橡树的树冠上筑巢。

Pica pica
喜鹊

体长：45~50 厘米
体重：160~250 克
社会单位：群居
保护状况：无危
分布范围：欧洲、亚洲中部、非洲、北美洲

喜鹊是北半球地区常见的鸦科鸟类，羽毛颜色为黑色和白色交错，且尾巴相当长。栖息方式为小群体群居，在冬季时会组成大群体。它们的飞行特点是快速振翅后短暂滑翔。它们会发出像是"喳喳喳"的鸣叫声，不柔和、迅速且重复。喜欢栖息于广阔的树林、耕种过的田地以及其他修建过的环境，如垃圾场和道路与村庄的边缘区域。它们是杂食性鸟类，且适应能力良好。其天敌数量的减少，使它们能广泛地分布于许多区域。主要食物为昆虫、谷物、其他鸟类的卵和雏鸟。它们使用尖叫声吸引乌鸦和秃鹰到腐肉旁，当乌鸦和秃鹰啄开尸体的皮肤时，它们便接近腐肉进食。它们会储存食物，甚至也储存明亮的物体。在春季，它们会产 4~7 枚蓝绿色或灰色且带有褐色斑点的卵，由雌鸟负责孵化 18 天。雏鸟由双亲共同喂养至离巢。

翅膀
翅膀短且圆，飞行方式为快速振翅后短暂滑翔。

盗取
它们习惯"盗取"引人注目的东西放入它们的鸟巢。意大利歌剧《贼鹊》的名称源于它们这种行为。

Pyrrhocorax phrrhocorax
红嘴山鸦

体长：39~43 厘米
体重：265~350 克
社会单位：群居
保护状况：无危
分布范围：欧洲、亚洲中部和非洲

红嘴山鸦全身羽毛黑得发亮，喙为红色，细长且弯曲，相当有力的双腿为红色。栖息于靠近河流的山区，在非繁殖期通常会群居。它们虽然是陆栖鸟，但拥有非凡的飞行能力。它们在山地草原和灌木丛地区觅食，主要食物为昆虫、蜘蛛、谷物、水果和种子。它们在山洞、悬崖和废弃的建筑物筑巢。雌鸟产 3~6 枚呈橄榄灰色的卵，并负责孵化 17~21 天。雏鸟由双亲共同喂养。

Macronyx capensis
橙喉长爪鹡鸰

体长：19~20 厘米
体重：46 克
社会单位：成对
保护状况：无危
分布范围：非洲南部

橙喉长爪鹡鸰性别二态性：雄鸟的特征在于它橙色喉咙的边缘处颜色较深，而雌鸟的颜色虽与雄鸟相似，但颜色较淡。它们主要食物是在地面上寻得的种子和昆虫。它们在飞行时通常会发出悦耳的鸣唱声。一整年都与伴侣居住在一起，将鸟巢筑于地面。

Motacilla alba
白鹡鸰

体长：18~19.5 厘米
翼展：26~30 厘米
体重：16~25 克
社会单位：成对
保护状况：无危
分布范围：欧洲、亚洲和非洲东北部

白鹡鸰的名称和其常在水体附近活动有关。白鹡鸰是一种活跃、喜好移动的鸟类，羽毛为灰色，尾巴颜色由黑色与白色交错混合，内部羽毛为白色。雄鸟的胸部和冠为黑色。它们为迁徙鸟，在冬季时迁徙至欧洲南部，甚至也会迁徙至非洲。它们将鸟巢建于溪流附近的地面、沟壑或石头之间，建的鸟巢通常很简单，使用苔藓、草和根建造，并在内部铺上鬃毛和羽毛。雌鸟产 5~7 枚约 20 毫米×15 毫米大、颜色为白色且带有深色条纹的卵。它们一年可产 2 次卵，由雌鸟负责孵化，但由雌雄双方共同哺育雏鸟约 15 天。

头部
喉咙和后颈背为黑色，脸部和颈部为白色。

Corvus corax

渡鸦

体长：50~70 厘米
翼展：115~160 厘米
体重：0.7~1.7 千克
社会单位：群居
保护状况：无危
分布范围：北美洲、非洲北部沙漠、欧洲和亚洲

雏鸟
每只雌鸟产2枚卵，孵化期为30天。

渡鸦是鸦科鸟类中体形最大的鸟类，也是目前雀形目鸟类中体形最大的鸟类。发亮的羽毛、喙、有力而结实的双脚是它们鲜明的特点。在飞行时它们的尾巴会呈楔形。雄鸟与雌鸟无显著的性别二态性。

鸣叫声

它们能发出独特且易于辨识的鸣叫声，通常在飞行时、在树梢休息时或停在灯柱时发出鸣叫声。

筑巢

它们将鸟巢筑于树上，并尽量选择高度较高的位置，也会筑于岩石峭壁上、市区的建筑中或电线杆上。繁殖期时每只雌鸟产3~7枚蓝色或浅绿色且带有褐色斑点的卵。

一般特性

渡鸦是杂食性鸟类，吃的食物包括体形比它们小的鸟类、卵、昆虫以及其他节肢动物和腐肉。栖息于种植区附近的群体通常会吃牧草。它们具领地性，会占领并保卫领地。是一夫一妻制，一生只有1个伴侣。在冬季它们会聚集成无数个群体并共享栖息区域。它们的求偶方式相当具吸引力，通常会执行一段求偶的飞行，甚至包括倒着飞。

体形比较

栖息于气候炎热地区的渡鸦的体形比栖息于气候寒冷地区的渡鸦还要小。

50 厘米 — 气候炎热地区
70 厘米 — 气候寒冷地区

尾巴
呈菱形的尾巴相当长。

5000
在海拔5000米或更高的西藏地区可以看到它们的身影。

一致
羽毛、喙、虹膜皆为黑色或灰色，因此，其整体外观呈暗色。

鸟类（下） 125

羽毛
主要为黑色，经反光折射后呈现蓝色和紫色的色调。喉咙部位的羽毛较长，颈部的羽毛为浅灰色。

眼睛
除了幼鸟眼睛的颜色为蓝灰色之外，成鸟眼睛的颜色为深棕色。

喙
为黑色，相当有力且略微弯曲，雄鸟喙弯曲的幅度明显比雌鸟大。

15
最长寿命约为15年。

脚
颜色跟身体的颜色相似，相当有力，能让它们悬挂在树上。

智力

渡鸦是智力最好的鸟类之一，有许多科学家用研究论文来证实这一点。其中一项较有趣的研究是阐释它们如何取得一块用绳子捆绑并悬挂在树枝上的肉。它们在之前没有任何相似的经验，最后它们使用两种方法解决：①用喙固定绳子，用脚交替一段一段地踩绳子并搭配喙慢慢将绳子往上拉；②将绳子往上拉，之后通过双脚，一脚踩绳一脚固定并配合喙慢慢将绳子往上拉。这两种方式的最后步骤都是使用喙解开绳子，取得捆绑在绳子末端的肉块。

① 停在一根树枝上，发现肉块正悬挂在下方。最初它们会先尝试拉扯绳子。

② 它们有能力先扯起绳子的一小段，之后用单脚固定，这时食物离它们更近，因此它们重复这个动作。

③ 持续几次这个动作之后它们就能取得肉块并食用。某些渡鸦会用双脚交替踩绳，将绳子拉起。

Pseudochelidon sirintarae
白眼河燕

体长：15 厘米
体重：40 克
社会单位：群居
保护状况：极危
分布范围：泰国

白眼河燕的羽毛颜色主要呈发亮的黑色，经光折射后有绿色或蓝色的虹彩，臀部为白色。幼鸟的羽毛颜色为棕色。眼周和虹膜为白色，相当引人注目。它们的翅膀长而窄。冬季栖息于较潮湿的区域，夏季无明确的栖息区域，它们可能寻找靠近水源的区域或是依据它们的喜好寻找栖息地。芦荟生长的区域是它们最喜欢的栖息地之一，特别是它们的遗骸发现区域——博拉碧湖附近。它们休息时群体聚集，跟其他族群的燕科鸟类一同休息。它们的食物为飞行时捕捉的昆虫。筑巢时间介于 2~4 月，将巢筑于洞穴或洞孔。

保护状况
猎捕和栖息环境受到破坏，特别是筑巢区域受到破坏，是导致它们数量减少的主要原因。

Progne subis
紫崖燕

体长：17 厘米
体重：45 克
社会单位：群居
保护状况：无危
分布范围：美洲

紫崖燕体形中等，颈部较短，翅膀尖。雄性成鸟身体和头部的颜色相同，为带有光泽的紫蓝色。雌性成鸟羽毛主要颜色为棕色、灰色和白色。它们跟大多数亲缘鸟类相同：在空中飞行时捕食昆虫。长而尖的翅膀以及分叉的尾巴能让它们进行曲折且快速的飞行。它们栖息于草原、溪流或湖泊附近的广阔区域，将鸟巢筑于岩石之间的洞孔或树上，并在内部铺上稻草和羽毛。繁殖期它们会群体聚集在一起，雌鸟产 4~5 枚白色的卵。当北美洲的冬季即将来临时，它们会从北方往南方迁徙，飞行很远的距离去寻找食物资源丰富的区域栖息。

食物
它们的喙和嘴巴都很宽，让它们在飞行时易于捕获昆虫。

人类协助
在美国东部的人们通常会建造人工鸟巢让迁徙的紫崖燕居住，某些地方甚至会庆祝它们的抵达。

Riparia riparia
崖沙燕

体长：11.5 厘米
体重：12.5 克
社会单位：群居
保护状况：无危
分布范围：美洲、欧亚大陆、非洲中部和南部

崖沙燕的背部为棕色，除了尾巴之外，腹部和胸部为白色，且胸部有棕色条纹。喙和双脚为黑色。幼鸟的颜色和成鸟相似，但是它们胸部的色带较宽且颜色较浅，不那么明显。它们栖息于稀树草原、草原和湿地，在繁殖季节会向南方迁徙。

在洞穴中筑巢
雄鸟与雌鸟共同挖掘 3~4 天。洞穴的深度可达 1 米。

Hirundo rustica
家燕

体长：14.6~19.9 厘米
体重：16~24 克
社会单位：群居
保护状况：无危
分布范围：全世界

家燕为迁徙物种，是分布范围最广泛的燕科鸟类。它们的背部为蓝色，喉咙为红色，翅膀为黑色，与白色的腹部形成强烈对比。它们动作很敏捷，在飞行时捕食昆虫。鸟巢由雄鸟和雌鸟共同建造，雄鸟负责捍卫领地。雌鸟产 3~6 枚卵，通常由雌鸟孵化 13~16 天。

Hirundo megaensis
白尾燕

体长：13厘米
体重：12~15克
社会单位：群居
保护状况：易危
分布范围：埃塞俄比亚

白尾燕尾巴边缘的羽毛颜色为白色，中央的羽毛较长且颜色较深，背部的羽毛为深蓝色，且有一些棕色的色调，腹部为全白色。它们的身体很结实，翅膀和喙都相当长。雌鸟和幼鸟背部的颜色为棕色，腹部为白色。

它们是埃塞俄比亚的特有物种，喜欢栖息于东部地区靠近水域的广阔森林中。通常在4~5月的雨季时繁殖。它们将鸟巢筑在洞穴中，并在内部铺上稻草和羽毛。它们飞行敏捷，且会发出嘹亮的鸣叫声，并于飞行时捕获大量的昆虫（特别是甲虫），这也是它们主要食物。它们面临危机的主要原因在于栖息地被转换为农用地和牧场。

Delichon urbicum
白腹毛脚燕

体长：13~15厘米
体重：12克
社会单位：群居
保护状况：无危
分布范围：欧洲、亚洲和非洲

白腹毛脚燕的背部为蓝黑色，臀部和腹部皆为白色。它们在繁殖时期会组成数量相当大的群体。它们经常在峭壁和悬崖上集体大量筑巢。雌鸟在4月底或5月初开始产卵，产4~5枚白色的卵（有时候有深色斑点）。它们已经相当适应人类居住地（特别是在欧洲），因此，在许多不同的区域都能看到它们的踪迹。其主要食物为飞行类的昆虫。它们能发出两种差异极大的鸣叫声，一种为柔和的声音，另一种为感觉到危险时用于通知它们同伴的刺耳声。

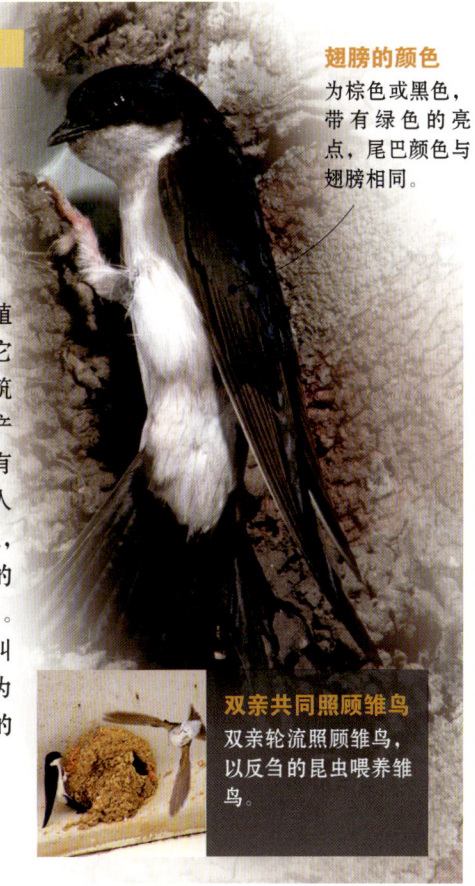

翅膀的颜色
为棕色或黑色，带有绿色的亮点，尾巴颜色与翅膀相同。

双亲共同照顾雏鸟
双亲轮流照顾雏鸟，以反刍的昆虫喂养雏鸟。

Petrochelidon pyrrhonota
美洲壁燕

体长：13~15厘米
体重：20克
社会单位：群居
保护状况：无危
分布范围：美洲

面部特征
有显著的白色眉毛，喉咙和颈部为棕褐色。

美洲壁燕的腹部羽毛为白色，背部为蓝黑色，经常可以看到它们跟羽毛颜色与它们相似的家燕（*Hirundo rustica*）聚在一起。幼鸟的羽毛颜色跟成鸟相同，但颜色略淡且较不透明，雌鸟和雄鸟性别二态性主要体现在雌鸟的喉咙部分为灰色。它们较喜欢栖息于开放式的空间，如稀树草原和草地，但同样也栖息于从海岸至高山地区的沼泽地带附近。当北美洲的秋季来临时，它们会开始向南方迁徙，之后在该地区的夏季快结束时再返回北美洲。雌鸟通常产4~5枚白色且有棕色和红色斑点的卵。孵化期大约为2周。

泥土和稻草
它们将鸟巢筑于人类的建筑上，如桥梁和其他建筑物。

Ptyonoprogne rupestris
岩燕

体长：14.5厘米
体重：20~25克
社会单位：群居
保护状况：无危
分布范围：欧亚大陆北部，从欧亚大陆北部迁徙至南部，也迁徙至非洲北部

岩燕栖息于沿海峭壁和海平面高达2000米的山区，它们也将巢筑于人类的建筑物上，但这种情况出现的概率比其他鸟类低。它们是少数栖息和迁徙都局限于北半球的燕科物种之一。它们会组成小群体共同筑巢，雌鸟每年产卵2次，每次产3~5枚白色的卵。

攀禽

门：	脊索动物门
纲：	鸟纲
目：	雀形目
科：	2
种：	79

旋木雀、雷啸鸟、䴓鸟都属于攀禽。䴓科和鹪雀科鸟类的特征在于它们能在树上熟练地走动，且使用各种特技移动，有时候会将头朝下。它们的脚相当有力且趾甲呈钩状，这有利于它们抓紧树枝。它们所吃的食物大多数为昆虫，但也有些物种属于杂食性，也吃鱼类。主要栖息的区域为森林和丛林。

Sitta europaea
茶腹䴓

体长：14厘米
体重：19~24克
社会单位：群居
保护状况：无危
分布范围：欧洲、亚洲和非洲西北部

茶腹䴓栖息于多种不同类型的森林，包括落叶林、河岸森林等。它们会在这些森林地区的树干上移动寻找食物，利用它们有力的脚攀爬，也会用脚抓紧树枝，之后转身将头朝下。当它们在一棵树上寻找完食物之后会飞至另一棵树。它们偶尔也会在地上觅食。它们全年大部分时间都吃昆虫，特别是甲虫、双翅目、革翅目昆虫及其幼虫，有时候也会吃蜘蛛和小软体动物。夏季时它们大多吃榛子和橡子，以及拥有坚硬外壳的坚果，它们会用其强而有力的喙将坚果坚硬的外壳撬开，取得内部的果实。

它们几乎都是成对行动，有时候会组成数量很多的群体。它们将鸟巢筑于高度约2米的树洞或墙壁的洞孔中，并在鸟巢内部铺上树皮碎片和干树叶，通常会用泥土将鸟巢入口缩小以防止天敌入侵。它们也会使用其他物种遗弃的鸟巢。雌鸟在4~5月间产大量白色且带有斑点的卵。孵化期为14天，雏鸟出生后约1个月即能开始飞行。喂食雏鸟的工作由双亲共同负责。

它们会发出各种不同音调的鸣叫声，其中最常见的是类似金属声的高音鸣叫。它们是定居鸟，但也有可能为了寻找较温暖的区域而迁徙。

羽毛
背部、头部顶端和翅膀皆为蓝灰色。

对比
灰色的羽毛跟侧面的栗色羽毛以及喉咙的白色羽毛呈鲜明的对比。

面部
有一条突出的黑色条纹从喙顶端穿过眼睛延伸至后颈部。

特别的趾甲
长且有力，是它们的主要特征，也是攀爬树干时将身体倒挂把头朝下的主要工具。

鸟类（下） 129

Sitta canadensis
红胸䴓

体长：14.5 厘米
体重：20 克
社会单位：群居
保护状况：无危
分布范围：北美洲

红胸䴓的羽毛通常为蓝灰色，胸部为淡红色，头部为黑色和白色相间，腹部为栗色。它们非常依赖针叶树，因为它们需要从树上取得大量的昆虫和种子作为它们的食物，且它们习惯将食物储存于树皮缝隙以便在冬季时食用，但如果食物短缺，北方的物种会迁徙至南方。它们将鸟巢筑于树洞，且习惯在鸟巢的开口处涂上树脂，并保持黏稠状，可能是利用这个方式防止蚂蚁入侵。成鸟在冬季中期组成伴侣，雏鸟在春季出生。

进食
喙尖锐且灵活，这是利于它们捕捉猎物的两个主要特征。

Sitta victoriae
白眉䴓

体长：11.5 厘米
体重：15~20 克
社会单位：群居
保护状况：濒危
分布范围：缅甸

白眉䴓栖息于橡树林以及其他树林区。背部和头部羽毛颜色为明亮的天空蓝，胸部和脸部为白色，腹部为橙色。它们跟其他攀禽类鸟类一样，将鸟巢筑于树洞内，雌鸟产 4~10 枚卵。雏鸟出生之后待在鸟巢内 20~25 天，由它们的父母喂食。

保护状况

它们面临的主要威胁在于栖息地的树木被砍伐以及栖息地被转换为农业用地。有时候它们也会被捕捉放入鸟笼作为宠物贩卖，这也是导致它们数量减少的原因之一。

Sitta carolinensis
白胸䴓

体长：14 厘米
体重：18~30 克
社会单位：成对或群居
保护状况：无危
分布范围：北美洲

白胸䴓的背部颜色为天空蓝，头部颜色为呈对比的深蓝色或黑色。腹部和脸部为白色。它们跟大部分同种鸟类一样，栖息于森林地区，特别是落叶松林，但在某些情况下，它们也会栖息于针叶林。它们在树上度过大部分时间，包括将鸟巢筑于树洞，并且在树上捕食生活在树皮夹缝中的昆虫和幼虫，包括蝗虫、甲虫、蚂蚁以及其他昆虫，这是它们饮食的一部分。此外，它们也吃种子和果实。它们的体形较小，翅膀和尾巴较短，与身体相比，头部看起来较大，趾甲同样也很长，喙相当有力且灵活。喙的这两个特征是利于它们捕捉猎物的主要特征。短翅膀有利于它们在封闭的植被空间飞行，机动性更大且能灵活移动。雄鸟和雌鸟通常一整年都共同生活，一起捍卫领地，防止入侵者。鸟巢由雌鸟负责建造，使用树皮、毛发和泥土建造。雌鸟最多产 9 枚有深色小斑点的白色卵。孵化期为 13~14 天，孵化期间由雄鸟负责雌鸟的食物，雏鸟出生之后雄鸟也帮忙喂食雏鸟。冬季它们会跟其他鸟类聚集在一起进食，通常会跟山雀科鸟类，例如大山雀一起进食。

羽毛
背部羽毛为稍微发亮的蓝色，与背部相比，翅膀的颜色看起来较暗。

脸部
喙顶端为蓝色，脸部的色调为较淡的蓝色。

Sitta pygmaea
侏儒䴓

体长：10厘米
体重：10~15克
社会单位：群居
保护状况：无危
分布范围：北美洲

侏儒䴓是一种拥有熟练攀爬技能的鸟类，它们非常好动，是体形最小的鸟类之一。主要食物为昆虫以及在树皮下寻得的昆虫幼虫。当冬季昆虫活动量降低时，它们也吃果实和种子。它们选择在针叶树干的干燥处或树干上腐烂形成的树洞处筑巢，并在内部铺上菠萝片等软植物。它们的繁殖期在春季，在4~6月间雌鸟产4~9枚有褐色斑点的白色卵，孵化期大约16天。雏鸟喂养期间双亲可能有其他帮手帮忙喂食，雏鸟在出生二十几天后离开鸟巢。在非繁殖期它们可能组成群体，甚至一起栖息在同一个洞孔，在这种情况下，可能会有100只以上的鸟类共同挤在同一个树洞中。

主要食物
松果含有31%的蛋白质，是所有种子中蛋白质含量较高的种子之一。

Sittasomus griseicapillus
绿䴕雀

体长：15厘米
体重：12~20克
社会单位：独居
保护状况：无危
分布范围：美洲，从墨西哥中部至阿根廷和乌拉圭

绿䴕雀的喙跟灶鸟科的其他鸟类相比明显较短。它们体形较小，跟其他亲缘鸟相同，它们的羽毛无条纹或鳞片。它们是唯一上半身羽毛颜色呈现由黄色到油橄榄色的物种，而下半身的羽毛颜色跟其他䴕雀科鸟类一样为红棕色。它们的尾巴很长，颜色为红褐色。栖息习性为单独生活，主要栖息于原始森林和树林，最常栖息于树冠。在奥里诺科河以北的区域它们的栖息范围高度可达2300米，但在这个区域以外，它们的栖息范围最高至1600米。它们以螺旋状的方式爬上树干，之后再向下飞至另一棵树寻找昆虫作为食物。

它们将鸟巢筑于树洞内，并在内部铺上软质植物，雌鸟产2~3枚卵。它们的主要食物为昆虫，大多数都从树皮中寻得。有时候会看到它们跟其他物种的鸟类聚集在一起。

Lepidocolaptes angustirostris
窄嘴䴕雀

体长：15~18厘米
体重：13~20克
社会单位：独居
保护状况：无危
分布范围：巴西、玻利维亚东部、巴拉圭、乌拉圭和阿根廷北部

窄嘴䴕雀的背部为红褐色。脸上突出的宽眉毛和喉咙皆为白色。冠和后颈背的色调为暗色，但其白色条纹相当明显。喙细且长，相当锋利且呈弯曲状。

它们天然的栖息环境包括树林、森林和草原，同样也栖息在都市内不同的区域，如公园和广场。它们是典型的攀禽鸟类，经常攀爬树干，在树干中寻找昆虫、昆虫幼虫、蜘蛛以及任何生活在树皮或树皮下方的其他无脊椎动物作为食物。

它们会自己筑巢，也会使用其他啄木鸟遗弃的鸟巢，通常是位于树干或木桩的洞孔的鸟巢。为了让鸟巢更舒适，它们会在内部铺上碎树枝和其他软质植物。雌鸟在繁殖期产3~4枚白色且呈卵圆形的卵，只由雌鸟负责孵化，之后由雄鸟和雌鸟共同喂养雏鸟。虽然它们是独居的鸟类，但根据观察记录显示，它们有能力参与小群体或其他物种的小群体。它们的鸣叫声由3种逐渐减弱的声调所组成。

它们不常行走于地面，但有时候为了寻找食物会在地上行走，在已倒落于地面上的树干洞孔内寻找是否有食物。

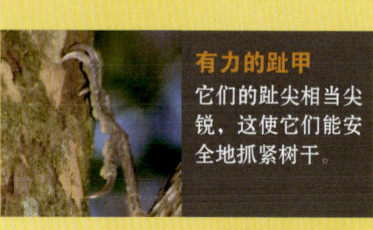

有力的趾甲
它们的趾尖相当尖锐，这使它们能安全地抓紧树干。

长喙
是它们用于深入树皮下方和所有裂缝中寻找食物的工具。

在树干上
跟其他栖息于北半球的攀禽鸟类不同，它们在攀爬时会使用尾巴作为垂直支撑。

Xiphocolaptes major
大棕䴕雀

体长：30~34 厘米
体重：100~150 克
社会单位：独居
保护状况：无危
分布范围：阿根廷、玻利维亚、巴西和巴拉圭

大棕䴕雀栖息的范围很广泛，包括干燥的森林、水边森林、亚热带森林以及大部分有林地的环境。它们厚且长的喙相当引人注目。羽毛颜色以红色为主，特别是背部和腹部侧面的色调最明显，且腹部侧面有淡淡的白色条纹。主要食物为在树皮中寻得的昆虫，但它们也习惯在地面上行走，寻找栖息于地面的无脊椎动物作为食物。生活的习性为独居，但有时候也会成对或由3只个体共同组成小群体出现。它们会在选择建造鸟巢的洞孔内铺上小型植物材料，如碎树枝、树叶和碎树皮等来让鸟巢更舒适。雌鸟在鸟巢内产2枚长36~37毫米、宽27毫米的白色卵。

Campylorhamphus trochilirostris
红嘴镰嘴䴕雀

体长：21~28 厘米
体重：25~50 克
社会单位：独居
保护状况：无危
分布范围：美洲，从巴拿马至阿根廷北部

相当长的喙
长度平均可达18厘米。

红嘴镰嘴䴕雀的背部和尾巴为红褐色，上半身（背部至腹部）有白色或黄色长条纹，冠为深褐色，喉咙的色调接近白色。它们的喙相当特别，呈镰刀状且相当细长，是亲缘鸟类中喙最长的鸟类之一。栖息于森林、水边林地、阿根廷查科地区的湿润和半湿润山区。通常栖息于高度较高的区域，奥里诺科河以北栖息区域的海拔可达2000米，以南海拔可达1000米。它们飞行的高度能达到1500米，但通常它们的飞行高度都不超过150米。它们是独居鸟，但有时也会看到它们跟其他物种的鸟类组成群体。其主要食物为无脊椎动物，它们不在树皮中捕食，而是从掉落的树枝、附生植物、菠萝科植物之中觅食。雌鸟产2枚白色的卵，产于由雄鸟选择的树洞中，孵化期为2周。

Drymornis bridgesii
弯嘴䴕雀

体长：30~35 厘米
体重：100 克
社会单位：群居
保护状况：无危
分布范围：玻利维亚东部、巴拉圭、阿根廷北部和乌拉圭

弯嘴䴕雀是䴕雀科鸟类中体形最大的攀禽之一，经常可以看到它们在地上翻动蚂蚁窝和蚂蚁粪便。它们的鸣唱声相当尖锐且强烈，很容易辨识，通常是由雄鸟和雌鸟一起配合鸣唱。栖息于森林、草原和农村地区，它们的数量相当多。它们通常不自己寻找筑巢的洞孔，而是直接使用啄木鸟所啄的洞孔筑巢。它们的繁殖期在春季中期，雌鸟产3枚白色的卵并负责孵化，之后由雌鸟和雄鸟轮流喂养雏鸟。当雌鸟带着食物接近雏鸟时，雏鸟会相当喧闹。

食物
它们所吃的食物包括蛞蝓、蜘蛛、蜈蚣、蝎子、毛毛虫和蠕虫。

Xiphorhynchus picus
直嘴䴕雀

体长：22 厘米
体重：30~50 克
社会单位：群居
保护状况：无危
分布范围：南美洲北部

直嘴䴕雀的羽毛的颜色普遍和其亲缘鸟类相似，后颈背、颈部和整个上半身为白色并有少许的鳞片状斑纹点缀，头部颜色较深，身体的其他部位为显著的红色，特别是尾巴的颜色较深。它们会独自或成对地在树干上觅食，它们经常和其他物种的鸟类混合成群。它们强烈的鸣唱声是由一系列类似口哨声的音调逐渐递增所组成的，鸣唱的速度很快。栖息的区域包括森林、沼泽森林、树林边缘、红树林、热带红树林、干草木丛、荒地周围、水边森林、花园和公园。栖息区域的海拔高度介于200~1400米。它们将鸟巢建于树洞，在内部铺上软质植物。雌鸟产2~3枚卵。雏鸟为留巢性鸟。

不显眼的鸟类

门:	脊索动物门
纲:	鸟纲
目:	雀形目
科:	4
种:	381

所有这个群体的鸟类（如灶鸟科、窜鸟科、鹪鹩科、河乌科等）的羽毛颜色都不显眼，易于隐蔽，主要颜色为褐色、红褐色、白色和灰色。它们的体形中等，主要食物为无脊椎动物。它们的鸣叫声通常强烈且喧闹。许多物种习惯栖息于靠近人类建筑物的区域或直接在人类的建筑物内筑巢。

Chilia melanura
岩灶鸟

体长: 17~18.5厘米
体重: 40克
社会单位: 群居
保护状况: 无危
分布范围: 智利

跟其他灶鸟科鸟类一样，岩灶鸟的颜色不鲜艳，喉咙的颜色最醒目，尾巴相当长。栖息于海拔高度在3000米以内的丛林峭壁、岩石间、山脉的沙质斜坡地区，通常在冬季会迁徙至地势较低的太平洋海岸地区。它们的飞行短且慢，但步行时却迅速敏捷。几乎每隔一段时间它们就会举起尾巴，张开翅膀并迅速合起，并且像是行礼般地低着头。它们在白天较活跃，性格较多疑，通常隐藏在岩石或灌木丛之中。鸣唱声相当快速且尖锐，听起来像是笑声。它们相当具领地性，春季在地面挖掘洞孔建造鸟巢或寻找仙人掌及树干的洞孔用稻草筑巢，并在内部铺上羽毛。雌鸟产3~4枚白色的卵。

辨识
最早发现它们的人将它们跟斑尾爬地雀（*Eremobius phoenicurus*）搞混了，两种鸟类的外观非常相似。

好动
它们敏捷地在岩石之间和岩石坡的灌木丛中移动，寻找种子和花朵作为食物。

长喙
相当直，一些个体的喙看起来是向上弯曲的。

Cinclodes antarcticus
淡黑抖尾地雀

体长: 18~23厘米
体重: 40~44克
社会单位: 独居或成对
保护状况: 无危
分布范围: 阿根廷南部和智利

淡黑抖尾地雀栖息于岛屿、岩石海岸、沙滩和秫草类草丛。雄鸟和雌鸟羽毛的颜色皆为深褐色。它们的喙很长，相当有力且呈弯曲状。鸣叫声强烈且尖锐。它们在布满海藻的海滩以及其他鸟类和海洋哺乳动物栖息的区域游走，寻找小型无脊椎动物、反刍物、粪便和腐肉作为食物，甚至也吃食物残渣。繁殖期为9~12月，雌鸟一年能产2次卵。它们在岛屿上的栖息地常被老鼠和猫入侵并占领。

Synallaxis scutata
褐颊针尾雀

体长: 14厘米
体重: 12~15克
社会单位: 成对
保护状况: 无危
分布范围: 阿根廷、玻利维亚和巴西

褐颊针尾雀栖息于海拔高度1700米以内的阔叶林和热带雨林的边缘地区。通常成对一起在植被下层行走，跳跃于树枝之间，有时也会在地面上行走，同时不断地发出典型且急促的鸣叫声。其主要食物为昆虫。

背部为橄榄棕色和红褐色，脸部有白色的眉毛，喉咙处有一块黑色斑纹。身体的下半部为赭石色。

Pseudoseisura lophotes
褐巨灶鸫

- 体长：23~26 厘米
- 体重：60~90 克
- 社会单位：成对
- 保护状况：无危
- 分布范围：玻利维亚、巴拉圭、巴西、阿根廷和乌拉圭

觑觎鸟巢
其他动物，如白耳负鼠（*Didelphis albiventris*）会将褐巨灶鸫的鸟巢作为庇护所或作为其庇护所的底座。

褐巨灶鸫的雄鸟和雌鸟的羽毛颜色相同，其体形、头顶的冠羽和栗色的色调相当显眼。雄鸟和雌鸟的眼睛皆为黄色。它们相当喧闹且活跃，栖息于森林、查科干灌木丛（介于彭巴草原和查科草原之间）、草原、农村区域和郊区。它们停在中等高度的地方休憩，且经常降落至地面行走。它们建造的鸟巢相当大，长度可达 1 米，筑于水平的树枝上。鸟巢由 2~3 只鸟使用长木棍共同建造，通常会放置各种物体，如塑料和树皮块。鸟巢通常建得很简单，但相当坚固，足以抵挡大风，也可作为冬季的庇护所。繁殖期在 10 月至次年 1 月，雌鸟产 3~4 枚白色的卵。它们的鸣唱声相当强烈且很有特色，通常跟它们的伴侣一起合唱，鸣唱的时候会拍动翅膀。它们主要食物是昆虫和种子。

尾巴
颜色为淡红色，很长。

Schoeniophylax phryganophilus
霍托针尾雀

- 体长：21~22 厘米
- 体重：15 克
- 社会单位：成对
- 保护状况：无危
- 分布范围：玻利维亚、巴拉圭、巴西、阿根廷和乌拉圭

霍托针尾雀的喉部有 3 种颜色，包括黄色、黑色和白色。尾巴很长，末端分叉。栖息于干燥森林（特别是边缘区域）和热带草原地区的水源附近。

它们的鸣叫声是一种特殊的"咯咯"声，很容易辨识，它们也以此向同类宣示领地权。它们成对居住，但在冬季时会跟其他大群体共同居住。它们将鸟巢筑于多刺的树上，雌鸟产 4~6 枚卵。纵纹鹃（*Tapera naevia*）经常把卵寄生在它们的巢穴中。

它们相当有自信，但习惯藏身于某处。其主要食物为昆虫。

Anumbius annumbi
集木雀

- 体长：20~21 厘米
- 体重：31 克
- 社会单位：成对
- 保护状况：无危
- 分布范围：玻利维亚、巴拉圭、巴西、阿根廷和乌拉圭

集木雀羽毛的颜色相当温和，喉部为白色，周围环绕黑色细条纹，尾巴长而尖，背部有横向条纹，眉毛呈赭石色。它们停在树枝或电线杆上休憩，也会降落到地面上行走，寻找昆虫和种子作为食物。雄鸟和雌鸟使用木棍共同建造一座巨大的鸟巢，它们将鸟巢筑于树上、电线杆上或栅栏上。雌鸟产 3~5 枚卵，之后由双方共同孵化 15 天。

Asthenes hudsoni
赫氏卡纳灶鸟

- 体长：7~19 厘米
- 体重：18~19 克
- 社会单位：独居
- 保护状况：无危
- 分布范围：阿根廷、乌拉圭和阿根廷

赫氏卡纳灶鸟的羽毛颜色温和，几乎总是藏身在牧场或靠近水源区的淹没草原。它们喉咙的羽毛为白色，背部斑纹的颜色为肉桂色、灰色和黑色。雄鸟和雌鸟的外观相似。通常在飞行时会发出鸣叫声，飞行高度低且速度缓慢，有时会直接"潜入"牧草中。某些区域的群体为迁徙鸟，秋季时会向北方迁徙。在某些区域它们的数量因栖息地的改变而正在减少。

Lochmias nematura
尖尾溪雀

- 体长：13~15 厘米
- 体重：32~35 克
- 社会单位：独居或成对
- 保护状况：无危
- 分布范围：南美洲

尖尾溪雀栖息于森林、溪流附近，在岩石和树枝间跳跃。它们面部长而白的眉毛和黑色腹部的白色鳞片状羽毛相当显眼，背部为深褐色，尾巴相当短。它们的整体外观会让人联想到公鸡和窜鸟（窜鸟科）。单独或成对生活，虽然它们很有自信，但经常藏身于某处，令人很难看见它们。它们的鸣唱声为短而快速的颤音。

其主要食物为昆虫和其他水生无脊椎动物。它们能适应在下水道附近生活，也能适应其他容易捕获猎物的区域，特别是容易捕获苍蝇的区域。

它们将鸟巢筑于靠近水源区、深度约为 30 厘米的溪谷，使用树枝和芦荟叶建造一座球形鸟巢，入口位于侧面。鸟巢内部使用苔藓和羽毛铺底，雌鸟在那里产 2 枚白色的卵。

Furnarius rufus
棕灶鸟

体长：16~23厘米
体重：31~65克
保护状况：无危
分布范围：南美洲

象征
1928年棕灶鸟被选为阿根廷的国鸟。

棕灶鸟是一种因其用泥土建造的独特的炉灶状鸟巢而闻名的鸟类，其名称也源自于这种鸟巢的形状。它们的羽毛颜色不显眼，通常为棕色，胸部区域的颜色较明显，翅膀为肉桂色，喉咙为白色，尾巴为红褐色或淡红色。雄鸟和雌鸟的外观相似，它们的飞行距离相当短，因为它们经常在地上行走寻找食物。它们会发出特殊的鸣唱声吸引异性、互相警告或通知留在鸟巢的伴侣它们将返回鸟巢。

栖息地
它们栖居在明确划定范围的小面积的领地中，为定居型鸟类。栖息的区域包括草原、灌木林、城市化地区（海拔可达3000米），但它们较喜爱开放式且能够找到适合建造鸟巢的材料的区域。筑巢的位置通常靠近水源区。

二重唱
它们会发出一系列像是金属声的尖锐的鸣唱声，由雄鸟发起，雌鸟跟着伴唱。

如同一个泥土炉子
它们建造的鸟巢是所有鸟类建造的鸟巢中最知名的一种，鸟巢通常为穹顶形，开口在侧面。鸟巢由雄鸟和雌鸟共同建造，使用的材料为泥土及牛粪，再加入干稻草、马鬃、树根和树枝，以使其更为坚固。完成这座鸟巢需使用数十千克的泥土，需要花1周到1个月的时间完成。它们使用喙或棒棍塑造鸟巢的外形。

食物
它们的食物相当多样，但它们较喜欢吃无脊椎动物，如蚯蚓、蜗牛、蜘蛛、各种昆虫和甲壳类动物（潮虫），此外，它们也吃种子。为了寻找食物，它们会在地面上行走，用喙翻动泥土和稻草寻找食物。它们可以单独或成对觅食。

蚯蚓　蜗牛　潮虫　蜘蛛

繁殖
虽然它们花费很多时间建造鸟巢，但它们只使用一次，当雏鸟离开鸟巢之后它们就会放弃鸟巢，之后可能会被其他鸟类使用。雌鸟产2~4枚卵圆形的白色卵，雌雄鸟共同孵化约20天。

12千克
鸟巢的重量可达12千克，但通常鸟巢的重量都介于3~5千克。

红褐色
跟栗褐色相似，是棕灶鸟羽毛的主要颜色。其学名中"*rufus*"一词源自此特点。

脚
脚的颜色为灰色或褐色。它们利用脚来挖地。

鸟类（下）

用唾液建造
在繁殖期它们的唾液腺会改变且会增加分泌唾液，因为它们会将唾液融入建材中一起建造鸟巢。

喙
很薄且几乎是直的，颜色为深褐色或灰色。下颌骨的颜色较淡，嘴尖颜色较深。

眼睛
虹膜为棕色。

身体下部
喉咙为白色，腹部为桂皮色。幼鸟的颜色较淡。

1500~3000
建造鸟巢期间，它们运送泥土的次数为1500~3000次。

内部结构
它们将鸟巢内部区隔成两个室，一室用于喂养雏鸟，一室作为通行入口。喂养雏鸟的那一室内部会铺上软质植物，如稻草和羽毛以保护卵。

作为通行入口的室

直径20~25厘米

直径30~35厘米

入口

鸟巢的建设
鸟巢所建的位置相当多样，如树枝上、沟壑中或白蚁丘中，通常位于离地面不超过10米的位置。经常建在栅栏上、电塔上或水车上。

1. 它们在泥土可用的雨季选择适合筑巢的地点。
2. 首先建造一个底座，并决定鸟巢的朝向和入口。
3. 底座建造完成之后开始由外向内建造墙壁。
4. 鸟巢整体结构为圆弧状，开口朝上。
5. 最后筑一道墙延伸至内部，分隔出入口室和喂养室。

使用稻草和粪肥建造的外壁

内部腔室的外壁是它们使用喙建造而成的

喂养雏鸟的室

2~3厘米
鸟巢的墙壁厚度为2~3厘米。

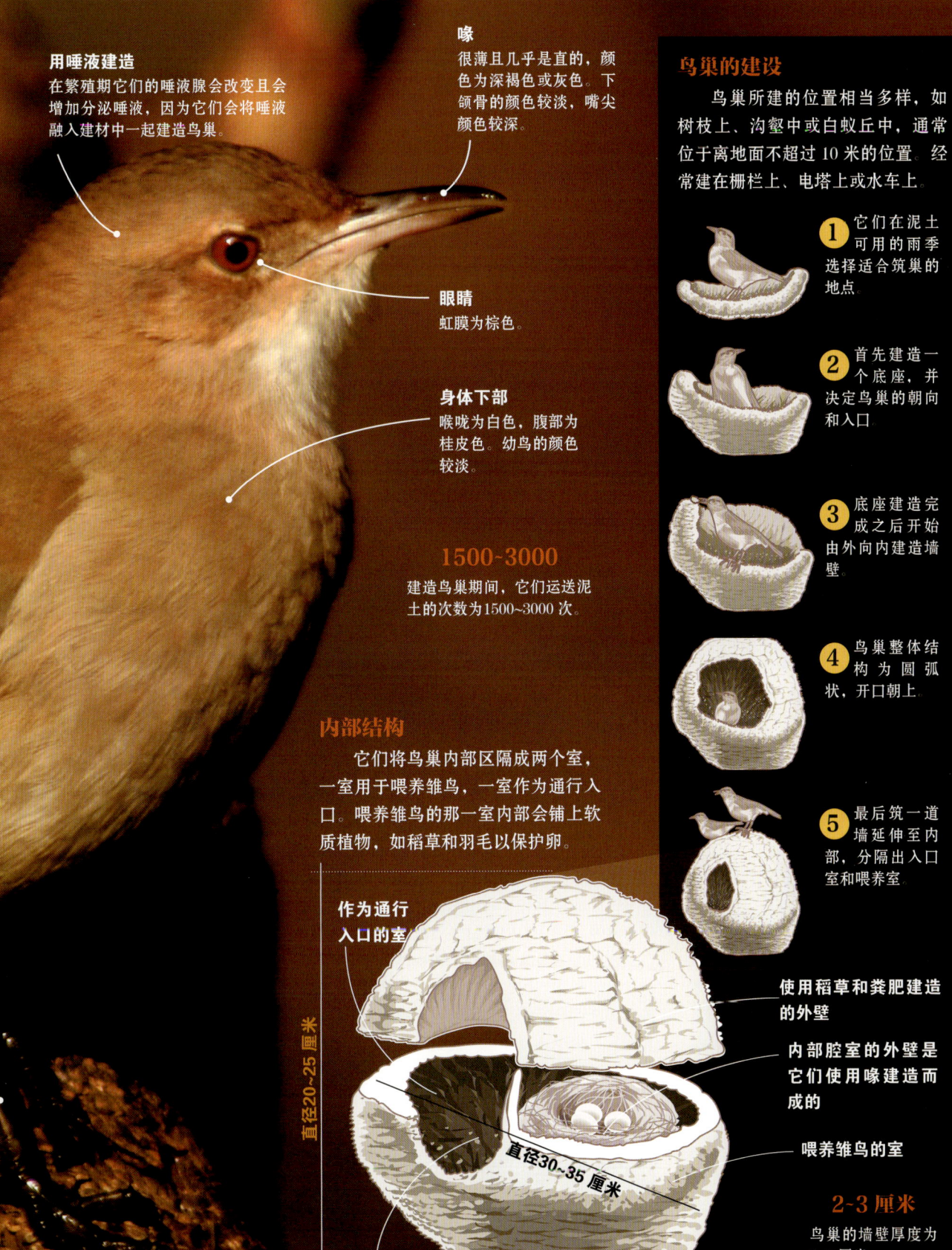

Scytalopus magellanicus
安第斯窜鸟

体长：10~12 厘米
体重：18 克
社会单位：独居
保护状况：无危
分布范围：南美洲西部

安第斯窜鸟的体形很小，羽毛颜色为黑色，相当活泼。它们的行为方式会让人联想到老鼠或鹪鹩（鹪鹩属）。在灌木丛中迅速移动，很难看到它们的身影，因为它们在起飞前喜欢藏身奔跑。栖息于成熟的森林、安第斯—巴塔哥尼亚地区茂密的灌木丛以及瓦尔迪维亚雨林，较喜爱环绕于秋竹林周围的溪流区域。它们在灌木丛的树枝间和掉落于地上的腐烂的落叶中寻找昆虫和其他无脊椎动物作为食物。是定居鸟，一整年都会发出鸣叫声宣示其领地主权。它们将鸟巢筑于裂缝、已倒下的树干洞孔、沟壑中的树根和攀附植物、蕨类植物中。鸟巢为封闭式，使用苔藓、地衣和树根建造而成。雌鸟产 2~3 枚哑光白色的卵，由雌鸟和雄鸟共同喂养雏鸟以及清理鸟巢。

食物
它们的喙短而有力，利于它们捕捉多种无脊椎动物。

鸣叫声
尽管它们的体形很小，但它们的鸣叫声相当强烈惊人且声调多变。最典型的是它们会连续发出强大的颤音。此外，它们也会发出一种类似警报声的声音。

Melanopareia maximiliani
绿冠月胸窜鸟

体长：14 厘米
体重：28~32 克
社会单位：独居
保护状况：无危
分布范围：玻利维亚、阿根廷和巴拉圭

绿冠月胸窜鸟栖息于干燥森林的边缘区域和丛林高地斜坡约 2000 米的区域。颜色艳丽。其特征为：有黑色的"面罩"，在胸部有黑色的条带；喉咙为黄色，腹部为橙色，形成了鲜明的对比。此外，它们的脸部还有褐黄色的眉毛。

它们的鸣唱声相当有节奏感，由单音调的金属音组成。夏季时的声音最好听，跟某种两栖动物的声音相似，栖息于各个地区的物种所发出鸣唱声的音调不太相同。

通常它们主动或被动地藏身于高度较高的地方，如果它们感觉受到打扰，会发出警示性的强烈鸣叫声，并低飞逃走。它们在地面上或所处区域附近觅食，主要食物为昆虫，特别是蚂蚁。

它们使用树叶和牧草将鸟巢建于牧场中。雌鸟产 2~3 枚有深色斑纹的白色卵。

Pteroptochos megapodius
须隐窜鸟

体长：23~24 厘米
体重：95~135 克
社会单位：成对
保护状况：无危
分布范围：智利

须隐窜鸟是一种中等体形的鸟类，栖息于智利中部半干燥的丘陵、阿塔卡马沙漠边缘和海拔达 3000 米的安第斯山麓的灌木岩石坡。白色的短眉毛、显眼的白色脸颊以及棕色和白色的腹部是辨识它们的主要标志。它们的脚很长且有力，能快速地在沙质土壤或岩石地面上移动，并且能用于翻挖土壤以寻找昆虫和蠕虫作为食物。它们能直立尾巴行走或弯下身体行走，也能安静地藏身于植物之中。其主要食物为昆虫、蠕虫和其他无脊椎动物。将鸟巢筑于深度可达 2 米的隧道，像在峡谷修建道路那样挖掘筑巢，或是筑于丘陵边缘区域。雌鸟在隧道尽头的室内产 2~3 枚白色的卵，巢穴中衬以干草。

Scelorchilus rubecula
智利窜鸟

体长：17~19 厘米
体重：34 克
社会单位：独居
保护状况：无危
分布范围：智利和阿根廷

智利窜鸟栖息于安第斯—巴塔哥尼亚地区的温带森林、假山毛榉林以及瓦尔迪维亚雨林。它们通过短飞或跳跃，在茂密的灌木丛和藤枝秋竹林中迅速移动。可以从它们的喉咙、眉毛和红褐色的胸部来区分它们。它们的鸣唱声相当有特色，由一系列非常强烈且带着空音的音调所组成。其主要食物为昆虫和果实，以及它们使用强而有力的双脚在树叶中翻找到的种子。

Teledromas fuscus
沙色窜鸟

体长：16 厘米
体重：30~32 克
社会单位：独居
保护状况：无危
分布范围：阿根廷巴塔哥尼亚地区北部

沙色窜鸟羽毛颜色柔和，是阿根廷西部和西北部的特有鸟类。它们的喙短且略呈锥形，颜色为灰色。其整体外观跟灶鸟科的鸟类相似。它们是典型的陆栖鸟，黎明的时候可以看见它们站在高树上鸣唱，它们也从那里观察，在危险性最低的时候飞入植被中。它们在隧道挖掘筑巢，将入口藏在树丛中，产 2 枚卵。

Troglodytes cobbi
科氏鹪鹩

体长：12~13.5 厘米
体重：17~20 克
社会单位：成对
保护状况：易危
分布范围：马尔维纳斯群岛

科氏鹪鹩栖息于靠近海岸的茂密的早熟禾属草丛，在海藻和海浪中捕捉昆虫为食。雄鸟会发出一种包含颤音和类似口哨声的鸣唱声，且彼此之间发出的声音不同，在8月至次年2月间它们会向其他鸟类发出鸣叫声，宣示其繁殖的领地权。它们使用牧草建造球形的鸟巢，并用羽毛和细根制成软垫垫在巢穴底部。在10~12月之间，雌性会产3~4枚有淡红色斑点的粉白色卵，一年可产2次卵。

Cinclus cinclus
白喉河乌

体长：18~19.5 厘米
体重：50~65 克
社会单位：独居
保护状况：无危
分布范围：欧洲、亚洲和非洲北部

白喉河乌栖息于溪流、瀑布和河流沿岸。它们身形小巧，身体结实，尾巴和翅膀较短，腿相对较长。羽毛主要颜色为褐色，喉咙和胸部羽毛为白色。它们栖息于欧洲南部，在冬季时栖息于北方的物种会向南方迁徙。

潜水
它们的鼻子有类似于阀门的结构，且翅膀有肌肉，这利于它们在水中游泳。

环境质量的指示生物
它们只使用无污染的水域和快速流动的水域，如果遇到已受污染或沉积物已经饱和的水源，它们会迅速离开。

主要食物为水生昆虫及其幼虫，以及小软体动物、两栖类动物和鱼类。它们会在沿岸的岩石中奔跑捕捉猎物，也会潜入水中在水底行走寻找食物。它们的鸣唱声相当柔和且悦耳。

它们只在夏季繁殖，使用草和树叶交织建造一个大型鸟巢并隐藏于植被和石头中。雌鸟产4~6枚卵，并负责孵化15~18天。雏鸟由雌鸟和雄鸟共同喂养20天，20天过后，即使雏鸟还不会飞行，它们也能自己在溪流间捕捉猎物。

Campylorhynchus brunneicapillus
棕曲嘴鹪鹩

体长：22 厘米
体重：32~47 克
社会单位：成对或群居
保护状况：无危
分布范围：墨西哥和美国西南部

易于隐藏的羽毛
羽毛的颜色使它们易于隐藏在沙漠的植被中。

棕曲嘴鹪鹩的脸部有长长的白色眉毛，腹部有黑色条纹，背部有白色条纹。羽毛的色调为橙黄色略带点灰色。栖息于半沙漠地区，较喜爱有仙人掌和棕榈树的灌木丛，栖息的海拔高度可达2000米。它们擅于交际，相当活跃且喧闹，在陆地上移动的速度很快，飞行速度同样也很快且飞行路线很直。

雌鸟产3~5枚有红褐色斑点的粉红色卵，由雌鸟独自孵化16天。雌雄鸟共同喂养雏鸟21天，通常雄鸟会建造第二座鸟巢为下一次产卵做准备。同样它们也会建造在冬季避寒的住所。

它们会从停歇的高处发出低沉、不柔和且音调逐渐上升的单音调的鸣唱声。

栖息地
只能在它们建造鸟巢的大型带刺仙人掌区域发现它们的踪迹。

Donacobius atricapilla
黑顶鹪鹩

体长：21~24 厘米
体重：35~40 克
社会单位：成对
保护状况：无危
分布范围：南美洲

黑顶鹪鹩栖息于洼地及热带和亚热带的河口地区。它们的体形瘦小，羽毛紧密且颜色多样：背部为黑褐色，腹部为肉桂色，头部为黑色，眼睛为黄色，尾巴为黑色和白色。求偶时雄鸟和雌鸟会停歇在同一个地方，并发出带颤音的合唱声，同时露出位于脖子两侧的黄色皮肤。雌鸟产2枚卵并孵化15天，之后由双方共同喂养雏鸟。

食虫鸟

门：	脊索动物门
纲：	鸟纲
目：	雀形目
科：	5
种：	851

有许多不同的特征让它们易于捕获猎物，如有力且呈钩状的喙是这些物种中常见的特征。此外，环绕在喙周围被称为"感觉毛"的丝状长羽毛也是利于它们捕获猎物的另一个特征。蚁鸟科鸟类为食蚁专家。霸鹟科鸟类经常从它们停歇的高处通过灵活的"弹飞"捕捉猎物，之后再返回停歇处。

Taraba major
大蚁鵙

体长：19~20 厘米
体重：50~70 克
社会单位：独居或成对
保护状况：无危
分布范围：美洲，从墨西哥东北部至秘鲁和阿根廷西北部

大蚁鵙雄鸟的头部、背部和尾巴为黑色，覆羽和尾巴有白色斑点。雌鸟的背部为栗色。喙呈黑色且坚硬，虹膜为红色。

栖息于茂密的水边森林、热带草原林地以及海拔低于 1000 米的次生林。

它们的主要食物为昆虫和其他在树叶间寻得的无脊椎动物。此外，它们有力的喙让它们利于捕捉多种猎物，如蜗牛、甲壳类动物、蝌蚪、小鱼，甚至也能捕捉蜥蜴和青蛙。它们使用植物纤维、茎、地衣和一些小叶子筑巢，通常筑在灌木丛内高度约 2 米的树上。雌鸟产 2~3 枚卵，由雄鸟和雌鸟共同孵化 17~18 天。雏鸟破壳后在鸟巢内停留 12~13 天。

特征
它们有一个显眼且轮廓结实的冠。

红色眼睛
红色的虹膜在脸部黑色与白色的羽毛间相当显眼。

信任与好奇
它们习惯停歇在高度较低的树枝或在陆地观察周围环境。

繁殖
雏鸟出生之后由雄鸟和雌鸟轮流喂食并监视鸟巢周围的情况。

Thamnophilus ruficapillus
棕顶蚁鵙

体长：15~17 厘米
体重：21~24 克
社会单位：独居或成对
保护状况：无危
分布范围：南美洲

棕顶蚁鵙雄鸟的背部为褐色，腹部为白色，胸部有黑色条纹，冠为棕色，虹膜为红色。雌鸟的冠跟雄鸟的冠不同，为肉桂色，尾巴为棕色，胸部的条纹为肉桂色。主要食物为昆虫和水果。栖息于山地森林、森林和树木繁茂的草原的下木层。

Thamnophilus amazonicus
亚马孙蚁鵙

体长：14 厘米
体重：17~21 克
社会单位：独居或成对
保护状况：无危
分布范围：亚马孙河流域

亚马孙蚁鵙雄鸟的冠为黑色，翅膀通常呈铅灰色，尾巴为黑色，有白色斑纹。雌鸟的颜色和雄鸟不同，头部是较深的桂皮色。栖息于雨林，在雨林的中下层林木中上下移动。主要食物为昆虫和其他在植被中捕获的节肢动物。经常和其他鸟类组成混合群体。

Thamnophilus caerulescens
杂色蚁鵙

体长：14~16 厘米
体重：15~24 克
社会单位：独居或成对
保护状况：无危
分布范围：南美洲

杂色蚁鵙雄鸟的冠为黑色，背部和胸部为铅灰色，腹部和尾巴下方为肉桂褐色。雌鸟的冠为栗色，背部为橄榄灰色，腹部为肉桂褐色。尾巴的羽毛为黑色，羽毛尖端为白色。它们单独或成对在植被中移动，寻找甲虫、蝗虫、飞蛾、蜘蛛和其他节肢动物作为食物。此外，它们也吃种子。栖息于矮林、次生林以及海拔高度不超过 2800 米的灌木丛，甚至也会在土地退化的区域看到它们的身影。它们使用稻草、树枝、草茎交织建成鸟巢，并产 2~3 枚卵。

多样的冠
雄鸟的冠为黑色，雌鸟的冠为栗色。

照顾雏鸟
繁殖期由雌鸟和雄鸟共同孵卵，并一起喂养雏鸟。

Myrmotherula axillaris
白胁蚁鹩

体长：9~10 厘米
体重：7~9 克
社会单位：独居、成对或群居
保护状况：无危
分布范围：墨西哥、美洲中部、南美洲北部

白胁蚁鹩雄鸟的羽毛颜色为深灰色，覆羽的尖端为白色，形成条带状。雌鸟的背部为棕色，腹部为桂皮色。雄鸟和雌鸟双方都有白色侧翼。栖息于森林的中下层次生林以及某些限定的河岸地区或地势较高且有茂密芦竹的区域。它们经常跟其他同物种的鸟类组成群体共同觅食。其主要食物为昆虫和蜘蛛。

Hypocnemis cantator
歌蚁鸟

体长：11~12 厘米
体重：10~14 克
社会单位：独居或群居
保护状况：无危
分布范围：亚马孙河流域

歌蚁鸟雄鸟和雌鸟的外观相似，羽毛的颜色相当多样，冠和眼睛周围有深色条带。背部和尾巴为深褐色。胸部为白色，有黑色条纹。腹部为肉桂褐色。覆羽为黑色，有白色斑纹。栖息于热带雨林，主要在海拔 1400 米以内的河流沿岸区域。

主要食物为昆虫和蜘蛛。它们会单独或成群觅食，偶尔也会跟其他物种的鸟类组成混合群体。雌鸟通常产 2 枚卵，由雄鸟和雌鸟共同孵化。

Grallaria gigantea
巨蚁鸫

体长：24 厘米
体重：235 克
社会单位：独居
保护状况：易危
分布范围：厄瓜多尔和哥伦比亚

巨蚁鸫为同物种中体形较大的鸟类，背部为橄榄褐色，腹部是有黑色条纹的肉桂褐色。喙厚且有力。栖息于海拔超过 2200 米的潮湿山林。喜欢在地面上移动并跳跃，用它们有力的喙捕捉蠕虫、蛞蝓和幼虫。由于其分布范围受限和栖息地被改变作为农业用地使用，它们的数量正逐渐减少。

Grallaria ruficapilla
栗顶蚁鸫

体长：18.5~19 厘米
体重：70~98 克
社会单位：独居
保护状况：无危
分布范围：委内瑞拉、哥伦比亚、厄瓜多尔和秘鲁北部

栗顶蚁鸫头部为橙红色，背部为橄榄褐色，腹部为白色，有深褐色条纹。栖息于雨林边缘、次生林和海拔介于 1200~3600 米的灌木丛。它们在树叶之间跳跃移动寻找食物，主要食物为蜘蛛、毛毛虫以及其他生活在地面上的昆虫。它们使用落叶、根和苔藓筑巢，雌鸟产 2 枚卵。栗顶蚁鸫是它们分布区域的常见物种，它们甚至能容忍环境的干扰。

Hymenops perspicillatus
斑眼霸鹟

体长：13厘米
体重：23克
社会单位：独居或成对
保护状况：无危
分布范围：南美洲（除了最北端）

当斑眼霸鹟停歇的时候，雄鸟的黑色羽毛和黄色的喙相当显眼，飞行时可以看见它们的翅膀羽毛为白色，形成鲜明对比。雌鸟的身上有棕色条纹，翅膀为红褐色。栖息于靠近潟湖、湿地、溪流或河流植被茂密的牧场区域。它们会在地上短跑或从某树枝上起飞捕捉昆虫。它们使用稻草和树叶建造鸟巢，鸟巢外观呈杯状，内部使用羽毛和毛发铺底。它们将鸟巢藏匿在植被之中，雌鸟产3枚卵并负责孵化，由雌鸟和雄鸟共同照顾和喂养雏鸟。

俗称
其俗称以其跟黑色羽毛颜色呈鲜明对比的黄色喙命名。

行为
雄鸟相当信赖他人，停歇于许多不同的地方。雌鸟刚好相反，经常藏匿于植被之间。

Mecocerculus leucophrys
白喉姬霸鹟

体长：12厘米
体重：13克
社会单位：小群体
保护状况：无危
分布范围：南美洲

白喉姬霸鹟的背部为橄榄色，脸部有白色的眉毛，经常鸣唱的宽大喉咙为白色，腹部为黄色，尾巴相当长。它们是一种活跃的鸟类，栖息于委内瑞拉至阿根廷安第斯山脉的永加斯山地森林，以及巴西、委内瑞拉和哥伦比亚的山区。最高的栖息区域海拔可达3600米，栖息地经常位于水域附近。栖息于南美洲北方的物种同样也栖息于人类居住区的公园和花园。它们在灌木丛的植被中移动，寻找昆虫和其他小型无脊椎动物作为食物。通常会由3~5只个体组成小群体，有时候会跟其他物种组成混合群体。鸟巢呈杯状，建于高度较低的树枝上。飞行时呈波浪状移动，尾巴朝下且部分展开。

Elaenia parvirostris
小嘴拟霸鹟

体长：13厘米
体重：15克
社会单位：独居或成对
保护状况：无危
分布范围：南美洲

小嘴拟霸鹟的羽毛颜色为灰褐色，头部和背部颜色较深，腹部的颜色偏灰色，白色的冠很少露出来。翅膀的颜色较深，飞羽有条纹，覆羽尖端为白色。

栖息于茂密的森林，有时候会栖息于人类居住区。单独或成群在植被中奔跑着寻找昆虫，或在空中使用其小喙捕捉昆虫。同样也吃小型果实。使用植物纤维建造呈杯状的鸟巢，并使用苔藓覆盖外部，用羽毛在内部铺底。

Onychorhynchus coronatus
皇霸鹟

体长：17厘米
体重：21克
社会单位：独居
保护状况：无危
分布范围：美洲，从墨西哥南部至秘鲁西北部、玻利维亚北部和巴西东南部

皇霸鹟的红色冠羽相当醒目，展开呈扇形时可看到末端有黑色斑纹，但它们很少展开。雄鸟在靠近雌鸟或执行防御策略吓阻入侵鸟巢的入侵者时会将冠羽展开。它们长而扁平的喙让它们能在飞行时捕捉蝴蝶、蜻蜓等大型飞虫。如果捕获的飞虫体形相当大，它们会先将飞虫在坚硬的表面上摩擦，除去其翅膀。栖息于次生林、沿岸森林、沟壑森林以及其他潮湿且树木茂密的环境。

Xolmis cinereus
灰蒙霸鹟

体长：20厘米
体重：57.5克
社会单位：独居或成对
保护状况：无危
分布范围：巴西、乌拉圭、巴拉圭、阿根廷东北部和玻利维亚东部

灰蒙霸鹟的羽毛为灰色，翅膀部位颜色较深，腹部颜色较淡，因此突显出类似白色的色调，虹膜为红色。栖息于开放式的森林和灌木区，较爱靠近河流、溪流或湖泊附近的区域。主要食物为昆虫。它们会从停歇的位置起飞，执行短暂的飞行去捕捉昆虫，之后再回到原本停歇的位置。它们相当难亲近，无法忍受人类靠近它们。尽管如此，但还是能常看到它们停歇在不同的地方，如围栏、柱子或树枝。它们会发出一种微弱且几乎听不见的柔和的鸣叫声。

Tyrannus savana
叉尾王霸鹟

体长：38 厘米
体重：28 克
社会单位：独居、成对或群居
保护状况：无危
分布范围：美洲，从墨西哥南部至阿根廷

叉尾王霸鹟的尾巴有两根羽毛特别长，比中央尾羽长数倍，在飞行时会张开，张开时很明显像一把剪刀，其名称以这个特点命名。在春季它们会抵达南美洲的草原，在那里求偶并筑巢。它们在可见的地方筑巢，并从那里捕捉飞行中的昆虫。冬季来临之前它们会成群往较温暖的区域迁徙。

Myiarchus tyrannulus
褐冠蝇霸鹟

体长：19 厘米
体重：34 克
社会单位：独居
保护状况：无危
分布范围：从北美洲的南部至阿根廷北部

褐冠蝇霸鹟的身形较瘦长，背部颜色为油橄榄色，腹部为黄色，喉咙为白色。栖息于森林、灌木丛和稀树草原。它们在森林中寻找昆虫作为食物，也吃种子和浆果。它们会选择树洞筑巢或使用其他各种啄木鸟遗弃的鸟巢作为自己的巢。

Myiarchus panamensis
巴拿马蝇霸鹟

体长：19 厘米
体重：32 克
社会单位：独居或成对
保护状况：无危
分布范围：美洲中部至南美洲北部

巴拿马蝇霸鹟栖息于干燥的森林、灌木丛和红树林，栖息地海拔高度一般可达 600 米。它们在较高的树冠中穿梭移动捕捉飞行中的昆虫作为食物，此外，它们也吃大量的果实。它们的颜色跟其他亲缘鸟类的颜色极相似，背部为油橄榄色，腹部为灰黄色。喙较薄，虹膜为黑色。这种鸟通常以它们的鸣叫声做区分，巴拿马物种通常会发出类似哨音的二重奏鸣叫。繁殖期为 4~5 月，它们会将巢筑于树洞中，内部使用羽毛、毛发、苔藓和细根搭建成一个用于孵化卵的底座。雌鸟产 2 枚带有褐色斑点的淡绿色的卵。

Alectrurus risora
异尾霸鹟

体长：31 厘米
体重：22 克
社会单位：群居
保护状况：易危
分布范围：巴拉圭南部和阿根廷东北部

异尾霸鹟体形小，雄鸟的头部、胸部和背部为黑色，跟腹部的白色呈鲜明对比。喉咙羽毛为白色，但在繁殖期会脱毛，显露出红色的皮肤。它们的尾巴有两根羽毛相当长，但此特征在雌鸟身上较不明显。尾巴的羽毛颜色呈明显的褐色，跟喉咙和腹部的色调相同。它们是安静的物种，但偶尔也会发出温和的鸣叫声。栖息于靠近河口和沼泽的潮湿草原。它们需要栖息在牧草较高的草原区域，以利于它们将鸟巢筑于地面。其主要食物为无脊椎动物，如昆虫和蜗牛，偶尔也会看到它们为了要捕捉牧草间准备起飞的昆虫而跟踪犰狳。

面部特征
喉咙在春季繁殖期时为亮红色。

独特的尾巴
由两根相当长的羽毛所组成，雄鸟的羽毛比雌鸟的羽毛宽且长。

保护状况
它们的栖息地受到限制，且不断地被变更，因此，它们的生存正受到威胁。

Machetornis rixosa
牛霸鹟

体长：17 厘米
体重：29.6 克
社会单位：独居
保护状况：无危
分布范围：南美洲，除了厄瓜多尔、秘鲁和智利

牛霸鹟不怕人群且数量丰富，栖息于草原、农村地区以及都市的公园和花园。在农村，它们会停在牛背上吃寄生虫，这也是它们食物的一部分。同样，它们也会在地面上奔跑捕捉大型动物开始行走时从它们身上掉落的昆虫，这种行为在霸鹟科鸟类中是很少见的。它们有一个隐藏的橙色冠，只有在感到危机或繁殖期时冠才会显露出来。

Pitangus sulphuratus
大食蝇霸鹟

- 体长：20~25 厘米
- 翼展：38~40 厘米
- 体重：70 克
- 社会单位：群居
- 保护状况：无危
- 分布范围：从美国至阿根廷

雏鸟
每只雌鸟产2~5枚卵，孵化期约为30天。

在夏季大食蝇霸鹟会聚集在一起进行鸣唱竞赛。当它们聚在一起时会发出喧闹的典型鸣唱声"Wit-wit-wit...tiófeu, wit-tiófeu, wit-tiófeu"。鸣唱声也是它们用于跟伴侣保持联系的方式，警示通知的典型鸣唱声为"fuiii"，回应时会发出"feeh"。

俗名

鸣唱声是区别它们的主要方式。依照其鸣唱声不同，该物种在不同的地区有不同的俗名，因此它们有很多俗名。

筑巢

将鸟巢建于树枝之间，外观为不规则的球形，使用稻草、根、木棒、羊毛和毛发搭建而成。雄鸟和雌鸟共同孵化2~5枚卵，雌鸟一年产卵4次。每只雏鸟在出生后的第二年即有繁殖能力。

单脚站立
它们停歇时只使用单脚站立，此外，它们会尽量减少跟地面接触，也尽量减少体热量的消耗。

常见鸟

大食蝇霸鹟是人类最熟悉的鸟类之一，因为它们在靠近郊区和农村的众多天然洞穴筑巢。它们能够适应各种环境，包括各种类型的森林、灌木丛，不同类型的海岸、沼泽沿岸和海滩，同样也能在农作物种植区、林业区、人类居住区、公园和都市花园看到它们的身影。它们的食物相当多样，包括果实、不同类型的蔬菜和各类无脊椎动物，它们经常捕捉小型无脊椎动物，例如鱼类和两栖动物。

各种方式猎捕

它们使用多种技巧执行猎捕策略，包括在空中飞行埋伏、跳入水中捕捉昆虫、在岩石或植被之间寻找昆虫、在天然水域或人工水域中捕捉鱼类。在它们所有的狩猎策略中，最突出的狩猎方式是在栖木上狩猎，步骤如下：

1 观察
停歇在较高的树枝上，用它们敏锐的视力观察飞行中的昆虫、地面或水中的昆虫。

2 定位
确定猎物的位置，飞行时保持振翅，使用这个方式潜伏于空中准备攻击。

3 攻击
从上往下捕捉猎物。结合飞行、喙啄、滑翔，直到靠近猎物。

4 捕捉
靠近猎物之后使用喙巧妙地刺入猎物。它们的飞行相当精确，不会碰到水，抓到猎物之后再度起飞回到停歇处。

5 进食
它们可以用喙咬住昆虫之后把它在树干或岩石上撞击。当它们将昆虫处理好之后便会将其吃掉。

喙
深黑色，相当有力且坚固，有利于猎捕和敲击猎物。

翅膀
背部的色调较不鲜艳，主要颜色为棕色和浅黄色。

尾巴
跟背部以外区域的颜色相同，尾羽和覆羽的颜色较明显，为桂皮色。

鸟类（下） 143

白色条纹
脸部上方有两条从喙延伸至眼睛上方最后在后颈部相交的白色条纹。

冠毛
羽毛的尖端为黑色，底部为深黄色，只在冠竖起时才可看见。

颈部
颈部侧面、喉咙、下巴皆为白色。

发亮的胸部
整个腹部，包括翅膀和尾巴皆为硫黄色。

脚
它们的脚上有黑色的蹼。脚趾的分布让它们能紧抓树枝停歇在树上，也是有利于其狩猎的典型特征。

1亿
目前该物种的数量共有1亿只。

通用名称

每个物种皆有属于自己的拉丁学名，虽然很难发音和记忆，但可避免混淆。尽管同一物种在每个区域有不同的俗名，但在这种特殊情况下，可从其拉丁学名确定其正确名称。

阿根廷
Benteveo, bienteveo, bichofeo, pitaguá, pitchué, pitogüé, pito Juan, pitipí, quintové, quentopé, quitafé, que tupí, quetuví, quechupai, tistihuel, tistijuelas.

巴西
Bem-te-ví

哥伦比亚和委内瑞拉
Cristo fue

美国
Kiskadee flycatcher

Muscicapa striata
斑鹟

体长：13.5~14.5 厘米
体重：11~25 克
社会单位：独居、成对或小群体
保护状况：无危
分布范围：欧洲、亚洲和非洲

斑鹟羽毛的颜色通常为棕灰色，腹部为白色。栖息于各式各样的环境，通常为开放式的空间且有树枝让它们停歇。它们会从树上执行短暂的飞行去捕捉飞行中的昆虫，之后再回到原本停歇的树枝上。其主要食物为飞行物种，偶尔也会捕捉陆地上的猎物或在树枝和树叶间移动的猎物。它们将鸟巢筑在欧洲，在夏季末期迁徙到非洲。它们是一夫一妻制，且具领地性。它们将巢筑在树洞，甚至也筑在屋檐，由双方共同建造或只由雌鸟建造。鸟巢外观呈杯状，使用树枝、树皮、树叶、纤维、毛发以及其他材料建造。雌鸟产 2~7 枚卵。

条纹
在棕色的胸部和头部有黑色的横纹。

准备起飞
它们通常会停歇在高度为 1~2 米的树上观察环境等待时机捕捉猎物，且经常会更换停歇的树枝。

Namibornis herero
拟鹩鹟

体长：17 厘米
体重：26 克
社会单位：独居或成对
保护状况：无危
分布范围：非洲南部

拟鹩鹟的羽毛颜色通常为棕色，喉咙和眉毛为白色。腹部为白色，有褐色条纹。尾巴和尾巴下方为肉桂褐色。栖息于广阔的主要为金合欢树（金合欢属）的灌木林。它们停歇在树上观察环境，等待适当的时机往地面俯冲捕捉昆虫。鸟巢由雌鸟和雄鸟使用柔软的植物共同建造，雌鸟产 2~3 枚卵，由雌鸟孵化约 16 天。

Sigelus silens
白翅斑黑鹟

体长：17~20 厘米
体重：21~37 克
社会单位：独居或成对
保护状况：无危
分布范围：非洲南部

白翅斑黑鹟是一种羽毛颜色跟伯劳鸟（伯劳科）一样呈鲜明对比的鸟类。雄鸟有冠，脸部和整个背部为深蓝色，腹部为白色。雌鸟的颜色和雄鸟相似，但背部为棕色。栖息于热带草原、灌木丛和林地水道附近。它们习惯停歇在高处，从那里捕捉飞行中的昆虫作为食物，也吃花蜜和小型果实。

Ficedula hypoleuca
斑姬鹟

体长：13 厘米
体重：9~22 克
社会单位：独居或成对
保护状况：无危
分布范围：欧洲、亚洲和非洲中部至东部

斑姬鹟体形小，喙相当短。雄鸟、雌鸟和幼鸟的羽毛颜色无差异，背部为褐色，侧面有白色的色带，尾巴和腹部为白色。它们的羽毛在夏季会变色，雄鸟的背部羽毛变成黑色，额头有明显的白色斑纹，易于区别其性别。栖息于开放式的森林，通常为落叶林。其主要食物为各种在树冠中寻得的飞行性昆虫和非飞行性昆虫。它们将鸟巢筑于欧洲和非洲西北部，雌鸟使用树叶和其他软质的植物材料建造一座杯状鸟巢，雌鸟在鸟巢内产 2~4 枚卵，并负责孵化约 2 周。

伴侣
虽然它们是一夫一妻制，但基于它们的数量较少，雄鸟有可能跟 1 只以上的雌鸟交配。

颜色
繁殖期时雄鸟的色调为黑色，且在额头有一条明显的白色条纹。

Lanius newtoni
圣多美伯劳

体长：19~21 厘米
体重：22.4 克
社会单位：独居或成对
保护状况：极危
分布范围：圣多美岛和几内亚湾

圣多美伯劳的背部为亮黑色，肩胛有黄色羽毛，腹部为白色或淡黄色。尾巴很长，黑白交错，中间部位为白色。关于它们习性的信息很少。最早的观察纪录为19世纪末期至20世纪初期，从那之后就没有再观察到它们的踪迹，直到1990年它们才被重新发现。它们栖息在海拔可达1000米的茂密的原始森林，较喜爱广阔的区域。其主要食物为飞行性昆虫，可能也会捕捉小型脊椎动物。

保护状况

据统计，目前这个物种在全世界的总数量低于50只。砍伐森林种植可可和咖啡以及引进外来物种如黑鼠（*Rattus rattus*）是这类物种生存受到威胁的主要原因。

Lanius ludovicianus
呆头伯劳

体长：18~22 厘米
翼展：43~54 厘米
体重：0.98~1.9 千克
社会单位：可变
保护状况：无危
分布范围：北美洲和中美洲

短尾巴
羽毛黑色与白色相间。

呆头伯劳的背部为灰色，腹部为白色。它们有鲜明的黑色"面罩"，翅膀也是黑色的，有白色斑纹。喙相当有力且呈钩状。栖息于灌木丛和有零星树木的开阔区域，在那里经常可以看到它们停歇在某处休憩。有时候它们也停歇在电线杆或高大的树木上。其主要食物为昆虫，但它们也跟其他非洲近亲一样会捕捉小型脊椎动物，如蜥蜴、鸟类等。它们会建造一个杯状的鸟巢，产4~7枚卵，孵化期约为3周。雏鸟由双亲共同哺育。虽然它们不是面临危机的物种，但是栖息地受到破坏以及农药的大量使用正使它们的数量大幅减少。

进食
捕捉到猎物之后它们会停在灌木丛的荆棘上舒适地撕裂猎物。

Lanius nubicus
云斑伯劳

体长：17~18.5 厘米
体重：14.5~30 克
社会单位：独居或成对
保护状况：无危
分布范围：欧洲东南部、亚洲西南部和非洲中部

云斑伯劳是颜色最多彩的伯劳鸟之一，腹部为白色，雄鸟的额头和脸颊有明显的白色条纹。尾羽和外侧尾羽皆为白色。胸部和侧面为橙色。雌鸟的颜色跟雄鸟相似，但色调较淡。幼鸟的羽毛颜色为棕灰色，背部有条纹，翅膀和肩胛骨部位有白色条纹。栖息于广阔的灌木丛和有零星树木的地区。它们的食物为各式各样的昆虫、节肢动物和小型脊椎动物，甚至包括鸟类。它们为一夫一妻制，具领地性。鸟巢由雄鸟和雌鸟共同建造。鸟巢为呈杯状的开放式鸟巢，使用树枝、细根、叶子建造而成，外部使用地衣覆盖。雌鸟产3~7枚卵，并负责孵化。雏鸟由双亲共同喂养。

橙色侧面
雄鸟侧面的颜色较深，跟一般的伯劳不同。

Corvinella melanoleucus
白肩鹊鵙

体长：34.5~50 厘米
体重：55~97 克
社会单位：独居或小群体
保护状况：无危
分布范围：非洲南部

白肩鹊鵙的颜色通常为黑色和白色，尾巴相当长，且颜色呈渐层状。头部和背部上半部为亮黑色。背部下半部和覆羽为白色，飞行时相当明显。栖息于开阔的树林，主要是金合欢（金合欢属）林。其主要食物为昆虫，但同样也吃小型脊椎动物，例如蜥蜴和鼠类。雌鸟产1~6枚卵，孵化期约为3周。

食种子鸟

门	脊索动物门
纲	鸟纲
目	雀形目
科	4
种	620

它们体形小,喙结实而有力,许多物种为机会主义者,能吃种子也能吃昆虫、花蜜和小型脊椎动物。某些物种有漂亮的羽毛,某些物种擅长歌唱。大部分物种擅于社交,会跟其他物种组成群体。在某些特定区域,它们被认为是对谷类作物有害的鸟类。

Passer domesticus
家麻雀

体长:16~18厘米
体重:20~39克
社会单位:群居
保护状况:无危
分布范围:全世界

家麻雀是雀形目鸟类中常见的物种之一,因为被引入多个国家,所以数量正逐渐增加中。栖息在农村的物种羽毛颜色通常比栖息在都市的物种深。雄鸟的羽毛颜色在繁殖期时较深。当雄鸟想要吸引某只雌鸟时,会陪在雌鸟旁边鸣唱并振翅。此外,当它们占领区域并觅食时也会发出鸣唱声。它们的主要食物为谷类种子、谷物、某些果实和昆虫,其中,在夏季时昆虫的摄取量占所有食物的10%。它们为机会主义者,也会吃小青蛙、软体动物和甲壳类动物。它们会形成群体,雄鸟在找到伴侣之前会先将鸟巢的结构完成,找到伴侣之后跟雌鸟一起完成鸟巢表面的涂层工作。

喙 相当短,雄鸟的喙在春天会变成黑色。

雌鸟 羽毛颜色为棕色且有黑色条纹。

在空中 它们不擅长飞行,经常会在地面上跳跃移动。

Passer hispaniolensis
黑胸麻雀

体长:15~16厘米
体重:22~38克
社会单位:群居
保护状况:无危
分布范围:欧洲、亚洲和非洲

黑胸麻雀栖息于地势较低的湿地,通常跟农作物种植区相关,此外,也栖息于半干燥地区,甚至也栖息于没有家麻雀(*Passer domesticus*)栖息的城市。主要食物为草的种子、谷类以及无脊椎动物。它们为群居鸟。雌鸟产2~6枚卵。

Pyrgilauda ruficollis
棕颈雪雀

体长:16.5厘米
体重:20~30克
社会单位:群居
保护状况:无危
分布范围:西藏

棕颈雪雀的羽毛颜色为棕灰色,有一条像是项链的肉桂色条纹。雌鸟的颜色较淡,翅膀上白色的色调较少。它们为群居物种,特别是在非繁殖期,在繁殖期时可能会跟其他多对伴侣群居在一起。它们将鸟巢筑于岩石间的洞孔或人类建筑的洞孔。其主要食物为谷物和无脊椎动物。

鸟类（下） 147

Passer montanus
麻雀
- 体长：14~15 厘米
- 体重：17~30 克
- 社会单位：群居
- 保护状况：无危
- 分布范围：欧洲和亚洲

多变的喙
它们喙的大小会依照季节变化而变化。

麻雀几乎不存在性别二态性，栖息于干旱地区的亚种颜色通常较苍白，栖息于潮湿地区的颜色则较深。其主要食物为禾本科植物、草类的种子和谷类作物。虽然它们是定居物种，但在繁殖期过后会进行部分迁徙，特别是幼鸟。它们为群居物种，但有时会单独建造鸟巢。雌鸟产 2~7 枚卵，由双方共同孵化 11~14 天。雏鸟出生后受双亲照顾 15~20 天。它们孵化成功的概率多变，介于 45%~75%。

双方共同建造鸟巢
雄鸟和雌鸟使用干稻草建造鸟巢，内部衬以羽毛和毛发。

Petronia petronia
石雀
- 体长：14~15.5 厘米
- 体重：26~39 克
- 社会单位：群居
- 保护状况：无危
- 分布范围：欧洲、亚洲和非洲北部

石雀是一种体形很大的麻雀，有方形的短尾巴和有力而结实的喙。羽毛颜色为棕灰色，腹部和背部有明显的深棕色条纹。头部有一个浅色冠，喉咙底部有一块不易看见的黄斑。尾巴末端有小块的白色斑。雄鸟和雌鸟的外观相似。它们的鸣叫声相当多样，主要为通过鼻子发出的双音节声音。鸣唱的音符可达 50 种。栖息于海拔 4800 米以内的开阔区域、无树木区域以及岩石边坡的草原沙漠。其主要食物为各种昆虫和种子。它们会捕捉体形比它们的亲缘鸟类还大的猎物。繁殖期时它们会聚集成小群体集体繁殖或单独繁殖。将鸟巢筑于岩石之间的洞孔、树洞或废弃的建筑中。

Montifringilla nivalis
白斑翅雪雀
- 体长：17 厘米
- 体重：31~57 克
- 社会单位：群居
- 保护状况：无危
- 分布范围：欧洲、亚洲和非洲北部

白斑翅雪雀栖息于山坡和丘陵，冬季主要食物为种子，特别是高山植物的种子，也吃少量的牧草。夏季吃的食物种类比较多，其中也包括昆虫，特别是蝗虫（直翅目）、苍蝇（双翅目）和蜘蛛。非繁殖期的时候它们习惯组成大的群体共同觅食。繁殖期时它们会跟伴侣一起觅食或组成小群体觅食，也会组成小群体共同筑巢。雌鸟产 4~5 枚卵，并负责孵化 12~14 天。

Passer melanurus
南非麻雀
- 体长：14~16 厘米
- 体重：29 克
- 社会单位：群居
- 保护状况：无危
- 分布范围：非洲南部

南非麻雀栖息于降雨量低于 750 毫米的半干旱环境，从开放式的大草原至开放式森林的树木上，通常栖息于水源区附近。其主要食物为种子，特别是谷物种子和牧草种子。近期发现它们的食物更加多元，也吃葡萄和其他水果，且经常喝水，有时它们也会捕捉飞行中的昆虫。在非繁殖期时它们会组成群体，数量最多可达 200 只。筑巢方式为群体筑巢，可能会有 50~100 对伴侣共同筑巢。鸟巢的结构凌乱，雌鸟产 2~5 枚卵，并负责孵化 12~14 天。雏鸟由双亲共同喂食约 17 天。

喙的颜色会改变
颜色为米黄色，但在繁殖期时会变成黑色。

颜色
雌鸟的颜色跟雄鸟相似，但是黑色的区域带有一点灰色的色调，肉桂色区域较不透明。

繁殖时期
在干旱地区，繁殖季节的到来取决于可食昆虫的数量，因此取决于雨季来临与否。

Dinemellia dinemelli
白头牛文鸟

体长：18厘米
体重：57~85克
社会单位：群居
保护状况：无危
分布范围：非洲中部和东部

白头牛文鸟为一种大型织布鸟，羽毛的主要颜色为白色，喙坚硬。栖息于海拔低于1400米的干旱区的丛林草原，偶尔会在牧场或沿海环境中看到它们的身影。其主要食物为昆虫、种子和果实。它们会组成有3~6只个体的群体，在地面上捕捉猎物。它们会跟其他鸟类组成群体，特别是织雀（织雀属）。繁殖期的时间取决于雨季的来临时间，因此各地区的白头牛文鸟的繁殖期不同。它们为一夫一妻制，雄鸟和雌鸟会在高度为2~4米的同一棵树上建造多个球状鸟巢。雌鸟产3~4枚卵，其他鸟类可能会合作孵化。

特征
尾部和尾上覆羽为红橙色。头部和腹部为白色，翅膀和尾巴为深褐色。

鸟巢篡夺
它们建造的鸟巢经常被某些雀类和非洲侏隼（*Polihierax semitorquatus*）篡夺。

Bubalornis niger
红嘴牛文鸟

体长：22厘米
体重：65~98克
社会单位：群居
保护状况：无危
分布范围：非洲东部和南部

红嘴牛文鸟的羽毛颜色为亮黑色，侧面有白色斑纹。栖息于树木茂密的区域，是群居鸟，雄鸟会共同建造一个大型鸟巢。其主要食物为昆虫，也吃少量的种子和果实。群体的数量可达50只。它们为一夫多妻制，有时候会群体交配；也可一妻多夫，一只以上的雄鸟同时跟一群雌鸟交配。

Plocepasser mahali
白眉织雀

体长：17厘米
体重：31~59克
社会单位：群居
保护状况：无危
分布范围：非洲东部和南部

白眉织雀有白色的眉毛和尾巴，喉咙、腹部和翅膀某些区域也为白色。其主要食物为昆虫，如白蚁（等翅目）、蛾（鳞翅目）和蚂蚁（蚁科）。它们经常流连于人类活动的区域，在地面上跳跃移动寻找剩余的食物，同样也会捕捉飞行中的昆虫。为群居鸟，5~9只个体共同居住，有时候加上各自的伴侣，数量可达20只，由一组伴侣负责统治，其他伴侣会帮忙照顾统治者的雏鸟。

Quelea quelea
红嘴奎利亚雀

体长：12厘米
体重：15~26克
社会单位：群居
保护状况：无危
分布范围：非洲中部和南部

红嘴奎利亚雀是一种短尾巴的小型织布鸟。大多数栖息于半干旱地区，通常不会栖息于丛林。它们会造访高度介于500~1500米的极干燥或潮湿区域。其主要食物为牧草种子和谷类种子，同样也吃昆虫。它们被视为小麦、高粱和水稻作物的害鸟。此外，它们也在牛类饲养场中吃碎玉米。一夫一妻制，但某些雄鸟可能在同一繁殖期建造3个鸟巢，分别与不同的雌鸟交配。它们为群居鸟，鸟巢由雄鸟建造，外观呈球状。雌鸟产1~5枚卵。

变化
雄鸟的羽毛在繁殖期时会变得更鲜艳。

无火绝危机
为全世界数量最多的鸟类物种之一，它们的数量大约有15亿只。

Euplectes orix
红寡妇鸟

- 体长：13厘米
- 体重：17~30克
- 社会单位：群居
- 保护状况：无危
- 分布范围：非洲东部和南部

红寡妇鸟主要栖息于高度介于600~1500米邻近水源区的高地草原和种植区。主要食物为种子和节肢动物，同样也吃狮耳花属和芦苇的花蜜。它们为一夫多妻制，每只雄鸟最多会跟7只雌鸟交配。它们为群居鸟，因为群居的数量众多，所以每对伴侣只有约3平方米的领地。青年雄鸟繁殖的成功率比经验丰富的成年雄鸟低。鸟巢由雄鸟负责建造，需要3天时间。鸟巢建造的位置通常在潮湿区域或水平面上方2米处，用香蒲（香蒲属）支撑。在某些特定的区域它们会使用竹子或女贞（女贞属）支撑。雌鸟产3枚卵。两只雌鸟可能同时将卵产于同一个鸟巢。孵化期为12~13天。亲鸟主要使用反刍物喂养雏鸟。群居在一起的成员会捍卫自己以及邻居的鸟巢。

繁殖期的羽毛
繁殖期，雄鸟的羽毛颜色会变得较醒目。

占用鸟巢
它们的鸟巢可能会被白眉金鹃（*Chrysococcyx caprius*）占用，尤其是当它们群居的群体较小时。

Ploceus cucullatus
黑头群栖织布鸟

- 体长：17厘米
- 体重：33~46克
- 社会单位：群居
- 保护状况：无危
- 分布范围：非洲撒哈拉以南地区

黑头群栖织布鸟，一只雄鸟的领地内可有5~6只雌鸟共存。它们会组成大群体群居，某些情况下也会跟其他物种群居，同一棵树上鸟巢的数量可达200个。群居的雄鸟较能吸引雌鸟注意，当雌鸟进入雄鸟的领地时，雄鸟会倒挂在自己的鸟巢上拍动翅膀并发出鸣叫声。鸟巢被它们遗弃之后会被蛇、黄蜂、老鼠、蝙蝠或其他鸟类占用。雌鸟产2~4枚卵，并负责孵化11~14天。

建造鸟巢
鸟巢形状为圆球状，有一个隧道入口。雄鸟可能花费约11个小时编织鸟巢。

尾羽
灰绿色，内部边缘为黄色。

羽毛
雄鸟的腹部为黄色，雌鸟的腹部为灰绿色。

Foudia madagascariensis
红织雀

- 体长：13厘米
- 体重：13~20克
- 社会单位：独居或群居
- 保护状况：无危
- 分布范围：马达加斯加（被引入毛里求斯岛、塞舌尔群岛和罗德里格斯岛）

红织雀雄鸟在求偶时期羽毛为红色，求偶周期过后羽毛颜色会再度变回和雌鸟一样的棕色。栖息于开放式的区域，主要食物为种子、花蜜和节肢动物。它们习惯组成大群体，为一夫一妻制的定居鸟。在繁殖期时雄鸟会发出鸣唱声保卫其领地。鸟巢呈椭圆形，由雌鸟负责孵化，由双亲共同使用反刍物喂养雏鸟。

Carduelis chloris
欧金翅雀

体长：15厘米
体重：26克
社会单位：成对或小群体
保护状况：无危
分布范围：欧洲和亚洲，被引入大洋洲和南美洲

食物
它们的厚喙有利于开启坚硬的种子外壳。

适应性
它们生长于林地，之后被引入远离它们原始栖息地的国家。

欧金翅雀的身体健壮，雄鸟羽毛颜色为黄绿色，主要羽毛有金黄色斑纹，黑色的覆羽有灰色斑纹，尾羽为黑色，外侧尾羽为黄色。喙厚且有力。雌鸟羽毛的颜色较淡，为浅棕色，翅膀和尾巴有浅黄色斑纹。栖息于树林和草原，较喜爱在都市区域的公园和花园筑巢和觅食。其主要食物为种子和水果，在春季和夏季也吃昆虫。雌鸟在位于灌木或乔木上的杯状鸟巢中产3~5枚卵。一年可产2次卵。

Fringilla coelebs
苍头燕雀

体长：14~16厘米
体重：22克
社会单位：成对或群居
保护状况：无危
分布范围：欧洲、亚洲和非洲

苍头燕雀的头部和颈部为灰色，胸部和背部为鲑鱼色或深肉桂色，覆羽和尾羽为白色，在飞行时可明显看到。尾部为橄榄色。繁殖期时雄鸟的喙会变成蓝灰色，其余时间喙的颜色为棕色。雌鸟喙的颜色为灰绿色。它们被称为"独身主义者"，在秋季和冬季只组成同性别的群体。大多栖息于橡树和山毛榉林。是杂食性鸟类。

Carduelis carduelis
红额金翅雀

体长：12~13.5厘米
体重：26克
社会单位：成对或群居
保护状况：无危
分布范围：欧洲、亚洲和非洲，被引入大洋洲和南美洲

红额金翅雀的头部有3种颜色，额头为红色，其余部位为黑色和白色。喙尖锐且有力，利于它们撬开种子。腹部为白色，胸部和背部为桂皮色。翅膀为黑色，尖端有广泛的黄色条纹和白色斑点。尾巴为黑色，尖端为白色。为群居鸟，特别是在冬季，它们经常跟其他物种的燕雀科鸟类集结成群。将鸟巢筑于灌木或乔木上。

Pinicola enucleator
松雀

体长：20~25厘米
体重：56克
社会单位：成对或群居
保护状况：无危
分布范围：北美洲、欧洲和亚洲

松雀是雀科鸟类中体形最大的物种，拥有大且有力的喙。雄鸟羽毛的颜色为淡红色，雌鸟羽毛的颜色为灰色，头部为黄色。翅膀为黑色，有白色斑纹。一年之中大部分时间所吃的食物为幼芽、种子和果实，夏季时也吃昆虫。建造的鸟巢呈杯状，雌鸟产2~5枚卵。成鸟会在口中制造"稠状物"喂食雏鸟。

Loxia curvirostra
红交嘴雀

体长：16~17厘米
体重：46.5克
社会单位：成对或群居
保护状况：无危
分布范围：北美洲、欧洲、亚洲和非洲

红交嘴雀的喙的尖端相交，以此特征命名，这个特征相当利于它们撬开其所吃的松果。雄鸟羽毛的颜色为红色，雌鸟羽毛的颜色为绿色。它们的翅膀皆为棕色，尾巴呈"V"字形。为定居鸟，但有时会因为食物短缺而变更栖息地，甚至会在非繁殖季时成群大量迁徙，经常跟鹦交嘴雀一起迁徙。

Zonotrichia capensis
褐领雀

体长：14~17 厘米
体重：20.5 克
社会单位：成对
保护状况：无危
分布范围：南美洲和中美洲

褐领雀雄鸟和雌鸟外观无差异。冠和脸部为灰色，脸部中间有一条黑色条纹。喉咙为白色，颈部有如同衣领形状的肉桂色或栗色带。腹部和胸部为褐色或白色，经光线反射后某些区域的颜色较深，两侧的颜色偏灰色。背部为褐色，夹杂一些黑色的色调，翅膀和尾巴颜色较深。栖息于不同的热带丛林以及高度约为 4000 米的山上，也会进入城市。它们会跟其他物种的鸟类集结成群，特别是在冬季时集结的数量较多。它们为典型的食种子鸟。将鸟巢筑于地面上，但也有可能筑于灌木丛或高度较低的峭壁洞孔。

不同特征
共有超过 30 个亚种，它们羽毛的颜色和发声的方式不同。

多种鸣唱
鸣唱包括两个部分，首先是发出 2~4 个上升或下降的音调，接着重复发出由 3 个音调组成的颤音。

Spizella arborea
美洲树雀鹀

体长：14~17 厘米
体重：17.8 克
社会单位：群居
保护状况：无危
分布范围：北美洲

美洲树雀鹀同样也被称为美国树栖麻雀。头部为灰色，有冠，眼睛后方有一条红色线。背部为棕色和黑色条纹交错，腹部为灰色和肉桂色交错，胸部中心有一块小的深色斑块。翅膀上有两条白色的色带。栖息于苔原和其他靠近湖泊或沼泽的广阔区域，例如灌木林、柳树林、桦树林、冷杉林。它们能忍受 0 摄氏度以下的低温气候。其主要食物为种子，将鸟巢筑于地面或灌木上。

Emberiza citrinella
黄鹀

体长：15~17 厘米
体重：29.7 克
社会单位：成对
保护状况：无危
分布范围：欧洲和亚洲

黄鹀繁殖期间雄鸟头部的颜色会变成亮黄色，且脸部有像面罩的微黑色斑纹，腹部为黄色。背部为棕色，有深色条纹。冬季时雄鸟的颜色跟雌鸟相似。雌鸟的颜色较柔和，且有条纹。它们在冬季会跟其他物种的鸟类组成小群体。栖息于北方的物种在冬季会往南方迁徙。雌鸟产 2~6 枚卵，雏鸟由双亲共同喂养。

Gubernatrix cristata
黑冠黄雀鹀

体长：18~20 厘米
体重：47.6 克
社会单位：成对
保护状况：濒危
分布范围：南美洲南部

黑冠黄雀鹀同样也被称为绿主教鸟。冠毛和喉咙为黑色，眉毛和颧骨为黄色。背部为橄榄色，有黑色条纹，腹部为深黄绿色，尾巴为黄色，中央尾羽为黑色。雌鸟的羽毛颜色跟雄鸟相似但较淡，脸部、胸部和侧翼为灰色。栖息于开阔的森林，较喜爱角豆树（长角豆属）、灌木林和海拔高达 700 米的热带草原。它们可能会季节性迁徙。将鸟巢筑于树林和灌木丛，鸟巢呈杯状，使用木棍和稻草建造，并使用鬃毛、牧草覆盖于外部，内衬地衣和苔藓。雌鸟产 2~4 枚颜色呈白色和蓝绿色且有条纹和黑点的卵。

保护状况
被捕捉作为宠物贩卖，以及栖息地遭受破坏和改变是造成它们生存危机的主要因素。

多彩的鸟类

门	脊索动物门
纲	鸟纲
目	雀形目
科	8
种	640

大部分物种羽毛的颜色鲜艳且明亮,特别是雄鸟。可在森林和雨林发现它们的踪迹,它们偶尔也会栖息在开放式的区域,甚至也栖息于沙漠地区。其主要食物为果实和昆虫,某些物种也吃无脊椎动物。园丁鸟科的鸟类会建造一个结构复杂的鸟巢吸引伴侣。

Calyptomena viridis
绿阔嘴鸟

体长:16~18厘米
翼展:22.5~24厘米
体重:54.25克
社会单位:独居
保护状况:近危
分布范围:亚洲东南部

绿阔嘴鸟的身体和头部呈圆形,喙短且宽,有一个带羽毛的冠。雄鸟的羽毛颜色为亮绿色,耳朵区域有一块小的黑色斑块,翅膀区域也有3块同样为黑色的斑块。雌鸟的羽毛颜色较淡,位于喙上方的冠较小。它们栖息于茂密的森林和低山雨林的底部。它们在清晨和黄昏时相当活跃,会在树叶间跳跃移动。它们可能单独或成对移动,在采食水果期间会组成小群体。它们的主要食物为无花果(无花果属),是这类植物种子的伟大传播者。它们也吃其他水果、浆果和昆虫。雌鸟产2~3枚奶油色的卵。

静止
面临危险时它们会长时间静止不动。

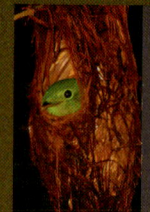

鸟巢
雄鸟和雌鸟共同使用杂草和小树枝编织鸟巢,并将鸟巢悬挂在靠近水源的树枝上。

Eurylaimus ochromalus
黑黄阔嘴鸟

体长:15厘米
体重:27~28克
社会单位:独居
保护状况:近危
分布范围:东南亚地区

黑黄阔嘴鸟的头部为黑色,有一条像是领子的白色带。背部为黑色,有黄色条纹。腹部为粉红色,喙相当宽,为蓝绿色,虹膜为亮黄色,脸部羽毛为黑色。主要食物为昆虫,同样也吃软体动物和水果。它们个性害羞,一天中大部分时间都躲藏于树叶间。它们的鸣唱声低沉、重复且渐渐加快。栖息于低地森林,这些森林正逐渐被砍伐,基于这个原因它们移居至山上的森林和次生林。

Smithornis capensis
非洲阔嘴鸟

体长:13厘米
体重:23.2克
社会单位:独居
保护状况:无危
分布范围:非洲中部至东部

非洲阔嘴鸟栖息于靠近河流沿岸的森林地区。主要食物为在树叶中、地面上或飞行时捕获的无脊椎动物。鸟巢由雄鸟和雌鸟共同建造。鸟巢呈椭圆形,悬挂在高度较低的树枝上,离地面1.5~3米。雌鸟产1~3枚卵,并负责孵化约2周。孵化期间由雄鸟负责巡视并保卫鸟巢附近的安全,通常也由雄鸟负责喂养雏鸟。

Rupicola peruvianus
安第斯动冠伞鸟

体长：31~32 厘米
体重：244 克
社会单位：独居
保护状况：无危
分布范围：南美洲西北部

安第斯动冠伞鸟雄鸟的羽毛颜色为亮橙色，翅膀和尾巴为黑色和灰色。雌鸟的颜色较淡，带有些许褐色色调。栖息于雨林，主要在安第斯山脉周围的山区和丘陵。其主要食物为水果。繁殖期，该物种会建立求偶场：多只雄鸟会在同一个地方争相用仪式性的舞蹈和鸣唱吸引雌鸟注意。雌鸟负责孵化卵和喂养雏鸟。在某些特定的区域它们被捕捉作为宠物。

Phytotoma rutila
红胸割草鸟

体长：17~20 厘米
体重：30~57 克
社会单位：群居
保护状况：无危
分布范围：南美洲中部和东南部

红胸割草鸟雄鸟的腹部为红棕色，背部有铅灰色的条纹。雌鸟的羽毛颜色为灰褐色，有明显的条纹。雄鸟和雌鸟都有颇具特色的冠毛。栖息于草原、灌木丛草原以及树林边缘。它们为草食性鸟类，进食时有特殊的切断树枝的行为。此外，它们也吃草、树叶、种子、芽和花瓣。鸟巢呈杯状，使用细木棒和草秆建造而成。雌鸟产 2~4 枚卵，孵化期约为 15 天。

Pyroderus scutatus
红领果伞鸟

体长：38~46 厘米
体重：300~390 克
社会单位：群居
保护状况：无危
分布范围：南美洲

红领果伞鸟是雀形目鸟类中体形最大的鸟类之一。羽毛颜色为黑色，喉咙有一块区域无羽毛，裸露出红色皮肤。它们是被动的，很少移动，在森林中较阴暗的地方静静地移动。栖息地势中高的区域、高山森林以及地势较低的区域。主要食物为果实。它们的鸣叫声像是低沉的嘶吼声，发情期间鸣叫声会增加，十几只雄鸟会一起试图展露其红色皮肤吸引雌鸟注意。雌鸟在外观像是平台的简陋鸟巢内产 1~2 枚卵。

Cicinnurus respublica
威氏丽色风鸟

体长：16~21 厘米
体重：52~67 克
社会单位：独居
保护状况：近危
分布范围：印度尼西亚

威氏丽色风鸟是羽毛颜色相当明亮且引人注目的鸟类之一，羽毛上的颜色变化相当丰富。它们为西巴布亚岛的特有物种，栖息于热带和亚热带阔叶林。

雄鸟和雌鸟存在性别二态性：雌鸟的羽毛颜色较不鲜艳，雄鸟的羽毛颜色较鲜艳，色调明亮，且尾巴中央的羽毛呈螺旋状。颈部无羽毛，其裸露的皮肤为蓝绿色，雄鸟的颈部有十字状黑色斑纹，雌鸟的颈部斑纹为蓝紫色。其主要食物为果实，偶尔也吃小型昆虫。

鸟巢是使用叶子、蕨类植物、卷须等软质材料建造的，筑于某棵树的树杈上。雌鸟产 1~3 枚卵，孵化期为 16~22 天。

求偶
雄鸟展示其羽毛并发出鸣唱声。

夜间颜色
雄鸟冠的颜色相当显眼，即使在黑暗中也看得见。

Lophorina superba
华美极乐鸟

体长：25~26 厘米
体重：77 克
社会单位：独居
保护状况：无危
分布范围：印度尼西亚

华美极乐鸟雄鸟的羽毛颜色为黑色，胸部前方有一块盾牌状的亮蓝色斑纹，雌鸟羽毛的颜色跟雄鸟相似，但较淡。其主要食物为果实、浆果和节肢动物。因为雌鸟的数量较少，雄鸟会因追求雌鸟而相互竞争。雄鸟会轮流在自己的领地展示其五彩斑斓的羽毛，发出鸣叫声并重复跳跃多次以吸引雌鸟注意。雌鸟在找到适合自己的伴侣前可能会拒绝多达 20 个追求者。

Paradisaea raggiana
新几内亚极乐鸟

体长：34 厘米
体重：340 克
社会单位：独居
保护状况：无危
分布范围：新几内亚岛

象征
是巴布亚新几内亚的国鸟，其图像用于装饰国旗。

新几内亚极乐鸟是极乐鸟科中体形较大的鸟类之一。雄鸟的特征在于其栗色的羽毛，有时候会有灰色或蓝色的色调。它们有黄色的冠，喉咙为绿色，胸部为黑色。翅膀的长羽毛相当突出，颜色从白色、橙色至红色。该物种于近几个世纪不断被猎捕，主要用于供应时尚产品市场。目前该物种已经被禁止猎捕和交易，也禁止拔取它们的羽毛。

名称起源
该物种最早在 15 世纪时被自然科学家发现，当时自然科学家们没发现这些鸟类已经被当地人去除骨头和腿作为标本。基于这个原因，再加上当地的传说，这些鸟类被认为喝露水为生，一直在空中飞行，从不降落到地面，被认为来自天堂。

美丽
极乐鸟科鸟类因它们羽毛的颜色和形状而被认为是全球最美丽的鸟类。

展示羽毛寻找伴侣
雄鸟跟其他极乐鸟科物种一样，会展示其艳丽的羽毛吸引雌鸟注意。它们会共同聚集于一个区域，试图通过竞赛展示其羽毛。在竞赛期间它们会展开羽毛，并发出鸣叫声，试图从诸多竞争者中脱颖而出。

喙
形状像剪刀，适于捕捉昆虫和摘取果实。雄鸟的喙为浅蓝色。

头部
有一个金黄色的冠，喉咙为翠绿色。

眼睛
虹膜为黄色。

因为羽毛的结构和颜色以及当地的传说，这类鸟在好几个世纪以前就开始被猎捕。

性别二态性
雄鸟的体长为雌鸟的两倍，雌鸟的羽毛颜色较淡，在孵化过程中较不易被发现，由雌鸟负责照顾雏鸟。

雌鸟　　　雄鸟

40
尽管传说中的极乐鸟只有一个物种，但根据科学家统计，极乐鸟共有40多个物种。

翅膀
短且圆。飞行方式较为笨重。它们在限定的小区域移动，不迁徙。

高且可见
它们会选择森林中光秃的树枝来展示羽毛。通常会选择较高的树木，在那里它们会展示羽毛并跳舞。

脚
相当结实有力，使雄鸟可以在低头摇摆求偶时牢固地紧抓树枝。

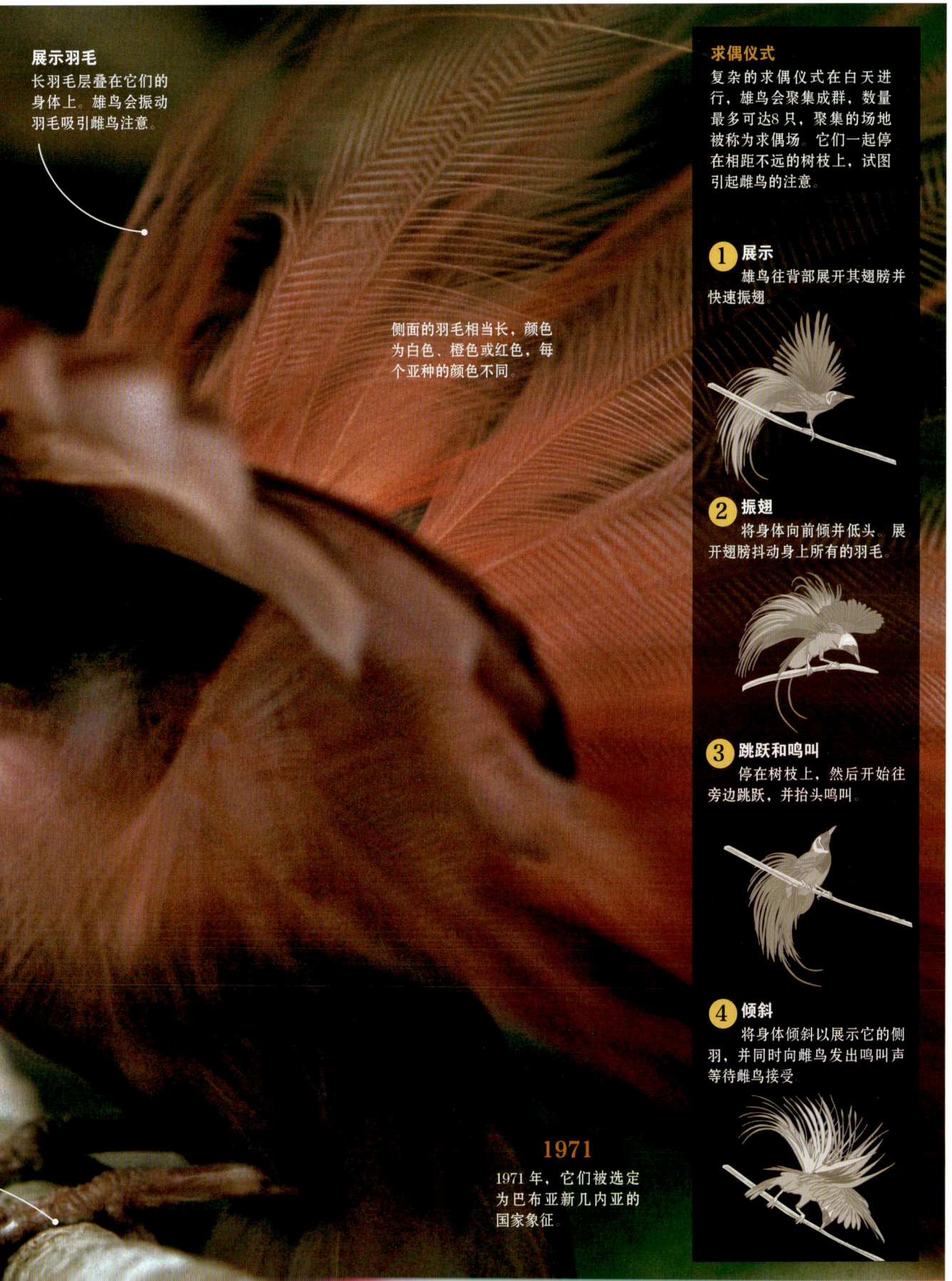

鸟类（下） 155

展示羽毛
长羽毛层叠在它们的身体上。雄鸟会振动羽毛吸引雌鸟注意。

侧面的羽毛相当长，颜色为白色、橙色或红色，每个亚种的颜色不同。

求偶仪式

复杂的求偶仪式在白天进行，雄鸟会聚集成群，数量最多可达8只，聚集的场地被称为求偶场。它们一起停在相距不远的树枝上，试图引起雌鸟的注意。

① 展示
雄鸟往背部展开其翅膀并快速振翅。

② 振翅
将身体向前倾并低头。展开翅膀抖动身上所有的羽毛。

③ 跳跃和鸣叫
停在树枝上，然后开始往旁边跳跃，并抬头鸣叫。

④ 倾斜
将身体倾斜以展示它的侧羽，并同时向雌鸟发出鸣叫声等待雌鸟接受

1971
1971年，它们被选定为巴布亚新几内亚的国家象征。

Pipra filicauda
线尾娇鹟

体长：11~12 厘米
社会单位：群居
保护状况：无危
分布范围：南美洲北部

这个物种的特征在于从它们的短尾巴上延伸出来的薄羽毛，长度可达 6 厘米。雄鸟的羽毛颜色较明亮，下半部为黄色，头部为红色，背部和尾巴为黑色，雌鸟的羽毛颜色为橄榄绿色。栖息于热带雨林边缘和亚马孙盆地以西区域，以及安第斯山脉以东区域，同样也可在农作物种植地附近发现它们的踪迹。它们经常出现在灌木丛中，在树冠间移动着寻找食物。其主要食物为水果、浆果和昆虫。它们相当活泼，移动的速度很快。它们是相当安静的鸟类，但偶尔会发出鸣叫。雄鸟会飞到离地面高度不超过 1.8 米的树上，在树枝间执行短飞宣示其领地权。

求偶
在雌鸟面前的树枝上翻转身体，有时发出鸣叫，竖起红色、黑色和黄色的羽毛。

尾巴
尾巴短，某些羽毛长且薄。

Chiroxiphia caudata
燕尾娇鹟

体长：12~14 厘米
社会单位：群居
保护状况：无危
分布范围：南美洲中部至东部

燕尾娇鹟雄鸟羽毛颜色为浅蓝色，头部上半部区域有红色斑纹，翅膀有黑色斑纹，后颈背部、脸部和颈部皆为黑色。雌鸟羽毛颜色为深绿色，尾巴较长。栖息于热带雨林和亚热带平原，较少栖息于山区。在交配的季节雄鸟会轮流跳杂技式的求偶舞蹈。

Oriolus oriolus
金黄鹂

体长：22~24 厘米
翼展：43 厘米
体重：70 克
社会单位：群居
保护状况：无危
分布范围：欧洲、亚洲西部和撒哈拉以南的非洲地区

母亲
雏鸟由雄鸟和雌鸟共同照顾，但雌鸟会花较多的时间跟雏鸟在一起。

鸟巢建造者
雌鸟负责使用草、毛发、纤维和羽毛编织鸟巢。

金黄鹂雄鸟羽毛的颜色为亮黄色，雌鸟羽毛的颜色比雄鸟略深。翅膀为黑色，每只眼睛前面都有一小块黑色斑。尾羽为黄色，羽毛末端为黑色。栖息于落叶林和水源区附近。它们的个性害羞且谨慎。除了进食的时间之外，其余时间都躲藏于树叶间。主要食物为无脊椎动物，尤其是毛毛虫、苍蝇、蜘蛛、甲虫和软体动物。夏季时也吃某些果实。它们为一夫一妻制，领地性强。雌鸟产 3~4 枚粉白色且有深色斑纹的卵。

Ramphocelus passerinii
红腰厚嘴唐纳雀

体长：16 厘米
体重：31 克
社会单位：群居
保护状况：无危
分布范围：墨西哥东南部、中美洲

红腰厚嘴唐纳雀也被称为猩红色腰唐加拉雀。它们存在性别二态性：雄鸟羽毛的颜色为黑色，尾巴有一块深红色斑；雌鸟翅膀的颜色为橄榄褐色，身体下半部区域羽毛颜色带有一点金色的色调。栖息于热带、亚热带的丛林和森林，也栖息于灌木丛，甚至也可栖息于花园和已退化的森林。夜晚经常寻找树木茂密的区域作为公共栖息地。其主要食物为小型无脊椎动物和水果。

Piranga olivacea
猩红比蓝雀

- 体长：16~19 厘米
- 翼展：25~29 厘米
- 体重：23.5~38 克
- 社会单位：群居
- 保护状况：无危
- 分布范围：北美洲中部至东部、中美洲东部和南美洲西北部

猩红比蓝雀雄鸟羽毛的颜色为亮红色，尾巴和翅膀为黑色。冬季时雄鸟的颜色会变得跟雌鸟相似，背部为橄榄色，腹部为黄绿色。它们为一夫一妻制。雄鸟求偶时很安静，使用一系列姿势和动作展现其猩红色的羽毛。它们为杂食性鸟类，会吃飞行时捕获的昆虫，也吃各种不同的果实。

雄鸟会向其他雄鸟发出鸣叫声，宣示领地权。雌鸟在水平的树枝上建造一个呈碗状且不深的鸟巢，并在鸟巢内产 4~5 枚有棕色斑纹的蓝绿色卵。卵由雌鸟负责孵化 2 周，孵化期间由雄鸟负责提供食物。

季节颜色
雄鸟在繁殖期羽毛颜色会变为亮红色。

翅膀和尾巴
翅膀和尾巴为黑色。所有羽毛的颜色在冬季都会变淡。

Cyanerpes caeruleus
紫旋蜜雀

- 体长：10.5~12 厘米
- 体重：12 克
- 社会单位：群居
- 保护状况：无危
- 分布范围：巴拿马南部、南美洲北部

紫旋蜜雀雄鸟跟雌鸟的不同之处在于它们的蓝紫色羽毛以及颈部、翅膀和尾巴的黑色斑纹。喙的结构十分利于它们吸取各种菠萝科植物的花蜜。此外，它们也吃果实、浆果和昆虫。栖息于树冠和湿地森林的周围区域。

Amblyornis macgregoriae
冠园丁鸟

- 体长：26 厘米
- 体重：140~145 克
- 社会单位：群居
- 保护状况：无危
- 分布范围：印度尼西亚

冠园丁鸟雄鸟和雌鸟的外观相似，但雄鸟有羽毛为橙红色的冠，在求偶时期冠会竖起。繁殖期时雄鸟会将食物储存在用树枝搭建而成的凉亭中。这座凉亭直径接近 1 米，内部用苔藓覆盖。此外，它们通常会使用花朵和各种可见的材料装饰凉亭。它们在移动时会做一些笨拙的动作，是个性较害羞的鸟类。它们有模仿其他鸟类鸣叫声的能力。

Prionodura newtoniana
金亭鸟

- 体长：24 厘米
- 保护状况：无危
- 分布范围：澳大利亚

金亭鸟雄鸟的羽毛有种特殊的结构，使羽毛经光线折射之后某些区域会变成纯白色。它们的繁殖期在 11 月至次年 1 月降雨量较多的月份。其主要食物为水果，也吃甲虫和蝉。它们的声音嘶哑，每个群体间的叫声差异很大，且有能力模仿其他鸟类的鸣唱声。它们是一夫多妻制，雄鸟试图尽可能地跟众多雌鸟交配，雌鸟会通过雄鸟的羽毛颜色、鸣唱声以及所搭建的凉亭外观选择伴侣。鸟巢的建造由雌鸟负责，坐落于高度约 2 米的树缝内，鸟巢外观呈碗状。

家族传承
凉亭在每个繁殖季节被同一家族的雄鸟重复使用，即使它们属于不同世代。

强大
它们为园丁鸟科鸟类中体形最小的，但它们能建造面积最大的凉亭。

食花蜜鸟

门:	脊索动物门
纲:	鸟纲
目:	雀形目
科:	2
种:	307

太阳鸟科和吸蜜鸟科是雀形目鸟类中体形较小的鸟类，它们的外观和习性会让人想到蜂鸟。它们的栖息区域分布于非洲、亚洲和澳大利亚。花蜜是它们的主要食物。某些物种的喙较长且弯曲，适于吸取花蜜，但也有些物种的喙较短。

Nectarinia famosa
辉绿花蜜鸟

体长：24~27 厘米
体重：8.1~22.5 克
社会单位：独居或群居
保护状况：无危
分布范围：非洲东部和南部

辉绿花蜜鸟雄鸟羽毛的颜色通常为金属蓝，胸部为黄色。脚和弯曲的喙为黑色，尾巴中间的羽毛明显较长。雌鸟羽毛颜色为棕色。栖息于开阔的区域，如灌木丛和森林边缘，也栖息于花园和海拔高达 2000 米的天然草原。其主要食物为大型半边莲（半边莲属）的花蜜，同样也吃昆虫甚至也吃蜥蜴。它们可能单独觅食或跟其他体形大小不同的物种群体觅食。它们为一夫一妻制，繁殖期间领地性强，雄鸟和雌鸟共同建造类似于蜂鸟鸟巢的鸟巢，使用植物纤维、树叶、蜘蛛网和其他软质材料建造，再使用地衣装饰。雌鸟产 1~3 枚卵，孵化期为 14~21 天。雏鸟由双亲共同喂养。非繁殖时期它们会飞往任何高度的区域寻找花朵采取花蜜。

Anthobaphes violacea
橙胸花蜜鸟

体长：14.5~16.5 厘米
体重：8.6~11.3 克
社会单位：独居、成对或小群体
保护状况：无危
分布范围：南非西南部

橙胸花蜜鸟雄鸟的头部、颈部和背部上半部为亮绿色，胸部为紫色，腹部为米黄色。雌鸟羽毛颜色为褐色，腹部区域偏黄色。栖息于非洲南部的凡波斯灌木林以及石楠属和海神花属植物生长的山区。非繁殖期间它们可能组成数量达 100 只的群体。其主要食物为花蜜，但同样也吃节肢动物，如甲虫、苍蝇和蜘蛛。繁殖期间雄鸟和雌鸟的领地性相当强烈，雌鸟建造呈卵形的鸟巢，产 1~2 枚白色卵，孵化期约为 2 周。雏鸟主要由雌鸟用节肢动物喂食，雄鸟喂食的次数较少。它们会移动至海拔较高的区域。

长喙
适用于吸取花蜜。

Nectarinia chalybea
南方重领花蜜鸟

体长：12 厘米
体重：6~10 克
社会单位：独居或小群体
保护状况：无危
分布范围：纳米比亚南部和南非西部

雄鸟的头部、背部和胸部上半部为亮绿色。胸前有两条交叉的色带，蓝色的色带较细，另一条红色的色带较宽，腹部为白色。雌鸟的背部为褐色，腹部为白色。栖息于众多区域，包括凡波斯灌木林、灌木丛、花园和种植园。主要食物为花蜜，同样也吃昆虫和榕属植物的果实。通常它们吸取花蜜时会停下来，但有时候也会跟蜂鸟一样在飞行时吸取花蜜。它们的领地性很强。

鸟类（下）

Manorina melanocephala
黑额矿吸蜜鸟

体长：24~28 厘米
体重：40~91 克
社会单位：独居、成对或小群体
保护状况：无危
分布范围：澳洲东部和塔斯马尼亚东部

黑额矿吸蜜鸟羽毛颜色通常为灰色，头部的颜色较深，腹部的颜色较清晰。喙和眼睛后方的区域为黄色。主要栖息于干燥的森林和草原，但在经改造的环境区域也能看到它们的身影，如种植区和靠近水源区的都市。主要食物为昆虫、花蜜、果实和种子，偶尔也吃小型脊椎动物，例如青蛙。它们在任何高度的乔木和灌木中寻找食物，有时候会倒挂在树上将喙朝下，它们同样也在地面上觅食。它们是一种相当积极且喧闹的物种，领地性很强，不允许其他鸟类进入它们的领地。通常会集体行动，集体筑巢，有时候数量可达数百只。许多雄鸟可能同时进入只有一只雌鸟在内的鸟巢。

显著的特征
眼睛后方的黄色斑点使它们易于被辨认。

喧闹的
它们是一种相当喧闹的物种。在面临威胁时群居在一起的成员会集体发出凄厉的鸣叫声，有时候甚至上百只共同发出鸣叫声。

Anthornis melanura
钟吸蜜鸟

体长：17~20 厘米
体重：24~31 克
社会单位：独居或成对
保护状况：无危
分布范围：新西兰

钟吸蜜鸟雄鸟的羽毛颜色为橄榄绿，有虹彩光泽，头部和颈部为紫色。雌鸟的羽毛颜色较不醒目，头部有蓝色光泽，脸颊有一条黄色条纹。栖息于当地原有物种森林以及外来物种森林，但也能在花园看到它们的身影。主要食物为花蜜、果实和昆虫，它们是重要的花粉传播者。为一夫一妻制，繁殖时期领地性很强。使用树枝、树叶和稻草将鸟巢筑于灌木丛内。

Acanthorhynchus tenuirostris
东尖嘴吸蜜鸟

体长：13~16 厘米
体重：4~24 克
社会单位：独居、成对或小群体
保护状况：无危
分布范围：澳大利亚东部和塔斯马尼亚

东尖嘴吸蜜鸟是一种相当引人注目的鸟类，喙为黑色，相当长且弯曲。头部和背部有铅灰色的色调，面部有如同面罩的黑色斑纹，斑纹如同背心般往下延伸至白色的胸部。喉咙和背部大部分区域为栗色。腹部为桂皮色，翅膀和尾巴为黑色。栖息于干燥的森林、灌木丛和石楠木林，也栖息于人类居住区的花园。主要食物为花蜜以及在低矮灌木丛中捕获的昆虫。雄鸟和雌鸟共同收集建造鸟巢的材料，但是只由雌鸟负责建造。鸟巢呈杯状，使用纤维、树叶、蜘蛛网和其他软质材料建造而成，通常悬挂在隐藏于树叶之中的树枝上。雌鸟产 4 枚卵，孵化期为 2 周。它们是一种在其分布区域栖息的定居鸟，有时候可能会移居至海拔较高的区域。

Prosthemadera novaeseelandiae
图伊鸟

体长：27~32 厘米
体重：72~240 克
社会单位：独居、成对或小群体
保护状况：无危
分布范围：新西兰

图伊鸟的身体主要颜色为黑绿色，翅膀和尾巴的颜色较亮，经光线反射后产生蓝色和绿色的光泽。喉咙部位有两撮呈球状的白色羽毛，颈部两侧和背部上半部区域也有像鳞片般的白色羽毛。栖息于原始森林以及海拔低于 1500 米的次生林，在某些郊区或城市地区也经常看见它们的踪迹。主要食物为花蜜、昆虫、果实以及生长在树木高处的种子。它们同样也在飞行中捕捉昆虫。繁殖的季节取决于花蜜数量的多寡。鸟巢由雄鸟和雌鸟共同建造，通常呈杯状，使用树枝、树叶、根和地衣建造而成，有时会加入羽毛和其他植物材料。雌鸟产 2~4 枚卵，并负责孵化 2 周。

蓝色翅膀
色调明亮，跟尾巴的颜色相同。

羽毛
黑色的色调经反射散发出光泽。

球状羽毛
颈部颇具特色的球状羽毛使它们有"牧师鸟"的称号。

擅长鸣唱的鸟类

门:	脊索动物门
纲:	鸟纲
目:	雀形目
科:	4
种:	475

琴鸟科鸟类是雀形目鸟类中体形最大的鸟类，它们能模仿各种天然或人工的声音。它们的命名源自其长尾巴。乌鸫、牛鹂和鸫是栖息于旧世界地区的世界性鸟类，它们在白天和夜晚都会鸣唱。栖息于美洲的淡褐小嘲鸫擅于模仿其他物种的叫声，栖息于新世界地区的画眉鸟则擅于发出有旋律的鸣唱声。

Menura novaehollandiae
华丽琴鸟

体长：80~100 厘米
体重：1 千克
社会单位：独居
保护状况：无危
分布范围：澳大利亚

华丽琴鸟是擅于鸣唱的鸟类当中体形最大的鸟类之一，它们的头部、背部和翅膀为褐色，腹部的颜色偏灰。栖息于热带雨林，它们会在地面上行走，很少飞行，在夜晚时会停在树上休息。求偶的时候，雄鸟会展开长而重的尾巴，并发出鸣唱声吸引雌鸟，雌鸟会从许多雄鸟中选择适合自己的伴侣。每只雄鸟和雌鸟都会保卫自己的领地。它们的鸟巢顶端会用由苔藓和蕨类植物编织而成的圆形屋顶遮盖，雌鸟只产 1 枚卵并负责孵化。雏鸟出生后在鸟巢内待 9 个月，由雌鸟负责照顾。它们的主要食物为昆虫、蠕虫和地面上的软体动物。它们几乎能模仿所有栖息在附近的物种的声音。

尾巴
外观像竖琴，两根主要羽毛有斑纹。

伪装
羽毛颜色使它们易于融入灌木丛。

短翅膀
翅膀的形状有助于它们在植被中行走。

Menura alberti
艾氏琴鸟

体长：74~90 厘米
体重：930 克
社会单位：独居
保护状况：近危
分布范围：澳大利亚东部

艾氏琴鸟的体形比其他亲缘鸟类的要小，羽毛颜色为栗褐色，头部和背部为灰色，翅膀为棕红色。胸部和腹部的颜色较淡。雄鸟的尾巴很大，但比华丽琴鸟（*Menura novaehollandiae*）的尾巴小。这两个物种的雌鸟的尾巴都较短，没有呈竖琴状的羽毛。栖息于海拔高于 300 米的热带雨林，较喜爱穆尔氏假山毛榉（*Nothofagus moorei*）茂密的区域。主要食物为陆地上的无脊椎动物。它们的习性跟华丽琴鸟极其相似。整个冬季固定在同一区域活动，且相当活跃。繁殖期介于 6~9 月，主要在 6~7 月。雄鸟在栖息的地方搭建一个平台，雌鸟将唯一一枚卵产于平台上，并负责孵化。

Myadestes townsendi
坦氏孤鸫

体长：20~24 厘米
体重：30~35 克
社会单位：独居
保护状况：无危
分布范围：北美洲西部

坦氏孤鸫的羽毛颜色较不鲜艳，主要颜色为灰色，两侧的翅膀颜色为白色。喙为黑色，短且结实。眼睛周围为白色。栖息于开阔的针叶林，特别是柏科林中。在非繁殖期它们几乎只吃针叶林的浆果，在夏季它们会在树梢上捕捉昆虫。它们的鸣唱声通常很强烈且有悠扬的节奏。

Turdus merula
乌鸫

体长：23~29 厘米
体重：80~125 克
社会单位：独居
保护状况：无危
分布范围：欧洲、亚洲和非洲北部，被引入澳大利亚和新西兰

乌鸫的羽毛颜色为全黑色，喙和眼周为橙黄色。雌鸟的喉咙、胸部和腹部为棕色，腹部有条纹。栖息于茂密的丛林和灌木林，也栖息于田野和花园。在喜马拉雅山上海拔达 4800 米的区域可以看到它们的身影。它们是一夫一妻制，在繁殖期时雄鸟会通过短跑、移动头部、低头鸣唱来吸引雌鸟的注意。

Turdus migratorius
旅鸫

体长：20~28 厘米
体重：77~85 克
翼展：31~40 厘米
社会单位：可变
保护状况：无危
分布范围：北美洲

旅鸫的羽毛颜色呈鲜明对比，雄鸟的头部为黑色，胸部和腹部为红色，喙为黄色。它们是一种常见的标志性物种，栖息于低的森林、山地苔原、田野和都市区域。在冬季它们会迁徙至较潮湿的森林区域，在那里以浆果为食，春季和夏季的主要食物为无脊椎动物和水果。雌鸟产 3~5 枚卵，孵化期为 12~14 天。

Turdus falcklandii
南美鸫

体长：23~26.5 厘米
体重：95~113 克
社会单位：独居
保护状况：无危
分布范围：智利中部和南部、阿根廷南部

南美鸫栖息于假山毛榉科树木生长的区域，如灌木林、植物园、岩石海岸和城镇。它们羽毛的颜色主要为褐色，头部、尾巴和翅膀边缘为黑色，腹部为桂皮色，喉咙为白色，跟其他鸫属鸟类一样有黑色条纹，喙为黄色。雄鸟和雌鸟的外观相似。主要食物为蚯蚓、昆虫、蜗牛、浆果和种子。

Erithacus rubecula
欧亚鸲

体长：12~14 厘米
体重：19.5 克
翼展：20~23 厘米
社会单位：独居
保护状况：无危
分布范围：欧亚大陆和非洲北部

欧亚鸲的外观精致，体形小而结实，脸颊和胸部为红褐色，背部为橄榄色，腹部为白色或灰色。依其身体比例，头部明显较大。栖息于森林、灌木林、花园和公园。它们是一种信任人类的鸟类，部分族群会迁徙。主要食物为昆虫和蜘蛛，在冬季也吃种子和浆果。它们的鸣唱声有节奏且变化多样，通常会停在易见的树枝上鸣唱。

Luscinia megarhynchos
夜莺

体长：15~16.5 厘米
体重：17~24 克
翼展：22~25 厘米
社会单位：独居
保护状况：无危
分布范围：欧亚大陆和非洲

夜莺的鸣唱声相当悦耳，羽毛颜色不鲜艳，背部为褐色，喉咙、胸部和腹部为褐色或浅灰色，臀部和尾巴为红色。栖息于茂密的森林、灌木丛和草原。夏季的主要食物为浆果，冬季迁徙至非洲边缘撒哈拉沙漠以南的区域过冬，在那里的主要食物为昆虫。它们具领地性，个性独立，是一夫一妻制的鸟类。雌鸟产 4~5 枚卵，孵化期为 13 天。

Dumetella carolinensis
灰猫嘲鸫

体长：20.5~24 厘米
体重：23~56 克
翼展：22~30 厘米
社会单位：独居
保护状况：无危
分布范围：美洲中部和北部

灰猫嘲鸫因其所发出的鸣叫声和羽毛颜色跟猫很像而被命名为灰猫嘲鸫。羽毛颜色为深灰色，有一个黑色冠，尾巴上半部为栗红色。眼睛为褐色，喙和脚为黑色。它们是一种因人类活动而受益的常见物种。栖息于灌木区、森林边缘、郊区和废弃的果园。经常穿梭于高度较低的植被之间，且经常发出鸣唱声。最常见的声音是一系列如同哨音的柔和的颤音，并穿插一些节奏感很强的音符。它们所吃的食物相当多样，包括蚂蚁、毛毛虫、蜘蛛和龙虾等无脊椎动物，也吃水果，如野生葡萄，甚至也吃其他小型鸟类的卵。雄鸟在繁殖期间领地性很强，会停在高处的树枝上，从那里监视并发出鸣唱声快速吓跑入侵者。鸟巢由雌鸟负责使用稻草、马鬃和其他较薄的材料编织而成，通常将鸟巢建于高度约 2 米的树上，材料由雄鸟负责寻找。雌鸟每年产卵 2~3 次，每次产 3~6 枚蓝绿色的卵，孵化期为 12~14 天。雏鸟由双亲共同喂养。

头部 冠为黑色，虹膜为深色。

干净的羽毛 它们习惯将羽毛弄湿或用灰尘清理羽毛。

行走 它们大部分时间都在地面上行走觅食。

羽毛 尾巴底部区域羽毛颜色为赤褐色。

尾巴 尾巴为黑色，很长，通常有晃动尾巴的习惯。

Mimus polyglottos
小嘲鸫

体长：21~26 厘米
体重：36~58 克
社会单位：独居
保护状况：无危
分布范围：北美洲和安的列斯群岛

小嘲鸫羽毛颜色主要为灰色，胸部和腹部为白色。翅膀的颜色为深色，边缘颜色较浅，覆羽有白色斑纹。眼睛为黄色。它们大部分时间都在地上或灌木丛之间穿梭行走。它们的鸣唱声声调多样且节奏强烈清晰，它们也习惯在夜晚鸣唱。栖息于开阔的灌木丛、都市、草原和废弃的种植区。它们在繁殖期防御力很强，会积极地保卫鸟巢防止猫或乌鸦入侵。习惯将鸟巢筑于离地面高度不超过 3 米的位置，雌鸟产 2~6 枚卵，并负责孵化 12~13 天，每年可产卵 2~3 次。

头部 为浅灰色，虹膜为黄色。

食物 包括无脊椎动物、蜥蜴、浆果和其他果实。

Margarops fuscatus
珠眼嘲鸫

体长：28~30 厘米
体重：75~140 克
社会单位：可变
保护状况：无危
分布范围：安的列斯群岛

珠眼嘲鸫是珠眼嘲鸫属中的唯一物种，羽毛颜色为褐色，且有醒目的条纹。眼睛为珍珠色，在其深色的脸部显得特别突出。喙为黄色，很长且略微弯曲。尾巴很长，底部颜色为白色，跟下腹部的颜色相同。雄鸟和雌鸟的外观相似，但雌鸟的体形较大且体重也较重。

栖息于灌木丛、山地森林和咖啡种植园。它们的个性好斗，为机会主义觅食者，吃的食物包括任何种类的昆虫、水果、浆果、蜥蜴、青蛙、螃蟹以及其他鸟类的卵和雏鸟。觅食方式为群体觅食。

在洞孔中筑巢。由于它们的繁殖期相当长，因此每年可能会筑多个鸟巢。雌鸟产 2~3 枚卵，孵化期为 2 周。它们在白天会发出鸣唱声，夜晚如果在光线较强的地方它们也会发出由 1~3 个音节组成的清晰长音。

Oreoscoptes montanus
高山弯嘴嘲鸫

体长：20~23 厘米
体重：40~50 克
翼展：32 厘米
社会单位：独居
保护状况：无危
分布范围：美洲北部

高山弯嘴嘲鸫的背部和头部为棕灰色。身体上半部为白色及肉桂褐色，且有一条明显的棕色斑纹。喙相当短且窄，尾巴很长。它们在茂密的山艾树中繁殖，鸟巢外观像篮子，筑于灌木丛内。雌鸟产 4~5 枚卵，由雌鸟和雄鸟共同孵化。它们的食物依季节变化而改变，夏季主要食物为昆虫，冬季则吃大量的浆果。

Nesomimus parvulus
加岛嘲鸫

体长：25~26 厘米
体重：53.7 克
社会单位：群居
保护状况：无危
分布范围：加拉帕戈斯群岛

加岛嘲鸫栖息于森林和热带及亚热带的干燥灌木丛。它们的羽毛颜色由白色和灰色搭配而成，跟其他淡褐小嘲鸫或栖息在群岛的小嘲鸫的羽毛颜色呈鲜明对比。尾巴很长，喙为黑色且很短。它们很少飞行，且较喜欢在地上行走。它们所吃的食物类型很广泛，包括无脊椎动物、蜥蜴以及其他鸟类的卵和雏鸟，也吃游客留下的垃圾。它们擅长歌唱，但不会模仿其他物种的声音。它们为群居物种，繁殖期也群体居住，成鸟之间会互相照顾彼此的雏鸟。在加拉帕戈斯群岛有 4 种不同的小嘲鸫物种，加岛嘲鸫是这 4 个物种中分布最广泛的，它们至少栖息于 9 座岛屿。

头部
喙呈黑色且弯曲。冠为黑色且有白色的小斑点。

眼睛
眼周为白色，脸部有如同面罩的黑色斑纹。

翅膀
颜色为灰色，有白色条纹。

Toxostoma curvirostre
弯嘴嘲鸫

体长：25~28 厘米
体重：85 克
社会单位：独居
保护状况：无危
分布范围：美国南部和墨西哥

弯嘴嘲鸫和其他同类相比，其外观更加引人注目，虹膜呈明亮的黄色，背部呈红褐色，中央区域呈白色，有显著的呈"流淌"状的条纹。主要食物为地面上的昆虫、蜘蛛和蜗牛，同样也吃果实、种子、浆果和花蜜。栖息于仙人掌和荆棘茂密的干旱地区。此外，在靠近水源区和都市的森林区也能看见它们的踪迹。繁殖时期雌鸟会跟雄鸟一起建造鸟巢，较喜爱将巢筑于仙人掌中，但也可能选择灌木和低矮的乔木筑巢。雌鸟产 1~5 枚有褐色斑点的蓝绿色卵，由雄鸟和雌鸟共同孵化 13 天，之后共同照顾雏鸟。雏鸟于出生 14~18 天后离巢。

显著的喙
黑色，长且弯曲，用于捕猎小型脊椎动物。

Toxostoma longirostre
长弯嘴嘲鸫

体长：26~29 厘米
体重：68~70 克
社会单位：独居
保护状况：无危
分布范围：美国东南部和墨西哥西北部

长弯嘴嘲鸫的外观比其他同种鸟类更为醒目，虹膜同样为黄色，但背部为红色，腹部为白色且有显著的黑色条纹或斑点。脸部为灰色，有黑色条纹。喙比其他淡褐小嘲鸫或小嘲鸫的喙还长，但同样也相当有力，用于捕捉猎物。主要食物为昆虫、蜘蛛、蜗牛和果实。栖息于茂密的沿海森林、荆棘灌木丛和仙人掌区。

Sturnella loyca
长尾草地鹨

体长：22~28厘米
体重：113克
社会单位：群居
保护状况：无危
分布范围：南美洲南部

颜色鲜艳的胸部
它们胸前的红色羽毛有许多热门传说。

长尾草地鹨的特色在于引人注目的羽毛，雄鸟胸部的红色羽毛相当醒目，延伸至喉咙的部分区域和腹部区域。背部、头部、尾巴和翅膀的颜色为略带黑褐色的棕色。翅膀下方有一块区域为白色，只在飞行时才看得见，眼睛前方的羽毛为红色。雌鸟的羽毛颜色较淡，边缘有棕色饰边，胸部和腹部为红色，但颜色比雄鸟浅。

分布

栖息于南美洲温暖和寒冷的区域，主要在地势较低和潮湿的区域，如洪泛区、潟湖边缘的草原、灌丛草原和山区高原。在这些地方，它们大部分时间都在地面上行走，或者停歇在树丛间及栅栏上。

领地
它们是群居鸟，成对或小群体共同居住。雄鸟会建立自己的领地，并发出鸣唱声宣示主权。

用于逃避和吸引异性的颜色

这类鸟的学名源自于马普切语的"*loyca*"，意指创伤或伤口，指的就是它们引人注目的红色羽毛。雄鸟和雌鸟存在性别二态性：雌鸟的体形较小，羽毛颜色为棕色，跟雄性成鸟鲜艳的红色羽毛呈强烈对比。鲜艳的羽毛颜色让它们在繁殖期易于吸引异性，较不鲜艳的羽毛颜色让它们可以融入周围环境，避免被天敌发现。

喙
喙尖，专门用于捕食甲虫幼虫、小甲壳类（潮虫）及食用种子和块茎植物。

眉毛
头部为黑色，眼睛上方有醒目的白色眉毛，延伸至喙附近变成红色。

颜色多彩
喉咙、胸部和上腹部为鲜艳的红色。身体下半部为深褐色，有灰色条纹。

雌鸟
雌鸟缺乏雄鸟所特有的鲜红色羽毛，通常它们的色调较暗淡，胸部的红色羽毛颜色较淡。

3~5
雌鸟在鸟巢中产3~5枚颜色较淡且有斑纹的卵。

鸟巢

在春季到夏季它们会将鸟巢筑于地面。为了防止天敌发现它们的鸟巢,雌鸟不会直接在鸟巢处降落,而是先在安全的区域降落,之后在植被中低头行走至鸟巢。离开鸟巢时也使用相同的方式。

① 进入
雌鸟飞往鸟巢附近的安全区域降落,之后低头行走到鸟巢。

② 离开
雌鸟离开鸟巢时会先在植被中行走数米,远离鸟巢之后再起飞。

背部
背部羽毛呈咖啡色,且羽毛的边缘带桂皮色。尾部有灰色条纹。

翅膀
颜色为咖啡色,有深棕色条纹。覆羽为白色,有红色的褶皱。覆羽下方有一块白色区域,只有当它们飞行时才能看见。

瞭望

能让它们站立的支撑物是它们栖息地基本的组成要素。经常能看到它们停在栅栏、岩石或灌木树的树枝上展示它们的羽毛或是监视猎物。

① 捕食猎物
它们习惯停在高处观察猎物,之后突然起飞捕捉飞行中的昆虫,因为高处的位置视野较好,易于观察猎物。

② 歌唱
雄鸟会停在高处展示羽毛吸引雌鸟,同时也会发出鸣唱声,并使喉咙膨胀展现胸部的红色羽毛。

20
通常它们由20只或更多的个体组成族群一起活动。

Dolichonyx oryzivorus
长刺歌雀

体长：16~18厘米
体重：28~42克
翼展：29厘米
社会单位：群居
保护状况：无危
分布范围：美洲

长刺歌雀是刺歌雀属的唯一物种。在繁殖季雄鸟和雌鸟之间有明显的性别差异：雄鸟的羽毛颜色为黑色，颈部和后颈背为奶油色。非繁殖时期雄鸟和雌鸟的羽毛颜色皆为棕色。雌鸟会在地面上挖小洞孔并覆盖上干草作为鸟巢，将所产的5~6枚卵藏在鸟巢内的干草中，孵化11~13天。它们是一夫多妻制，雄鸟最多可与4只雌鸟交配。雏鸟由双亲共同照顾，但雄鸟通常只照顾最先产卵的两个鸟巢，另外两只雌鸟所产的卵可能由其余未产卵的同伴共同照顾，它们以合作照顾的方式照顾雏鸟。主要食物为谷物和种子，它们被认为是农业稻田的害鸟。

头部和脸部
冠有咖啡色和深色条纹，眉毛为棕色。

安全的旅程
它们可以检测地球的磁场，使它们在长途迁徙时能向正确的方向前进。

Cacicus haemorrhous
红腰酋长鹂

体长：27~30厘米
体重：85克
社会单位：群居
保护状况：无危
分布范围：南美洲北部和中部

红腰酋长鹂的羽毛为黑色，喙为黄色，虹膜为天蓝色，在飞行时可以看见它们红色的尾部。栖息于热带和亚热带地区，群体筑巢。每对伴侣通常会筑很多个鸟巢，但只将卵产于其中1个鸟巢中。鸟巢呈袋状，由雌鸟负责使用材料编织，鸟巢长40~70厘米，悬挂于一根树枝上，顶端有入口。以这种方式建造鸟巢可以增强防御能力，防止雏鸟被天敌攻击，例如巨嘴鸟（巨嘴鸟科）。

Agelaius tricolor
三色黑鹂

体长：18~24厘米
体重：49.5~68克
社会单位：群居
保护状况：濒危
分布范围：美国西部和墨西哥

三色黑鹂也被称为三色黄鹂。雄鸟的黑色羽毛使它们被命名为此名称。它们有明亮的红色斑块，肩膀的边缘为白色。雌鸟使用树叶和其他软质材料编织鸟巢悬挂于植物的茎部，之后盖上用泥土制造的防护层防水。其主要食物为甲虫、蝗虫、蜘蛛和昆虫幼虫，此外也会吃种子和蜗牛。栖息于潮湿的区域和低谷地区。繁殖期时它们会群居，形成各种形式的群落。

保护状况
环境的破坏和把森林改造成农业用地对它们造成了负面的影响，使它们的数量正逐渐减少。

Euphagus cyanocephalus
蓝头黑鹂

体长：17~23厘米
翼展：37厘米
体重：60~86克
社会单位：群居
保护状况：无危
分布范围：北美洲中部和西部

蓝头黑鹂雄鸟的羽毛和喙的颜色为带虹彩的黑色。雌鸟的羽毛为棕灰色，喙为黑色，较短。它们习惯群体觅食，通常聚集在湿地沿岸地区。其主要食物包括水生无脊椎动物、种子、浆果和其他果实。它们的鸟巢呈碗状，由雌鸟使用植物纤维、根和毛发编织而成，筑于草原间或乔木和灌木上。雌鸟产3~7枚浅灰色或绿色且有棕色斑纹的卵，孵化期为11~17天。雏鸟出生15天后离巢。冬季雄鸟和雌鸟会各自成群迁徙至北半球较温暖的区域。

脸部
雄鸟虹膜的颜色为亮黄色。

体形
雌鸟的体形结实丰满，雄鸟的体形较修长。

栖息于都市
在某些地方如都市花园、公园、街道和农田经常可以看到它们的身影。

Molothrus bonariensis
紫辉牛鹂
- 体长：19~21 厘米
- 体重：45~57 克
- 社会单位：群居
- 保护状况：无危
- 分布范围：南美洲、中美洲部分区域和加勒比岛

紫辉牛鹂雄鸟的羽毛颜色为黑色，经光线反射后呈泛虹彩的紫色色调，雌鸟的羽毛颜色为棕灰色。它们是一种寄生鸟，会选择超过 200 种以上的鸟类的鸟巢作为寄生鸟巢。雌鸟将卵产于寄生鸟巢，有时候会破坏鸟巢内原有的卵，从而增加自己卵的孵化成功率。它们的雏鸟在 11~12 天的孵化期后破壳而出，雏鸟破壳之后通常会攻击寄生鸟巢内的其他雏鸟。它们觅食的习性为群体觅食，成群移动以寻找种子、谷物和昆虫，之后停歇在地面、树上或牛背上进食。

Icterus croconotus
橙背拟鹂
- 体长：15~22 厘米
- 社会单位：独居或成对
- 保护状况：无危
- 分布范围：南美洲北部和中部

橙背拟鹂尾巴和翅膀为黑色，翅膀上有白色羽毛。胸部和头部的部分区域为橙色，额头有斑纹，脸部和胸部的部分区域为黑色。

栖息于草原、干燥的森林、干燥的灌木丛和低矮的森林，一般不栖息在多雨区。主要食物为昆虫、水果和卵。一夫一妻制，它们不自己建造鸟巢，而是使用其他鸟类遗弃的鸟巢，如果它们找不到空鸟巢，就会赶走原本居住在鸟巢内的鸟霸占其鸟巢。霸占鸟巢之后它们会略微改造鸟巢开口的大小，产 3~4 枚卵，孵化期为 15 天。雏鸟出生后在巢内居住 21~23 天，由双亲负责喂养至它们可以独立生活。繁殖期的雄鸟和雌鸟通常会发出二重唱。

黄色眼睛　眼睛周围的皮肤裸露，无羽毛覆盖。

喙　呈锥形，喙尖扁而尖。

尾巴　很长，颜色为呈渐层状的黑色。

Agelaioides badius
栗翅牛鹂
- 体长：17.5~20 厘米
- 体重：40~50 克
- 社会单位：群居
- 保护状况：无危
- 分布范围：南美洲中部至南部

栗翅牛鹂是栗翅牛鹂属的唯一物种。雄鸟和雌鸟的外观相似，幼鸟和成鸟的外观也相同。它们的羽毛颜色通常为灰褐色，翅膀为红色，从喙处有一条红色条纹延伸至眼睛周围像是眼罩的黑色斑纹前方，腿和喙皆为黑色。栖息于草原、灌木丛和各种树林边缘。成鸟吃的食物为野生种子，也吃农作物的种子，此外，还吃昆虫及其幼虫，偶尔也吃花蜜，雏鸟只吃昆虫。它们经常被啸声牛鹂（*Molothrus rufoaxillaris*）寄生，通常它们会使用其他鸟类遗弃的鸟巢。雌鸟通常在同一鸟巢产 2~3 枚卵。其他在繁殖期没有产卵的同伴是它们的帮手，帮助其照顾雏鸟和保卫领地。

鸣唱声　它们的鸣唱声由多个连续的音符组成，但音调不和谐。

翅膀　为红色，覆羽尖端的羽毛为黑色。

Psarocolius montezuma
褐拟棕鸟
- 体长：38~51 厘米
- 体重：230~520 克
- 社会单位：群居
- 保护状况：无危
- 分布范围：墨西哥东部和中美洲

褐拟棕鸟是拟黄鹂科鸟类中体形最大且最引人注目的鸟类。雄鸟的体形比雌鸟大。头部、颈部和胸部为黑色，脸颊有一块蓝色的裸露皮肤，身体的羽毛为栗色。栖息于低地、湿地和雨林周围的区域。主要食物为昆虫、小型脊椎动物、水果和花蜜。它们是花粉和种子的重要传播者，也扮演着维持昆虫数量的角色。繁殖期间雄鸟和雌鸟会发出鸣叫声。它们通过这些声音辨认即将繁殖的个体，之后聚在一起群居。每个群体的数量最多可达百只，由一只雄鸟当领导者，这只雄鸟会跟大部分雌鸟交配。繁殖期间由雄鸟负责保护和提供食物给雌鸟。

图书在版编目（CIP）数据

鸟类.下/西班牙Editorial Sol90, S. L.著；陈怡婷，董青青译.— 太原：山西人民出版社，2019.6
（国家地理动物百科）
ISBN 978-7-203-10729-3

Ⅰ.①鸟… Ⅱ.①西… ②E… ③陈… ④董… Ⅲ.①鸟类—普及读物 Ⅳ.① Q959.7-49

中国版本图书馆CIP数据核字（2019）第020785号

著作权合同登记图字：04-2019-002

Animals Encyclopedia is an original work of Editorial Sol90
First edition © 2015 Editorial Sol90, S. L. Barcelona
This edition 2019 © Editorial Sol90, S. L. Barcelona granted to 山西出版传媒集团·山西人民出版社
All Rights Reserved
The simplified Chinese translation rights arranged through Rightol Media
（本书中文简体版权经由锐拓传媒取得 Email: copyright@rightol.com）

鸟类（下）

著　　者：	西班牙Editorial Sol90, S. L.
译　　者：	陈怡婷　董青青
责任编辑：	崔人杰
复　　审：	贺权
终　　审：	秦继华
装帧设计：	八牛·设计

出 版 者：	山西出版传媒集团·山西人民出版社
地　　址：	太原市建设南路21号
邮　　编：	030012
发行营销：	0351-4922220　4955996　4956039　4922127（传真）
天猫官网：	http://sxrmcbs.tmall.com　电话：0351-4922159
E-mail：	sxskcb@163.com 发行部
	sxskcb@126.com 总编室
网　　址：	www.sxskcb.com

经 销 者：	山西出版传媒集团·山西人民出版社
承 印 厂：	雅迪云印（天津）科技有限公司

开　　本：	889mm×1194mm　1/16
印　　张：	11
字　　数：	451千字
版　　次：	2019年6月　第1版
印　　次：	2019年6月　第1次印刷
书　　号：	ISBN 978-7-203-10729-3
定　　价：	128.00元

如有印装质量问题请与本社联系调换